冶金工业出版社

高职高专"十四五"规划教材

水环境监测与治理技术

主　编　武晨华　韩淑芬
副主编　牛亚尊　刘　刚　高嫚淑　张　敏

U0314875

北　京
冶 金 工 业 出 版 社
2024

内 容 提 要

本书以项目形式详细介绍了水环境监测与治理技术,全书共分 4 个部分,9 个项目,主要内容包括:水体监测认知、水环境监测指标、水样的采集与处理、污水处理厂运行与维护、自动化控制、微污染水源的饮用水处理、污水的生化处理、安全生产、安全事故应急处置。为巩固学习内容每章后均附有习题。

本书可作为高职高专院校环境类专业的教材,也可供水环境监测、水环境智慧运营、水处理设施运行、智慧水务等从业人员参考。

图书在版编目(CIP)数据

水环境监测与治理技术 / 武晨华,韩淑芬主编 . —北京:冶金工业出版社,2024.2
高职高专"十四五"规划教材
ISBN 978-7-5024-9768-2

Ⅰ.①水… Ⅱ.①武… ②韩… Ⅲ.①水环境—环境监测—高等职业教育—教材 ②水环境—综合治理—高等职业教育—教材 Ⅳ.①X832 ②X143

中国国家版本馆 CIP 数据核字(2024)第 027303 号

水环境监测与治理技术

出版发行	冶金工业出版社	电　　话	(010)64027926
地　　址	北京市东城区嵩祝院北巷 39 号	邮　　编	100009
网　　址	www.mip1953.com	电子信箱	service@ mip1953.com

责任编辑 郭冬艳　美术编辑 彭子赫　版式设计 郑小利
责任校对 梁江凤　责任印制 窦 唯
北京印刷集团有限责任公司印刷
2024 年 2 月第 1 版,2024 年 2 月第 1 次印刷
787mm×1092mm 1/16;19.5 印张;472 千字;299 页
定价 55.00 元

投稿电话 (010)64027932　投稿信箱 tougao@cnmip.com.cn
营销中心电话 (010)64044283
冶金工业出版社天猫旗舰店 yjgycbs.tmall.com
(本书如有印装质量问题,本社营销中心负责退换)

前　言

本书遵循时代发展及职业教育教学特点，本着理论联系实际、强化应用、培养技能的原则，重视提高学生的整体素质与综合能力培养。参照《水环境监测与治理职业技能等级标准》(中高级)，本书以水环境监测、水环境智慧运营、水处理设施运行及智慧水务一线企业岗位职业能力为培养目标，以工作过程为导向，以职业能力培养为核心，以实际项目引导教学，以任务引领知识，以实践过程组织教学内容为原则组织编写，注重提高学生实际操作能力和专业应用能力，突出职业教育的实践性、职业性和适应性。

本书共分4个部分，9个项目，46个学习任务，包括水体监测认知、水体物理指标测定、水体一般化学指标测定、水体非金属指标测定、水体金属指标测定、水体有机物指标测定、水体细菌污染指标测定、水样的采集与处理、工程图识读及绘制、设施运维、自动化控制、微污染水源的饮用水处理、污水的生化处理、应急处置、安全生产。本书突出如下特点：

(1) 遵照教育部公布的1+X证书评价组织发布的《水环境监测与治理职业技能等级标准》，从工作领域出发，明确典型岗位工作任务，按照工作任务所需的职业技能要求，设置学习情境，以项目化、任务式编制学习内容。

(2) 以"岗课赛证"一体化为编写原则，在内容中融入新技术、新工艺、新标准，充分运用现代信息技术，编入多样化的信息化资源。

本书由内蒙古机电职业技术学院武晨华、韩淑芬任主编。编写分工为：项目一和项目四由内蒙古机电职业技术学院武晨华编写；项目二由内蒙古机电职业技术学院牛亚尊编写；项目三由内蒙古机电职业技术学院韩淑芬编写；项目五由内蒙古机电职业技术学院刘刚编写；项目六和项目七由内蒙古机电职业技术学院高嫚淑编写；项目八和项目九由内蒙古机电职业技术学院张敏编写。全书由内蒙古机电职业技术学院武晨华、韩淑芬统稿。

本书在编写过程中，参考和引用了部分教材及文献资料内容，得到了许多环保企业及兄弟院校同仁的大力支持和热情帮助，在此表示衷心的感谢。对所有为本书提供资料、建议和帮助的各方人士，也表示诚挚的谢意。

　　由于编者水平所限，书中难免存在缺点和不足之处，敬请读者批评指正。

编　者

2024 年 1 月

目 录

第一部分　水环境监测

第三部分　典型水处理工艺

第四部分 安全生产与应急处置

水环境监测

项目一　水体监测认知

任务一　水环境监测基础知识

一、水和水环境污染

（一）水的存在

地球的 3/4 被水覆盖，水广泛分布于海洋、江、河、湖、地下水、大气水、冰川等。其中海水占 97.3%，淡水占 2.7%，可被利用的淡水不足总水量的 1%。人类对水的需求量很大，工农业生产对水的需求量更大。中国是一个水资源贫乏的国家，而且分布不均匀，节约用水及保护水资源是公民的责任和义务。

（二）水环境污染

从自然地理的角度来解释，水环境是指地表被水覆盖区域的自然综合体。因此，水环境不仅包括水，而且也包括水中的悬浮物、溶解性物质、底泥和水生生物等，它是一个完整的自然生态系统。

根据其成因可分为自然水体和人工水体；根据化学成分和溶解于水中的盐含量可分为咸水体和淡水体。

水环境污染是由于人类的生产和生活活动，将大量的工业废水、生活污水、农业回流水及其他废物未经处理排入水环境，使水体受到损害直至恶化，水环境的物理、化学性质和生物群落生态平衡发生变化，破坏了水体功能，降低水体的使用价值。水环境污染类型如下：

（1）化学型污染。化学型污染指随污水及其他废物排入水体中的无机物，如酸、碱、盐和有机物（如碳水化合物、蛋白质、油脂、纤维素、氨基酸）等造成的水体污染。

（2）物理型污染。物理型污染指色度和浊度物质污染、悬浮固体污染、热污染和放射性污染等物理因素造成的水体污染。

（3）生物型污染。生物型污染指生活污水、医院污水以及屠宰、畜牧、制革业、餐饮业等排放的污水中常含有各种病原体如病毒、病菌、寄生虫等造成的水体污染。

（三）水环境的自净作用

广义的水体自净是指污染物排入江河湖海等水域后，经扩散、稀释、沉淀、氧化、微生物作用而分解，导致污染物浓度降低，水体基本或完全恢复到原状态的过程。狭义的水体自净是指在水体中微生物的作用下，有机污染物被氧化分解，从而使水质得到净化的过程。

水体自净过程缓慢，且自净能力有限，一旦排入水体的污染物浓度超过某一界限，将会造成永久性的水体污染，这一界限被称为水体自净容量或水环境容量。

水体自净可分为物理净化、化学净化和生物净化 3 类，其中，物理净化主要包括稀释、扩散、淋洗、挥发和沉降等过程；化学净化主要包括氧化还原反应、化学吸附、凝聚、交换、配位等化学反应过程；生物净化主要依靠水生生物对污染的吸收、降解作用完成。影响水体自净能力的因素很多，例如水中微生物的种类及数量、水温及复氧状况、水文地形条件、污染物的性质和浓度等，这些因素相互作用，多种过程相互影响。一般而言水体自净过程以物理过程和生物化学过程为主。

水质指标是衡量水质优劣的依据。水的质量（水质）是指水和水中所含杂质共同表现出来的综合特征，描述水质量的参数称为水质指标，常用水中杂质的种类、成分和数量来表示。一般分为物理指标（色度、浊度等）；化学指标（COD、BOD、有毒物质等）；生物指标（细菌总数、大肠菌群数等）。

二、水环境监测对象和目的

（一）水环境监测对象

水环境监测分为水体监测和水污染源监测。环境水体包括地表水（江、河、湖、库、海水）和地下水；水污染源包括生活污水、医院污水和各种工业废水。

（二）水体监测目的

（1）对进入江、河、湖、库、海洋等地表水体的污染物及渗透到地下水中的污染物进行经常性的监测，以掌握水质现状及其发展趋势。

（2）对生产过程、生活设施及其他排放源排放的各类污水进行监视性监测，为污染源管理和排污收费提供依据。

（3）对水环境污染事故进行应急监测，为分析判断事故原因、危害及采取对策提供依据。

（4）为国家政府部门制定环境保护法规、标准和规划，全面开展环境保护管理工作提供有关数据和资料。

（5）为开展水环境质量评价、预测预报及进行环境科学研究提供基础数据和手段。

三、水环境监测方法

（一）选择监测方法的原则

（1）方法的灵敏度能满足定量要求。

（2）方法经过科学论证成熟、准确。

（3）操作简便，易于推广普及。

（4）选择性好。

（二）监测方法类别

根据选择监测方法的原则，力求使监测资料数据具有可比性，以大量实验、实践为基础，对各类水体中的污染物都制定了相应分析方法。

（1）国家标准分析方法。国家标准分析法是由国家编制的包括采样在内的、经典的、准确度较高的标准分析方法。环境监测必须采用的方法，也用于纠纷仲裁以及评价其他监测方法的基准方法。

（2）统一分析方法。统一分析方法是指在实际监测过程中，有些项目急需测定，但方法尚不成熟，经过研究作为统一方法予以推广，在使用中积累经验，不断完善，逐步成为国家标准分析方法。

（3）等效法。与（1）、（2）类方法的灵敏度、准确度具有可比性的分析方法称为等效法。鼓励监测单位采用新技术、新仪器形成新方法，推动监测技术水平提高，但新方法必须经过方法验证和对比实验，证明与（1）、（2）等效才能使用。

（三）常用的监测方法

按着监测方法的原理，水体监测常用的方法有化学分析法如称量法、滴定分析法，仪器分析法如分光光度法、原子吸收分光光度法、气相色谱法、液相色谱法、离子色谱法、多机联用技术等。常用水质监测方法和测定项目见表1-1。

表 1-1　常用水质监测方法和测定项目

方法	测定项目
重量法	SS、可滤残渣、矿化度、油类、SO_4^{2-}、Cl^-、Ca^{2+} 等
容量法	酸度、碱度、CO_2、DO、总硬度、Ca^{2+}、Mg^{2+}、氨氮、Cl^-、F^-、CN^-、SO_4^{2-}、S^{2-}、COD、BOD_5、挥发酚等
分光光度法	Ag、Al、As、Be、Bi、Ba、Cd、Co、Cr、Cu、Hg、Mn、Ni、Pb、Sb、Se、Th、U、Zn、氨氮、NO_2^--N、NO_3^--N、凯氏氮、PO_4^{3-}、F^-、Cl^-、C、S^{2-}、SO_4^{2-}、BO_3^{2-}、SiO_3^{2-}、Cl_2、挥发酚、甲醛、三氯乙醛、苯胺类、硝基苯类、阴离子洗涤剂等
荧光分光光度法	Se、Be、U、Ba、P 等
原子吸收分光光度法	Ag、Al、Ba、Be、Bi、Ca、Cd、Co、Cr、Cu、Fe、Hg、K、Na、Mg、Mn、Ni、Pb、Sb、Se、Sn、Te、Tl、Zn 等
氢化物及冷原子吸收法	As、Sb、Bi、Ge、Sn、Pb、Se、Te、Hg
原子荧光法	As、Sb、Bi、Se、Hg
火焰光度法	Li、Ni、K、Sr、Ba 等

方法	测定项目
电极法	Eh、pH 值、DO、F^-、Cl^-、CN^-、S^{2-}、NO_3^-、K^+、Na^+、NH_4^+ 等
离子色谱法	F^-、Cl^-、Br^-、NO_2^-、NO_3^-、SO_3^{2-}、SO_4^{2-}、$H_2PO_4^-$、K^+、Na^+、NH_4^+ 等
气相色谱法	Be、Se、苯系物、挥发性卤代烃、氯苯类、六六六、DDT、有机磷农药类、三氯乙醛、PCB 等
液相色谱法	多环芳烃类
ICP-AES	用于水中基体金属元素、污染重金属以及底质中多种元素的同时测定

四、水体监测项目

水体监测项目根据监测的目的和监测站的职能，对物理指标、化学指标、生物指标等进行监测，不可能也没有必要对数量繁多的项目一一监测。根据《环境监测技术规范》分别规定监测项目如下。

（1）地表水监测项目（见表 1-2）。

表 1-2 地表水监测项目

地表水类型	必测项目	选测项目
河流	水温、pH 值、悬浮物、总硬度、电导率、溶解氧、化学需氧量、氨氮、亚硝酸盐氮、BOD_5、硝酸盐氮、挥发酚、氰化物、砷、汞、六价铬、铅、石油类等	硫化物、氟化物、氯化物、有机氯农药、有机磷农药、总铬、铜、锌、大肠杆菌、总 α 放射性、总 β 放射性、铀、镭、钍等
饮用水源地	水温、pH 值、浊度、总硬度、DO、COD、BOD、氨氮、亚硝酸盐氮、硝酸盐氮、挥发酚、氰化物、砷、汞、六价铬、铅、镉、氟化物、细菌总数、大肠菌群数等	铜、锌、锰、阴离子洗涤剂、硒、石油类、有机氯农药、有机磷农药、硫酸盐、碳酸盐等
湖泊、水库	水温、pH 值、SS、DO、总硬度、透明度、总氮、总磷、COD、BOD、挥发酚、氰化物、砷、汞、六价铬、铅、镉等	钾、钠、藻类、悬浮藻、可溶性固体总量、大肠菌群等
底泥	砷、汞、铬、镉、铅、铜等	硫化物、有机氯农药、有机磷农药等

（2）工业废水监测项目（见表 1-3）。

表 1-3 工业废水监测项目

类 别	监测项目
黑色金属矿山（包括磁铁、赤铁矿、锰矿等）	pH 值、悬浮物、硫化物、铜、铅、锌、汞、六价铬等

续表 1-3

类　别		监测项目
黑色冶金（包括选矿、烧结、炼焦、炼铁、炼钢等）		pH 值、悬浮物、COD、硫化物、氟化物、挥发酚、氰化物、石油类、铜、铅、锌、砷、镉、汞等
选矿药剂		COD、BOD、悬浮物、硫化物、挥发酚等
有色金属矿山及冶炼（包括选矿、烧结、冶炼、电解、精炼等）		pH 值、悬浮物、COD、硫化物、氟化物、挥发酚、铜、铅、锌、砷、镉、汞、六价铬等
火力发电、热电		pH 值、悬浮物、硫化物、砷、铅、镉、挥发酚、石油类、水温等
煤矿（包括洗选）		pH 值、悬浮物、砷、硫化物等
焦化		COD、BOD、悬浮物、硫化物、挥发酚、石油类、氰化物、氨氮、苯类、多环芳烃、水温等
石油开发		pH 值、COD、BOD、悬浮物、硫化物、挥发酚、石油类等
石油炼制		pH 值、COD、BOD、悬浮物、硫化物、挥发酚、氰化物、石油类、苯类、多环芳烃等
化学矿开采	黄铁矿	pH 值、悬浮物、硫化物、砷、铜、铅、锌、镉、汞、六价铬等
	雄黄矿	pH 值、悬浮物、硫化物、砷等
	磷矿	pH 值、悬浮物、氟化物、硫化物、砷、铅、磷等
	萤石矿	pH 值、悬浮物、氟化物等
	汞矿	pH 值、悬浮物、硫化物、砷、汞等
无机原料	硫酸	pH 值（或酸度）、悬浮物、硫化物、氟化物、铜、铅、锌、镉、砷等
	氯碱	pH 值（或酸、碱度）、COD、悬浮物、汞等
	铬盐	pH 值（或酸度）、总铬、六价铬等
有机原料		pH 值（或酸、碱度）、COD、BOD、悬浮物、挥发酚、氰化物、苯类、硝基苯类、有机氯等
化肥	磷肥	pH 值（或酸度）、COD、悬浮物、氟化物、砷、磷等
	氮肥	COD、BOD、挥发酚、氰化物、硫化物、砷等
橡胶	合成橡胶	pH 值（或酸、碱度）、COD、BOD、石油类、铜、锌、六价铬、多环芳烃等
	橡胶加工	COD、BOD、硫化物、六价铬、石油类、苯、多环芳烃等

类　别	监测项目
塑料	COD、BOD、硫化物、氰化物、铬、砷、汞、石油类、有机氯、苯类、多环芳烃等
化纤	pH 值、COD、BOD、悬浮物、铜、锌、石油类等
农药	pH 值、COD、BOD、悬浮物、硫化物、挥发酚、砷、有机氯、有机磷等
制药	pH 值（或酸、碱度）、COD、BOD、石油类、硝基苯类、硝基酚类、苯胺类等
染料	pH 值（或酸、碱度）、COD、BOD、悬浮物、挥发酚、硫化物、苯胺类、硝基苯类等
颜料	pH 值、COD、悬浮物、硫化物、汞、六价铬、铅、镉、砷、锌、石油类等
油漆	COD、BOD、挥发酚、石油类、氰化物、镉、铅、六价铬、苯类、硝基苯类等
其他有机化工	pH 值（或酸、碱度）、COD、BOD、挥发酚、石油类、氰化物、硝基苯类等
合成脂肪酸	pH 值、COD、BOD、油、锰、悬浮物等
合成洗涤剂	COD、BOD、油、苯类、表面活性剂等
机械制造	COD、悬浮物、挥发酚、石油类、铅、氰化物等
电镀	pH 值（或酸度）、氰化物、六价铬、铜、锌、镍、镉、锡等
电子、仪器、仪表	pH 值（或酸度）、COD、苯类、氰化物、六价铬、汞、镉、铅等
水泥	pH 值、悬浮物等
玻璃、玻璃纤维	pH 值、悬浮物、COD、挥发酚、氰化物、砷、铅等
油毡	COD、石油类、挥发酚等
石棉制品	pH 值、悬浮物、石棉等
陶瓷制品	pH 值、COD、铅、镉等
人造板、木材加工	pH 值（或酸、碱度）、COD、BOD、悬浮物、挥发酚等
食品	pH 值、COD、BOD、悬浮物、挥发酚、氨氮等
纺织、印染	pH 值、COD、BOD、悬浮物、挥发酚、硫化物、苯胺类、色度、六价铬等

类　别	监测项目
造纸	pH值（或碱度）、COD、BOD、悬浮物、挥发酚、硫化物、铅、汞、木质素、色度等
皮革及皮革加工	pH值、COD、BOD、悬浮物、硫化物、氯化物、总铬、六价铬、色度等
电池	pH值（或酸度）、铅、锌、汞、镉等
火工	铅、汞、硝基苯类、硫化物、锶、铜等
绝缘材料	COD、BOD、挥发酚等

（3）生活污水监测项目。生活污水监测项目包括COD、BOD、悬浮物、氨氮、总氮、总磷、阴离子洗涤剂、细菌总数、大肠菌群等。

（4）医院污水监测项目。医院污水监测项目包括pH值、色度、浊度、悬浮物、余氯、COD、BOD、致病菌、细菌总数、大肠菌群等。

任务二　水环境监测相关标准

一、水环境质量标准

水环境质量标准，也称水质量标准，是指为保护人体健康和水的正常使用而对水体中污染物或其他物质的最高容许浓度所作的规定。按照水体类型可分为：《地表水环境质量标准》（GB 3838—2002）、《地下水环境质量标准》（GB/T 14848—2017）、《海水水质标准》（GB 3097—1997）、《生活饮用水卫生标准》（GB 5749—2006）、《渔业水质标准》（GB 11607—1989）、《农田灌用水水质标准》（GB 5084—2005）、《生活饮用水水源水质标准》（CJ 3020—1993）等。

每一标准的标准号是不变的。标准通常几年修订一次，新标准自然代替老标准。

《地表水环境质量标准》（GB 3838—2002）主要内容及适用范围：

（1）主要内容。本标准将标准项目分为地表水环境质量标准基本项目、集中式生活饮用水地表水源地补充项目和集中式生活饮用水地表水源地特定项目。按照地表水环境功能分类和保护目标，规定了水环境质量应控制的项目、限值以及水质评价、水质项目的分析方法和标准的实施与监督。

本标准项目共计109项，其中地表水环境质量标准基本项目24项，集中式生活饮用水地表水源地补充项目5项，集中式生活饮用水地表水源地特定项目80项。

（2）适用范围。本标准适用于中华人民共和国领域内江河、湖泊、运河、渠道、水库等具有使用功能的地表水水域。具有特定功能的水域，执行相应的专业用水水质标准。

地表水环境质量标准基本项目适用于全国江河、湖泊、运河、渠道、水库等具有使用功能的地表水水域。

　　集中式生活饮用水地表水源地补充项目和特定项目适用于集中式生活饮用水地表水源地一级保护区和二级保护区，与近海水域相连的地表水河口水域根据水环境功能按本标准相应类别标准值进行管理，近海水功能区水域根据使用功能按《海水水质标准》（GB 3097—1997）相应类别标准值进行管理。

　　批准划定的单一渔业水域按《渔业水质标准》（GB 11607—1989）进行管理，处理后的城市污水及与城市污水水质相近的工业废水用于农田灌溉用水的水质按《农田灌溉水质标准》（GB 5084—2005）进行管理。

　　（3）水域环境功能和标准分类。水域环境功能：依据地表水水域环境功能和保护目标，按功能高低依次划分为五类：

　　Ⅰ类：主要适用于源头水、国家自然保护区。

　　Ⅱ类：主要适用于集中式生活饮用水水源地一级保护区、珍贵鱼类保护区、鱼虾产卵场等。

　　Ⅲ类：主要适用于集中式生活饮用水源二级保护区、一般鱼类保护区及游泳区。

　　Ⅳ类：主要适用于一般工业用水及人体非直接接触的娱乐用水区。

　　Ⅴ类：主要适用于农业用水区及一般景观要求水域。

　　水域环境功能与水质标准：对应地表水上述五类水域功能，将地表水环境质量标准基本项目标准值分为五类，不同功能类别分别执行相应类别的标准值。水域功能类别高的标准值严于水域功能类别低的标准值。同一水域兼有多类使用功能的，执行最高功能类别对应的标准值。实现水域功能与功能类别标准为同一含义，《地表水环境质量标准》（GB 3838—2002）基本项目标准限值见表1-4。

表1-4　《地表水环境质量标准》（GB 3838—2002）基本项目标准限制　　　　（mg/L）

序号	项目标准值分类	Ⅰ类	Ⅱ类	Ⅲ类	Ⅳ类	Ⅴ类
1	水温/℃	人为造成的环境水温变化应限制在：周平均最大温升≤1；周平均最大温降≤2				
2	pH（无量纲）	6~9				
3	溶解氧（≥）	饱和率90%（或7.5）	6	5	3	2
4	高锰酸盐指数（≤）	2	4	6	10	15
5	化学需氧量（COD）（≥）	15	15	20	30	40
6	五日生化需氧量（BOD$_5$）（≤）	3	3	4	6	10
7	氨氮（NH$_3$-N）（≤）	0.15	0.5	1.0	1.5	2.0
8	总磷（以P计）（≤）	0.02	0.1	0.2	0.3	0.4
9	总氮（湖、库，以N计）（≤）	0.2	0.5	1.0	1.5	2.0
10	铜（≤）	0.1	1.0	1.0	1.0	1.0
11	锌（≤）	0.05	1.0	1.0	2.0	2.0

序号	项目标准值分类	Ⅰ类	Ⅱ类	Ⅲ类	Ⅳ类	Ⅴ类
12	氟化物（以 F⁻计）（≤）	1.0	1.0	1.0	1.5	1.5
13	硒（≤）	0.01	0.01	0.01	0.02	0.02
14	砷（≤）	0.05	0.05	0.05	0.1	0.1
15	汞（≤）	0.00005	0.00005	0.0001	0.001	0.001
16	镉（≤）	0.001	0.005	0.005	0.005	0.01
17	铬（六价）（≤）	0.01	0.05	0.05	0.05	0.1
18	铅（≤）	0.01	0.01	0.05	0.05	0.1
19	氰化物（≤）	0.005	0.05	0.2	0.2	0.2
20	挥发酚（≤）	0.002	0.002	0.005	0.01	0.1
21	石油类（≤）	0.05	0.05	0.05	0.5	1.0
22	阴离子表面活性剂（≤）	0.2	0.2	0.2	0.3	0.3
23	硫化物（≤）	0.05	0.1	0.2	0.5	1.0
24	粪大肠菌群/个·L⁻¹（≤）	200	2000	10000	20000	40000

《地下水环境质量标准》（GB 14848—2017）规定了地下水质量分类、指标及限值，地下水质量调查与监测，地下水质量评价等内容。

（1）地下水质量分类。依据我国地下水质量状况和人体健康风险，参照生活饮用水、工业、农业等用水质量要求，依据各组分含量高低（pH 值除外），分为五类。

Ⅰ类：地下水化学组分含量低，适用于各种用途。

Ⅱ类：地下水化学组分含量较低，适用于各种用途。

Ⅲ类：地下水化学组分含量中等，以 GB 5749—2006 为依据，主要适用于集中式生活饮用水水源及工农业用水。

Ⅳ类：地下水化学组分含量较高，以农业和工业用水质量要求以及一定水平的人体健康风险为依据，适用于农业和部分工业用水，适当处理后可作生活饮用水。

Ⅴ类：地下水化学组分含量高，不宜作为生活饮用水水源，其他用水可根据使用目的选用。

（2）地下水质量分类指标。地下水质量分类指标分为常规指标和非常规指标，常规指标是指反映地下水质量基本状况的指标，包括感官性状及一般化学指标、微生物指标、常见毒理学指标和放射性指标。非常规指标是常规指标的拓展，是根据地区和时间差异或特殊情况确定的地下水质量指标，反映地下水中所产生的主要质量问题，包括比较少见的无机和有机毒理学指标。

《生活饮用水卫生标准》（GB 5749—2006）规定了生活饮用水水质卫生要求、生活饮用水水源水质卫生要求、集中式供水单位卫生要求、二次供水卫生要求、涉及生活饮用水卫生安全产品卫生要求、水质监测和水质检验方法。本标准适用于城乡各类集中式供水的生活饮用水，也适用于分散式供水的生活饮用水。

（1）供水方式分类。生活饮用水根据供水方式不同可以分为集中式供水、二次供水、农村小型集中式供水、分散式供水。

1）集中式供水：自水源集中取水，通过输配水管网送到用户或者公共取水点的供水方式，包括自建设施供水。为用户提供日常用水的供水站和为公共场所、居民社区提供的分质供水也属于集中式供水。

2）二次供水：集中式供水在入户之前经再度储存、加压和消毒或深度处理，通过管道或容器输送给用户的供水方式。

3）农村小型集中式供水：日供水在 1000 m³ 以下（或供水人口在 1 万人以下）的农村集中式供水。

4）分散式供水：用户直接从水源取水，未经任何设施或仅有简易设施的供水方式。

（2）生活饮用水水质卫生要求。生活饮用水水质应符合下列基本要求，保证用户饮用安全：

1）生活饮用水中不得含有病原微生物。

2）生活饮用水中化学物质不得危害人体健康。

3）生活饮用水中放射性物质不得危害人体健康。

4）生活饮用水的感官性状良好。

5）生活饮用水应经消毒处理。

6）生活饮用水水质应符合表 1-5 的要求。集中式供水出厂水中消毒剂限量、出厂水和管网末梢水中消毒剂余量均应符合表 1-6 的要求。

表 1-5　水质常规指标及限值

指　标	限　值
1. 微生物指标[①]	
总大肠菌群（MPN/100 mL 或 CFU/100 mL）	不得检出
耐热大肠菌群（MPN/100 mL 或 CFU/100 mL）	不得检出
大肠埃希氏菌（MPN/100 mL 或 CFU/100 mL）	不得检出
菌落总数（CFU/mL）	100
2. 毒理指标	
砷/mg·L^{-1}	0.01
镉/mg·L^{-1}	0.005
铬（六价）/mg·L^{-1}	0.05
铅/mg·L^{-1}	0.01
汞/mg·L^{-1}	0.001

续表 1-5

指　标	限　值
硒/mg·L^{-1}	0.01
氰化物/mg·L^{-1}	0.05
氟化物/mg·L^{-1}	1.0
硝酸盐（以 N 计）/mg·L^{-1}	10（地下水源限制时为 20）
三氯甲烷/mg·L^{-1}	0.06
四氯化碳/mg·L^{-1}	0.002
溴酸盐（使用臭氧时）/mg·L^{-1}	0.01
甲醛（使用臭氧时）/mg·L^{-1}	0.9
亚氯酸盐（使用二氧化氯消毒时）/mg·L^{-1}	0.7
氯酸盐（使用复合二氧化氯消毒时）/mg·L^{-1}	0.7
3. 感官性状和一般化学指标	
色度（铂钴色度单位）	15
混浊度（NTU——散射浊度单位）	1（水源与净水技术条件限制时为 3）
臭和味	无臭味、异味
肉眼可见物	无
pH（pH 值单位）	不小于 6.5 且不大于 8.5
铝/mg·L^{-1}	0.2
铁/mg·L^{-1}	0.3
锰/mg·L^{-1}	0.1
铜/mg·L^{-1}	1.0
锌/mg·L^{-1}	1.0
氯化物/mg·L^{-1}	250
硫酸盐/mg·L^{-1}	250
溶解性总固体/mg·L^{-1}	1000
总硬度（以 CaCO$_3$ 计）/mg·L^{-1}	450
耗氧量（COD$_{Mn}$法，以 O$_2$ 计）/mg·L^{-1}	3（水源限制，原水耗氧量>6 mg/L 时为 5）
挥发酚类（以苯酚计）/mg·L^{-1}	0.002
阴离子合成洗涤剂/mg·L^{-1}	0.3

指　　标	限　　值
4. 放射性指标[②]	指导值
总 α 放射性/Bq · L^{-1}	0.5
总β放射性/Bg · L^{-1}	1

①MPN 表示最可能数；CFU 表示菌落形成单位。当水样检出总大肠菌群时，应进一步检验大肠埃希氏菌或耐热大肠菌群；水样未检出总大肠菌群，不必检验大肠埃希氏菌或耐热大肠菌群；

②放射性指标超过指导值，应进行核素分析和评价，判断能否饮用。

表 1-6　饮用水中消毒剂常规指标及要求

消毒剂名称	与水接触时间	出厂水中限制	出厂水中余量	管网末梢水中余量
氯气及游离氯制剂 （游离氯）/mg · L^{-1}	至少 30 min	4	≥0.3	≥0.05
一氯胺（总氯）/mg · L^{-1}	至少 120 min	3	≥0.5	≥0.05
臭氧（O$_3$）/mg · L^{-1}	至少 12 min	0.3		0.02，如加氯，总氯≥0.05
二氧化氯（ClO$_2$）/mg · L^{-1}	至少 30 min	0.8	≥0.1	≥0.02

二、污水排放标准

污水排放标准主要包括：《污水综合排放标准》（GB 8987—1996）；《医疗机构水污染物排放标准》（GB 18466—2005）；一批工业水污染物排放标准，如《造纸工业水污染物排放标准》（GB 3544—2008）、《制糖工业水污染物排放标准》（GB 21909—2008）、《石油炼制工业水污染物排放标准》（GB 31570—2015）、《纺织染整工业水污染物排放标准》（GB 4287—2012）等。

我国现已颁布的排放标准包括污水综合排放标准和不同行业废水排放标准。本节以《污水综合排放标准》（GB 8978—1996）为例介绍排放标准。

（一）标准适用范围

按照国家综合排放标准与国家行业排放标准不交叉执行的原则，造纸工业执行《造纸工业水污染物排放标准》（GB 3544—92），船舶执行《船舶污染物排放标准》（GB 3552—83），船舶工业执行《船舶工业污染物排放标准》（GB 4286—84），海洋石油开发工业执行《海洋石油开发工业含油污水排放标准》（GB 4914—85），纺织染整工业执行《纺织染整工业水污染物排放标准》（GB 4287—92），肉类加工工业执行《肉类加工工业水污染物排放标准》（GB 13457—92），合成氨工业执行《合成氨工业水污染物排放标准》（GB 13458—92），钢铁工业执行《钢铁工业水污染物排放标准》（GB 13456—92），航天推进剂使用执行《航天推进剂水污染物排放标准》（GB 14374—93），兵器工业执行《兵器工业水污染物排放标准》（GB 14470.1 ~ 14470.3—93 和 GB 4274 ~ 4279—84），磷肥工业执行《磷肥工业水污染物排放标准》(GB 15580—95)，烧碱、聚氯乙烯工业执行《烧碱、聚氯乙烯工业水污染物排放标准》(GB 15581—95)，其他水污染物排放均执行本标准。

（二）标准分级

排入 GB 3838 中Ⅲ类水域（划定的保护区和游泳区除外）和排入 GB 3097 中二类海域的污水，执行一级标准。

排入 GB 3838 中Ⅳ、Ⅴ类水域和排入 GB 3097 中三类海域的污水，执行二级标准。

排入设置二级污水处理厂的城镇排水系统的污水，执行三级标准。

排入未设置二级污水处理厂的城镇排水系统的污水，必须根据排水系统出水受纳水域的功能要求，分别执行 4.1.1 和 4.1.2 的规定。

GB 3838 中Ⅰ、Ⅱ类水域和Ⅲ类水域中划定的保护区，GB 3097 中一类海域，禁止新建排污口，现有排污口应按水体功能要求，实行污染物总量控制，以保证受纳水体水质符合规定用途的水质标准。

（三）指标值

（1）排放的污染物按其性质及控制方式分为两类。

第一类污染物：不分行业和污水排放方式，也不分受纳水体的功能类别，一律在车间或车间处理设施排放口采样，其最高允许排放浓度必须达到本标准要求（采矿行业的尾矿坝出水口不得视为车间排放口）。

第二类污染物：在排污单位排放口采样，其最高允许排放浓度必须达到本标准要求。

（2）按年限规定了第一类污染物和第二类污染物最高允许排放浓度及部分行业最高允许排放水量，分别为：

1997 年 12 月 31 日之前建设（包括改、扩建）的单位，水污染物的排放必须同时执行表 1-7、表 1-8 和表 1-10 的规定。

1998 年 1 月 1 日起建设（包括改、扩建）的单位，水污染物的排放必须同时执行表 1-7、表 1-9、表 1-11 的规定。

建设（包括改、扩建）单位的建设时间，以环境影响评价报告书（表）批准日期为准划分。

表 1-7　第一类污染物最高允许排放浓度　　　　　　　　　　　　（mg/L）

序号	污染物	最高允许排放浓度	序号	污染物	最高允许排放浓度
1	总汞	0.05	8	总镍	1.0
2	烷基汞	不得检出	9	苯并（α）芘	0.00003
3	总镉	0.1	10	总铍	0.005
4	总铬	1.5	11	总银	0.5
5	六价铬	0.5	12	总α放射性	1 Bq/L
6	总砷	0.5	13	总β放射性	10 Bq/L
7	总铅	1.0			

表 1-8　第二类污染物最高允许排放浓度

（1997 年 12 月 31 日之前建设的单位）　　　　　　　　（mg/L）

序号	污染物	适用范围	一级标准	二级标准	三级标准
1	pH 值	排污单位	6~9	6~9	6~9
2	色度 （稀释倍数）	染料工业	50	180	—
		其他排污单位	50	80	—
3	悬浮物 （SS）	采矿、选矿、选煤工业	100	300	—
		脉金选矿	100	500	—
		边远地区砂金选矿	100	800	—
		城镇二级污水处理厂	20	30	—
		其他排污单位	70	200	400
4	五日生化需氧量 （BOD$_5$）	甘蔗制糖、苎麻脱胶、湿法纤维板工业	30	100	600
		甜菜制糖、酒精、味精、皮革、化纤浆粕工业	30	150	600
		城镇二级污水处理厂	20	30	—
		其他排污单位	30	60	300
5	化学需氧量 （COD）	甜菜制糖、焦化、合成脂肪酸、湿法纤维板、染料、洗毛、有机磷农药工业	100	200	1000
		味精、酒精、医药原料药、生物制药、苎麻脱胶、皮革、化纤浆粕工业	100	300	1000
		石油化工工业（包括石油炼制）	100	150	500
		城镇二级污水处理厂	60	120	—
		其他排污单位	100	150	500
6	石油类	排污单位	10	10	30
7	动植物油	排污单位	20	20	100
8	挥发酚	排污单位	0.5	0.5	2.0
9	总氰化合物	电影洗片（铁氰化合物）	0.5	5.0	5.0
		其他排污单位	0.5	0.5	1.0
10	硫化物	排污单位	1.0	1.0	2.0

续表1-8

序号	污染物	适用范围	一级标准	二级标准	三级标准
11	氨氮	医药原料药、染料、石油化工工业	15	50	—
		其他排污单位	15	25	—
12	氟化物	黄磷工业	10	20	20
		低氟地区（水体含氟量<0.5 mg/L）	10	20	30
		其他排污单位	10	10	20
13	磷酸盐（以P计）	排污单位	0.5	1.0	—
14	甲醛	排污单位	1.0	2.0	5.0
15	苯胺类	排污单位	1.0	2.0	5.0
16	硝基苯类	排污单位	2.0	3.0	5.0
17	阴离子表面活性剂（LAS）	合成洗涤剂工业	5.0	15	20
		其他排污单位	5.0	10	20
18	总铜	排污单位	0.5	1.0	2.0
19	总锌	排污单位	2.0	5.0	5.0
20	总锰	合成脂肪酸工业	2.0	5.0	5.0
		其他排污单位	2.0	2.0	5.0
21	彩色显影剂	电影洗片	2.0	3.0	5.0
22	显影剂及氧化物总量	电影洗片	3.0	6.0	6.0
23	元素磷	排污单位	0.1	0.3	0.3
24	有机磷农药（以P计）	排污单位	不得检出	0.5	0.5
25	粪大肠菌群数/个·L⁻¹	医院*、兽医院及医疗机构含病原体污水	500	1000	5000
		传染病、结核病医院污水	100	500	1000
26	总余氯（采用氯化消毒的医院污水）	医院*、兽医院及医疗机构含病原体污水	<0.5**	>3（接触时间≥1 h）	>2（接触时间≥1 h）
		传染病、结核病医院污水	<0.5**	>6.5（接触时间≥1.5 h）	>5（接触时间≥1.5 h）

注：＊指50个床位以上的医院。

　　＊＊加氯消毒后需进行脱氯处理，达到本标准。

表 1-9　第二类污染物最高允许排放浓度

（1998 年 1 月 1 日后建设的单位）　　　　　　　　　　（mg/L）

序号	污染物	适用范围	一级标准	二级标准	三级标准
1	pH 值	排污单位	6~9	6~9	6~9
2	色度（稀释倍数）	排污单位	50	80	—
3	悬浮物（SS）	采矿、选矿、选煤工业	70	300	—
		脉金选矿	70	400	—
		边远地区砂金选矿	70	800	—
		城镇二级污水处理厂	20	30	—
		其他排污单位	70	150	400
4	五日生化需氧量（BOD$_5$）	甘蔗制糖、苎麻脱胶、湿法纤维板工业、染料和洗毛工业	20	60	600
		甜菜制糖、酒精、味精、皮革、化纤浆粕工业	20	100	600
		城镇二级污水处理厂	20	30	
		其他排污单位	30	60	300
5	化学需氧量（COD）	甜菜制糖、合成脂肪酸、湿法纤维板、染料、洗毛、有机磷农药工业	100	200	1000
		味精、酒精、医药原料药、生物制药、苎麻脱胶、皮革、化纤浆粕工业	100	300	1000
		石油化工工业（包括石油炼制）	60	120	—
		城镇二级污水处理厂	60	120	500
		其他排污单位	100	150	500
6	石油类	排污单位	5	10	20
7	动植物油	排污单位	10	15	100
8	挥发酚	排污单位	0.5	0.5	2.0
9	总氰化合物	排污单位	0.5	0.5	1.0
10	硫化物	排污单位	1.0	1.0	1.0
11	氨氮	医药原料药、染料、石油化工工业	15	50	—
		其他排污单位	15	25	

序号	污染物	适用范围	一级标准	二级标准	三级标准
12	氟化物	黄磷工业	10	15	20
		低氟地区（水体含氟量<0.5 mg/L）	10	20	30
		其他排污单位	10	10	20
13	磷酸盐（以P计）	排污单位	0.5	1.0	—
14	甲醛	排污单位	1.0	2.0	5.0
15	苯胺类	排污单位	1.0	2.0	5.0
16	硝基苯类	排污单位	2.0	3.0	5.0
17	阴离子表面活性剂（LAS）	排污单位	5.0	10	20
18	总铜	排污单位	0.5	1.0	2.0
19	总锌	排污单位	2.0	5.0	5.0
20	总锰	合成脂肪酸工业	2.0	5.0	5.0
		其他排污单位	2.0	2.0	5.0
21	彩色显影剂	电影洗片	1.0	2.0	3.0
22	显影剂及氧化物总量	电影洗片	3.0	3.0	6.0
23	元素磷	排污单位	0.1	0.1	0.3
24	有机磷农药（以P计）	排污单位	未检出	0.5	0.5
25	乐果	排污单位	未检出	1.0	2.0
26	对硫酸	排污单位	未检出	1.0	2.0
27	甲基对硫磷	排污单位	未检出	1.0	2.0
28	马拉硫磷	排污单位	未检出	5.0	10
29	五氯酚及五氯酚钠（以五氯酚计）	排污单位	5.0	8.0	10
30	可吸附有机卤化物（AOX）（以Cl计）	排污单位	1.0	5.0	8.0
31	三氯甲烷	排污单位	0.3	0.6	1.0
32	四氯化碳	排污单位	0.03	0.06	0.5

序号	污染物	适用范围	一级标准	二级标准	三级标准
33	三氯乙烯	排污单位	0.3	0.6	1.0
34	四氯乙烯	排污单位	0.1	0.2	0.5
35	苯	排污单位	0.1	0.2	0.5
36	甲苯	排污单位	0.1	0.2	0.5
37	乙苯	排污单位	0.4	0.6	1.0
38	邻二甲苯	排污单位	0.4	0.6	1.0
39	对二甲苯	排污单位	0.4	0.6	1.0
40	间二甲苯	排污单位	0.4	0.6	1.0
41	氯苯	排污单位	0.2	0.4	1.0
42	邻二氯苯	排污单位	0.4	0.6	1.0
43	对二氯苯	排污单位	0.4	0.6	1.0
44	对硝基氯苯	排污单位	0.5	1.0	5.0
45	2,4-二硝基氯苯	排污单位	0.5	1.0	5.0
46	苯酚	排污单位	0.3	0.4	1.0
47	间甲酚	排污单位	0.1	0.2	0.5
48	2,4-二氯酚	排污单位	0.6	0.8	1.0
49	2,4,6-三氯酚	排污单位	0.6	0.8	1.0
50	邻苯二甲酸二丁酯	排污单位	0.2	0.4	2.0
51	邻苯二甲酸二辛酯	排污单位	0.3	0.6	2.0
52	丙烯腈	排污单位	2.0	5.0	5.0
53	总硒	排污单位	0.1	0.2	0.5
54	粪大肠菌群数 /个·L^{-1}	医院[*]、兽医院及医疗机构含病原体污水	500	1000	5000
		传染病、结核病医院污水	100	500	1000
55	总余氯（采用氯化消毒的医院污水）	医院[*]、兽医院及医疗机构含病原体污水	<0.5[**]	>3（接触时间≥1 h）	>2（接触时间≥1 h）
		传染病、结核病医院污水	<0.5[**]	>6.5（接触时间≥1.5 h）	>5（接触时间≥1.5 h）

序号	污染物	适用范围	一级标准	二级标准	三级标准
56	总有机碳（TOC）	合成脂肪酸工业	20	40	—
		苎麻脱胶工业	20	60	—
		其他排污单位	20	30	—

注：其他排污单位：指除在该控制项目中所列行业以外的排污单位。

　＊指 50 个床位以上的医院。

　＊＊加氯消毒后需进行脱氯处理，达到本标准。

表 1-10 部分行业最高允许排水量

（1997 年 12 月 31 日之前建设的单位）

序号	行业类别			最高允许排水量或最低允许水重复利用率
1	矿山工业	有色金属系统选矿		水重复利用率 75%
		其他矿山工业采矿、选矿、选煤等		水重复利用率 90%（选煤）
		脉金选矿	重选	16.0 m³/t（矿石）
			浮选	9.0 m³/t（矿石）
			氰化	8.0 m³/t（矿石）
			碳浆	8.0 m³/t（矿石）
2	焦化企业			1.2 m³/t（焦炭）
3	有色金属冶炼及金属加工			水重复利用率 80%
4	石油炼制工业（不包括直排水炼油厂）加工深度分类： A. 燃料型炼油厂； B. 燃料+润滑油型炼油厂； C. 燃料+润滑油型+炼油化工型炼油厂（包括加工高含硫原油页岩油和石油添加剂生产基地的炼油厂）	A		>500 万吨，1.0 m³/t（原油）； 250 万～500 万吨，1.2 m³/t（原油）； <250 万吨，1.5 m³/t（原油）
		B		>500 万吨，1.5 m³/t（原油）； 250 万～500 万吨，2.0 m³/t（原油）； <250 万吨，2.0 m³/t（原油）
		C		>500 万吨，2.0 m³/t（原油）； 250 万～500 万吨，2.5 m³/t（原油）； <250 万吨，2.5 m³/t（原油）

序号	行业类别			最高允许排水量或最低允许水重复利用率
5	合成洗涤剂工业	氯化法生产烷基苯		200.0 m³/t（烷基苯）
		裂解法生产烷基苯		70.0 m³/t（烷基苯）
		烷基苯生产合成洗涤剂		10.0 m³/t（烷基苯）
6	合成脂肪酸工业			200.0 m³/t（产品）
7	湿法生产纤维板工业			30.0 m³/t（板）
8	制糖工业	甘蔗制糖		10.0 m³/t（甘蔗）
		甜菜制糖		4.0 m³/t（甜菜）
9	皮革工业	猪盐湿皮		60.0 m³/t（原皮）
		牛干皮		100.0 m³/t（原皮）
		羊干皮		150.0 m³/t（原皮）
10	发酵酿造工业	酒精工业	以玉米为原料	150.0 m³/t（酒精）
			以薯类为原料	100.0 m³/t（酒精）
			以糖蜜为原料	80.0 m³/t（酒）
		味精工业		600.0 m³/t（味精）
		啤酒工业（排水量不包括麦芽水部分）		16.0 m³/t（啤酒）
11	铬盐工业			5.0 m³/t（产品）
12	硫酸工业（水洗法）			15.0 m³/t（硫酸）
13	苎麻脱胶工业			500.0 m³/t（原麻）或 750.0 m³/t（精干麻）
14	化纤浆粕			本色：150.0m³/t（浆）；漂白：240.0m³/t（浆）
15	黏胶纤维工业（单纯纤维）	短纤维（棉型中长纤维、毛型中长纤维）		300.0 m³/t（纤维）
		长纤维		800.0 m³/t（纤维）
16	铁路货车洗刷			5.0 m³/辆
17	电影洗片			5.0 m³/1000 m（35 mm 的胶片）
18	石油沥青工业			冷却池的水循环利用率 95%

表 1-11 部分行业最高允许排水量

（1998 年 1 月 1 日后建设的单位）

序号	行业类别			最高允许排水量或最低允许水重复利用率
1	矿山工业	有色金属系统选矿		水重复利用率 75%
		其他矿山工业采矿、选矿、选煤等		水重复利用率 90%（选煤）
		脉金选矿	重选	16.0 m³/t（矿石）
			浮选	9.0 m³/t（矿石）
			氰化	8.0 m³/t（矿石）
			碳浆	8.0 m³/t（矿石）
2	焦化企业（煤气厂）			1.2 m³/t（焦炭）
3	有色金属冶炼及金属加工			水重复利用率 80%
4	石油炼制工业（不包括直排水炼油厂）加工深度分类： A. 燃料型炼油厂； B. 燃料+润滑油型炼油厂； C. 燃料+润滑油型+炼油化工型炼油厂（包括加工高含硫原油页岩油和石油添加剂生产基地的炼油厂）	A		>500 万吨，1.0 m³/t（原油）； 250 万～500 万吨，1.2 m³/t（原油）； <250 万吨，1.5 m³/t（原油）
		B		>500 万吨，1.5 m³/t（原油）； 250 万～500 万吨，2.0 m³/t（原油）； <250 万吨，2.0 m³/t（原油）
		C		>500 万吨，2.0 m³/t（原油）； 250 万～500 万吨，2.5 m³/t（原油）； <250 万吨，2.5 m³/t（原油）
5	合成洗涤剂工业	氯化法生产烷基苯		200.0 m³/t（烷基苯）
		裂解法生产烷基苯		70.0 m³/t（烷基苯）
		烷基苯生产合成洗涤剂		10.0 m³/t（烷基苯）
6	合成脂肪酸工业			200.0 m³/t（产品）
7	湿法生产纤维板工业			30.0 m³/t（板）
8	制糖工业	甘蔗制糖		10.0 m³/t（甘蔗）
		甜菜制糖		4.0 m³/t（甜菜）

序号	行业类别			最高允许排水量或最低允许水重复利用率
9	皮革工业	猪盐湿皮		60.0 m³/t（原皮）
		牛干皮		100.0 m³/t（原皮）
		羊干皮		150.0 m³/t（原皮）
10	发酵酿造工业	酒精工业	以玉米为原料	100.0 m³/t（酒精）
			以薯类为原料	80.0 m³/t（酒精）
			以糖蜜为原料	70.0 m³/t（酒）
			味精工业	600.0 m³/t（味精）
		啤酒工业（排水量不包括麦芽水部分）		16.0 m³/t（啤酒）
11	铬盐工业			5.0 m³/t（产品）
12	硫酸工业（水洗法）			15.0 m³/t（硫酸）
13	苎麻脱胶工业			500.0 m³/t（原麻）或 750.0 m³/t（精干麻）
14	化纤浆粕			本色：150.0 m³/t（浆）；漂白：240.0 m³/t（浆）
15	黏胶纤维工业（单纯纤维）	短纤维（棉型中长纤维、毛型中长纤维）		300.0 m³/t（纤维）
		长纤维		800.0 m³/t（纤维）
16	制药工业医药原料药	青霉素		4700.0 m³/t（青霉素）
		链霉素		1450.0 m³/t（链霉素）
		土霉素		1300.0 m³/t（土霉素）
		四环素		1900.0 m³/t（四环素）
		洁霉素		9200.0 m³/t（洁霉素）
		金霉素		3000.0 m³/t（金霉素）
		庆大霉素		20400.0 m³/t（庆大霉素）
		维生素 C		1200.0 m³/t（维生素 C）
		氯霉素		2700.0 m³/t（氯霉素）
		新诺明		2000.0 m³/t（新诺明）
		维生素 B₁		3400.0 m³/t（维生素 B₁）
		安乃近		180.0 m³/t（安乃近）

续表 1-11

序号	行业类别		最高允许排水量或最低允许水重复利用率
16	制药工业医药原料药	非那西汀	750.0 m³/t（非那西汀）
		呋喃唑酮	2400.0 m³/t（呋喃唑酮）
		咖啡因	1200.0 m³/t（咖啡因）
17	有机磷农药工业	乐果	700.0 m³/t（产品）
		甲基对硫磷（水相法）	300.0 m³/t（产品）
		对硫磷（P₂S₅法）	500.0 m³/t（产品）
		对硫磷（PSCl₃法）	550.0 m³/t（产品）
		敌敌畏（敌百虫碱解法）	200.0 m³/t（产品）
		敌百虫	40.0 m³/t（产品）（不包括三氯乙醛生产废水）
		马拉硫磷	700.0 m³/t（产品）
18	除草剂工业	除草醚	5.0 m³/t（产品）
		五氯酚钠	2.0 m³/t（产品）
		五氯酚	4.0 m³/t（产品）
		二甲四氯	14.0 m³/t（产品）
		2,4-D	4.0 m³/t（产品）
		丁草胺	4.5 m³/t（产品）
		绿麦隆（以 Fe 粉还原）	2.0 m³/t（产品）
		绿麦隆（以 Na₂S 还原）	3.0 m³/t（产品）
19	火力发电工业		3.5 m³/t（MW·h）
20	铁路货车洗刷		5.0 m³/辆
21	电影洗片		5.0 m³/1000 m（35 mm 的胶片）
22	石油沥青工业		冷却池的水循环利用率 95%

任务三 水体监测实验室仪器

一、实验仪器

1. 玻璃器皿

水体监测实验室在制备和提纯以及采集样品、处理分析样品、制备和储存各种溶液及标准溶液时，都需要使用大量的玻璃器皿。

玻璃器皿按材质不同，可分为软质玻璃器皿、硬质玻璃器皿和高硅氧玻璃器皿。软质玻璃器皿有钙钠玻璃和钾玻璃，具有一定的化学稳定性、热稳定性和机械强度，透明性好，易于灯焰加工，但热膨胀系数较大，易于破碎，因此多制成不需要加热的仪器，如试剂瓶、漏斗、干燥器、量筒、玻璃管等。硬质玻璃也称硅玻璃，具有耐高温、耐腐蚀、耐电压、抗冲击性能好及膨胀系数小等特征，是可以用来加热的玻璃仪器，如烧杯、烧瓶、试管及蒸馏仪器等。高硅氧玻璃是由二氧化硅、酸和碱性氧化物结合制成的具有网状结构的玻璃，它的熔点高，比石英的熔点仅低 100 ℃左右，有时可替代熔融的石英制品。

玻璃仪器的种类很多，各种不同要求的实验室还用到一些特殊的玻璃仪器，为了解和正确使用它，在此主要介绍常见玻璃器皿，见表 1-12。

表 1-12　常见玻璃器皿

仪器	规格及表示法	一般用途	使用方法和注意事项
普通试管、离心试管、试管架	试管：有刻度的按容积（mL）分；无刻度的用管口直径（mm）×管长（mm）表示，如硬质试管 10 mm×75 mm。 试管分普通试管和离心试管，又分硬质试管和软质试管。 试管架有木制、铝制和塑料制等。有大小不同、形状不一的各种规格	反应容器，便于操作、观察，用药量少。也可用于少量气体的收集。 离心管用于沉淀分离。 试管架用于盛放试管	反应液体不超过试管容积的 1/2，加热时不超过 1/3。 加热前试管外面要擦干，加热时应用试管夹夹持。 加热液体时，管口不要对着人，并将试管倾斜与桌面成 45°，同时不断振荡，火焰上端不能超过管里液面。 加热固体时，管口略向下倾斜。 离心管只能用于水浴加热。 硬质试管可以加热至高温，但不宜骤冷；软质试管在温度急剧变化时极易破裂。 一般大试管直接加热，小试管用水浴加热。 加热后的试管应以试管夹夹好悬放架上
烧杯	玻璃质，以容积（mL）表示，如硬质烧杯 400 mL。有一般型、高型、有刻度和无刻度几种	反应容器。尤其在反应物较多时用，易混合均匀。 也用作配制溶液时的容器或简易水浴的盛水器	反应液体不能超过烧杯用量的 2/3。加热时，放在石棉网上，使受热均匀。刚加热后不能直接置于桌面上，应垫上石棉网
锥形烧瓶	以容积（mL）表示，有有塞、无塞、广口、细口和微型几种	反应容器，加热时可避免液体大量蒸发。 振荡方便，用于滴定操作	反应液体不能超过烧杯用量的 2/3。 加热时，放在石棉网上，使受热均匀。刚加热后不能直接置于桌面上，应垫上石棉网

仪器	规格及表示法	一般用途	使用方法和注意事项
量筒	玻璃质。 以所能量度的最大容积（mL）表示，上口大、下口小的叫量杯	量取一定体积的液体	不能作为反应容器，不能加热，不可量热的液体。 读数时，视线应与液面水平，读取与弯月面最低点相切的刻度
表面皿	以口径（cm）表示	用来盖在蒸发皿、烧杯等容器上，以免溶液溅出或灰尘落入。 作为称量试剂的容器	不能用火直接加热。 作盖用时，其直径应比被盖容器略大。 用于称量时，应洗净烘干
吸量管、移液管	以所能量度的最大容积（mL）表示	用于精确移取一定体积的液体	先将液体吸入，液面超过刻度，再用食指按住管口，轻轻转动放气，使液面降至刻度后，使食指按住管口，移往指定容器上，放开食指，使液体注入。 用时，先用少量移取液淋洗3次。 一般吸管残留的最后一滴液体，不要吹出（完全流出式应吹出）。 吸管用后立即清洗，置于吸管架（板）上，以免玷污。 具有精确刻度的量器，不能放在烘箱中烘干，不能加热。 读取刻度的方法同量筒的
容量瓶	玻璃质。 以容积（mL）表示分量入式（I_n）和量出式（E_x）两种塞子，有玻璃、塑料两种	用于配制标准溶液	溶质先在烧杯内全部溶解，然后移入容量瓶。不能加热，不能用毛刷洗刷。不能代替试剂瓶用来存放溶液。读取刻度的方法同量筒的。不能放在烘箱内烘干。瓶的磨口瓶塞配套使用，不能互换
吸滤瓶、布氏漏斗和过滤管	吸滤瓶：以容积（mL）表示。 布氏漏斗：瓷制或玻璃制，以容量（mL）或斗径（cm）表示。 过滤管：直径（mm）×管长（mm），磨口的以容积表示	两者配套，用于无机制备中晶体或粗颗粒沉淀的减压过滤。当沉淀量少时用小号漏斗与过滤管配合使用	滤纸要略小于漏斗的内径，才能贴紧。先开抽气管，再过滤。过滤完毕后，先分开抽气管与抽滤瓶的连接处，后关抽气管。不能用火直接加热。注意漏斗与滤纸大小配合。漏斗大小与过滤的沉淀或晶体量相配
漏斗	以直径（cm）表示，有短颈、长颈、粗颈、无颈等几种	过滤。引导溶液入小口容器中。粗颈漏斗用于转移固体	不能用火直接灼烧。过滤时，漏斗颈尖端必须紧靠承接滤液的容器壁。长颈漏斗加液时斗颈应插入液面内

续表 1-12

仪器	规格及表示法	一般用途	使用方法和注意事项
称量瓶	以外径（cm）×高（cm）表示，分扁形、筒形	用于准确称量定量的固体	盖子是磨口配套的，不得丢失弄乱。用前应洗净烘干。不用时，应洗净，在磨口处垫一小纸条。不能直接用火加热
酸式滴定管、碱式滴定管	滴定管分酸式、碱式两种，以容积（mL）表示。管身颜色为棕色或无色。 滴定管架：金属制。 滴定管夹：木质或金属	用于滴定或量取准确体积的液体。滴定管夹持滴定管，固定在滴定管架上	用前洗净，装液前用预装溶液洗 3 次。滴定时，酸式管用左手开启旋塞，碱式管用左手轻捏橡皮管内的玻珠，溶液即可放出。碱式管要注意赶净气泡。酸式管旋塞应擦凡士林，碱式管下端橡皮管不能用洗液洗。酸式管、碱式管不能对调使用。酸液放在具有玻塞的滴定管中，碱液放在带橡皮管的滴定管中。滴定管要洗净，溶液流下时管壁不得挂有水珠。活塞下部要充满液体，全管不得留有气泡。滴定管用后应立即洗净。不能加热及量取热的液体，不能用毛刷洗涤内管壁
滴管	由尖嘴玻璃管和橡胶乳头构成	吸取少量（数滴或 1~2 mL）试剂	溶液不得吸进橡皮头。用后立即洗净内、外管壁
干燥管	以大小表示，有直形、弯形、U 形几种	盛装干燥剂干燥气体	干燥剂置球形部分，不宜过多。小管与球形交界处放少许棉花填充。大头进气，小头出气
洗气瓶	以容积表示	净化气体用，反接可作安全瓶（缓冲瓶）用	接法要正确（进气管通入液体中）。洗涤液注入容器高度的 1/3，不得超过 1/2
干燥塔	以容积表示	净化干燥气体用	塔体上室底部放少许玻璃棉，上面容器放干燥剂（固体）。干燥塔下面进气，上面出气，球形干燥塔内管进气
干燥器	以内径（cm）表示，分普通、真空干燥两种	内放干燥剂存放物品，以免物品吸收水汽。定量分析时，将灼烧过的坩埚放在其中冷却	灼烧过的物品放入干燥器前，温度不能过高，并在冷却过程中要每隔一定时间开一开盖子，以调节器内压力。干燥器内的干燥剂要按时更换。小心盖子滑动而被打破

仪器	规格及表示法	一般用途	使用方法和注意事项
洗瓶	以容积（mL）表示，有玻璃、塑料两种	用蒸馏水洗涤沉淀和容器用。塑料洗瓶使用方便、卫生。装适当的洗涤液洗涤沉淀	不能装自来水。塑料洗瓶不能加热
滴瓶	以容积（mL）表示，分无色、棕色两种	盛放液体试剂和溶液	不能加热。棕色瓶盛放见光易分解或不稳定的试剂。取用试剂时，滴管要保持垂直，不接触接收容器内壁，不能插入其他试剂中
广口瓶、细口瓶	以容积表示，有广口瓶、细口瓶两种，又分磨口、不磨口、无色、棕色等	广口瓶盛放固体试剂。细口瓶盛放液体试剂和溶液	不能直接加热。取用试剂时，瓶盖应倒放在桌上不能弄脏、弄乱。有磨口塞的试剂瓶不用时应洗净，并在磨口处垫上纸条。盛放碱液时用橡皮塞，防止瓶塞被腐蚀粘牢。有色瓶盛见光易分解或不太稳定的物质的溶液或液体
比色管	以最大容积表示，有无塞和有塞两种	在目视比色法中，用于比较溶液颜色的深浅	一套比色管应由同一种玻璃制成，且大小、高度、形状应相同。不能用试管刷刷洗，以免划伤内壁。比色管应放在特制的、下面垫有白色瓷板或配有镜子的木架上
普通圆底烧瓶、磨口圆底烧瓶、蒸馏烧瓶	以容积（mL）表示有普通型和标准磨口型。磨口的还以磨口标号表示其口径大小，如10、14、19等。从形状分，有圆形、茄形、梨形、细口、厚口、磨口、平底、圆底、长颈、短颈、二口、三口等	圆底烧瓶：常温或加热条件下作反应容器，因圆形受热面积大，耐压大。平底烧瓶：配制溶液或代替圆底烧瓶，还可作洗瓶，它不耐压，不能用于减压蒸馏。梨形烧瓶：少量使用时用。三口烧瓶：用于需要搅拌的实验，中间插搅拌器，两边插温度计、加料管或滴液漏斗、冷凝管等。蒸馏烧瓶：用于液体蒸馏，也可用作少量气体发生装置	盛放液体量不能超过烧瓶容量的2/3，也不能太少。固定在铁架台上，下垫石棉网加热，不能直接加热。放在桌面上时，下面要有木环或石棉环，以防滚动而被打破

仪器	规格及表示法	一般用途	使用方法和注意事项
分液漏斗、滴液漏斗	以容积（mL）、漏斗颈长短表示，有球形、梨形、筒形、锥形几种	用于液体分离洗涤和萃取。气体发生器装置中加液用。滴液漏斗用于反应中滴加液体。恒压漏斗可在上口塞紧的情况下滴加液体，用于滴加挥发性强、刺激性大的液体	不能加热。使用前，将活塞涂一薄层凡士林，插入转动直至透明。如凡士林少了，会造成漏液；太多会溢出玷污仪器和试液。分液时，下层液体从漏斗管流出，上层液体从上口倒出。装气体发生器时，漏斗管应插入液面内（漏斗管不够长的，可接管），漏斗间活塞应用细绳系于漏斗颈上，防止滑出跌碎。萃取时，振荡初期应放气数次，以免漏斗内气压过大
直形冷凝管、球形冷凝管、蛇形冷凝管	以外套管长（cm）表示，分空气、直形、球形、蛇形冷凝管几种	蒸馏操作中作冷凝用。球形冷却面积大，适用于加热回流。直形、空气冷凝管用于蒸馏。沸点低于 140 ℃ 的物质用直形，高于 140 ℃ 的物质用空气冷凝管	装配仪器时，先装冷却水橡皮管，再装仪器。套管的下面支管进水，上面支管出水。开冷却水需缓慢，水流不能太大

（1）容器类。玻璃容器主要指实验室中用以储存和运送物料及容纳物质在其中进行化学反应的各种玻璃器皿。包括试剂瓶、洗瓶、烧杯、烧瓶（锥形和球形）、试管、比色管等，根据各自的性能和要求，采用相应的软质或硬质玻璃材料制作，并具有各种形状、颜色和规格。

（2）量器类。水体监测实验室的玻璃量器基本是指用于计量（量入或量出）液体体积的一类器皿，它们常用被称为"白料"的软质玻璃制成，不宜在火上直接加热。量器按其形状、用途和容量分类。

2. 塑料器皿

塑料器皿按材质可分为聚乙烯器皿、聚丙烯器皿和聚四氟乙烯器皿。

（1）聚乙烯器皿。聚乙烯是一种软质材料，呈乳白色，很像石蜡，是一种最轻的塑料，温度降低时会变硬，有高度耐寒性，-80 ℃ 时才完全失去弹性，介电性能好。低压聚乙烯的熔点为 120 ~ 130 ℃，高压聚乙烯的熔点为 110 ~ 115 ℃。聚乙烯器皿的化学稳定性和力学性能好，可代替某些玻璃、金属和木制品等。在室温下，不受浓盐酸、氢氯酸、磷酸或强碱溶液的影响，只被浓硫酸（>60%）、浓硝酸、溴水及其他强氧化剂慢慢侵蚀，有机溶剂会侵蚀聚乙烯塑料，因此不能用塑料瓶储存，聚乙烯塑料可储存水、标准溶液和某些试剂溶液，比玻璃容器优越，尤其适于痕量物质分析。

（2）聚丙烯器皿。聚丙烯熔点较聚乙烯高，为 130 ~ 140 ℃，小于 150 ℃ 时外观形状不变,因而是一种有发展前途的材料。它力学性能好、介电性能好且不受温度和频率的影响,与大部分化学试剂不发生作用,高于80℃开始溶于芳香族碳氢化合物,室温下难溶于有机化合物。

(3) 聚四氟乙烯器皿(塑料)。聚四氟乙烯外观白而光滑、似蜡,绝缘性好,不受环境及电场的影响。它的熔点是塑料中最高的,达380~385℃,使用温度范围为-100~250℃。其薄膜的柔软性在100℃之下不变,不被水浸润,具有冷流动性,在压力为20~25 MPa时,常温下可连续流动。聚四氟乙烯不与任何化学物质起作用,也不受氧气和紫外线的影响,稳定性超过了金和铂,有"塑料王"之称,可用于制造烧杯、蒸发皿、坩埚、滴定管及分液的活塞、搅拌棒和表面皿等。

3. 常用瓷质器皿

瓷质器皿的主要优点是耐高温,其次是对酸、碱的稳定性比玻璃好,灼烧失重小,价格便宜,因此在实验室中广泛使用。由于瓷质器皿的主要成分是盐,在高温下可被 $NaOH$、KOH、Na_2CO_3 腐蚀。因此,不能用碱溶法分解样品,也不能用氢氟酸在瓷质器皿中分解处理样品,表1-13列出实验室常用瓷质器皿。

表1-13 实验室常用瓷质器皿

仪器	规格及表示法	一般用途	使用方法和注意事项
蒸发皿	以容积(mL)表示,分无柄与有柄	蒸发浓缩液体,用于700℃以下物料的灼烧	能耐高温,但不宜骤冷;一般在铁环上直接用火加热,但须在预热后,再提高加热强度
坩埚	以容积(mL)表示,分低型与高型	灼烧沉淀,处理样品	能耐高温,但不宜骤冷。根据灼烧物质的性质选用不同材料的坩埚
研钵	以直径(mm)表示,分普通型和深型	混合、研磨固体物料	不能作反应器,放入物质量不超过容积的1/3。绝对不允许研磨强氧化剂($KClO_4$)。研磨时,不得敲击
布氏漏斗	以直径(mm)表示,常与吸滤瓶配套使用	用于抽滤物料	漏斗与吸滤瓶大小要配套,滤纸直径要略小于漏斗内径。过滤前,先抽气,结束后,先断开抽气管与滤瓶连接处,再停止抽气,以防止液体倒吸
白瓷板	以面积计(长×宽,mm×mm)	滴定分析时垫于滴板上,便于观测滴定时的颜色变化	

二、常用器具

玻璃器皿、瓷质器皿在使用过程中常配套有台架、夹持等工具及实验中配套使用的器具。

三、常见仪器

1. 天平

（1）天平的分类及特点。从天平的构造原理来分类，天平分为机械式天平（杠杆天平）和电子天平两大类。杠杆天平又可以分为等臂双盘天平和不等臂双刀单盘天平。双盘天平还可分为摆动天平和阻尼天平（有阻尼器），普通标牌天平和微分标牌天平（有光学读数装置，也称为电光天平）。按加码器加码范围不同，可分为部分机械加码天平和全部机械加码天平。由于双盘天平存在不等臂性误差、空载和实载灵敏度不同及操作较麻烦等固有的缺点，逐渐被不等臂单盘天平代替。不等臂单盘天平采用全量机械减码，克服了双盘天平的缺点，操作更简便。电子天平由于采用电磁力平衡的原理，没有刀口刀承，无机械磨损，采用全部数字显示，称量快速，只需几秒就可显示称量结果。电子天平连接计算机和打印机后可具有多种功能，是代表发展趋势的最先进的天平，已经得到了广泛应用，下面将重点介绍电子天平的使用。

（2）电子天平的安装和使用方法。1）安装场所。精度要求高的电子天平理想的放置条件是室温（20±2）℃，相对湿度 45%～60%。天平台要坚固，具有抗震及减震性能。不受阳光直射，远离暖气与空调。不要将天平放在带磁设备附近，避免尘埃和腐蚀性气体。2）电子天平的安装。电子天平的安装较简单，一般按说明书要求进行即可。电子分析天平外形及各部件见图 1-1。清洁天平各部件后，放好天平，调节水平，依次将防尘隔板、防风环、盘托、秤盘放上，连接电源线。将一台放置在较低温度的天平搬到一个较高温度的工作间时，应切断电源，待仪器放置 2 h 后，再进行安装及通电使用。这是为了使由于温度差产生的湿气排出。3）电子天平的使用方法。

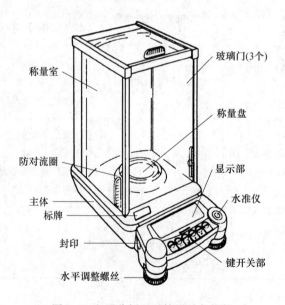

图 1-1　电子分析天平外形及各部件

使用前，检查天平是否水平，若不水平，调整水平。

称量前，接通电源预热 30 min（或按说明书要求）。

校准：按天平说明书要求的时间预热天平。首次使用天平必须校准天平，将天平从一地移到另一地使用时或在使用一段时间（30 天左右）后，应对天平重新校准。为使称量更为精确，也可随时对天平进行校准。校准程序可按说明书进行。用内装校准砝码或外部自备有修正值的校准砝码进行。

称量：按下显示屏的开关键，待显示稳定的零点后，将物品放到秤盘上，关上防风门。显示稳定后即可读取称量值。操纵相应的按键可以实现"去皮""增重""减重"等称量功能。

清洁：天平受污染时，用含少量中性洗涤剂的柔软布擦拭，勿用有机溶剂和化纤布清洁和擦拭。样品盘可清洗，充分干燥后再装到天平上。

（3）试样的称量方法。

1）指定质量的试样的称量方法（固定称样法）。

2）减量称样法。

2. 分光光度计

分光光度计包括光源、单色器、吸收池、检测器和测量仪表。分光光度计各部件的次序如图 1-2 所示。

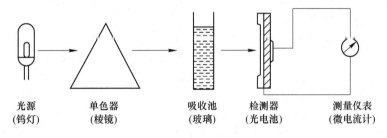

| 光源
(钨灯) | 单色器
(棱镜) | 吸收池
(玻璃) | 检测器
(光电池) | 测量仪表
(微电流计) |

图 1-2　分光光度计结构示意图

（1）光源：分光光度计上常用的光源有两种：钨灯或氢灯，在可见光区、近紫外光区和近红外光区常用钨丝灯作为光源；在紫外光区多使用氢灯。

（2）单色器：把混合光波分解为单一波长光的装置。在分光光度计中多用作色散元件。

（3）吸收池（比色杯、比色皿、比色池）：一般由玻璃、石英或熔凝石英制成，用来盛被测的溶液。在低于 350 nm 的紫外光区工作时，必须采用石英池或熔凝石英池。

（4）检测器：常用光电池、光电管和光电倍增管三种。

（5）测量仪表：一般常用的紫外光和可见光分光光度计有 3 种测量装置，即电流表、记录器和数字示值读数单元。现代的仪器常附有自动记录器，可自动描出吸收曲线。

习　题

一、单选题

1. 下列物质属于污水综合排放标准规定的第一类污染物的是（　　　）。

　　A. 烷基汞　　　　　　　B. BOD　　　　　　　C. 铜　　　　　　　　D. 挥发酚

2. 化学试剂一级品的标志颜色是（　　）。

　　A. 红色　　　　　　　　B. 蓝色　　　　　　　C. 黄色　　　　　　　D. 绿色

3. 超纯水的电导率是（　　）。

　　A. 0.5~2 μS/cm　　　B. 小于 0.1 μS/cm　　C. 50~500 μS/cm　　D. 2~4 μS/cm

4. 下列表示分析准确度的是（　　）。

　　A. 平均偏差　　　　　　B. 误差　　　　　　　C. 极差　　　　　　　D. 偏差

5. 适用于配置除可溶性气体和挥发性物质以外的各种物质的痕量分析用试液的蒸馏水是（　　）。

　　A. 金属蒸馏器　　　　　B. 亚沸蒸馏器　　　　C. 石英蒸馏器　　　　D. 玻璃蒸馏器

6. 国家环境保护标准与地方环境保护标准的关系在执行方面，地方环境保护标准（　　）于国家环境保护标准。

　　A. 等同　　　　　　　　B. 滞后　　　　　　　C. 落后　　　　　　　D. 优先

7. 国家环境保护标准分为五类，不包括（　　）。

　　A. 国家环境质量标准　　　　　　　　　　　B. 国家环境监测方法标准

　　C. 国家环境标准物质标准　　　　　　　　　D. 企业标准

8. 表征真实值与测量值之间的差距是（　　）。

　　A. 空白值　　　　　　　B. 准确度　　　　　　C. 精密度　　　　　　D. 精确度

9. 地表水环境质量标准按功能分为（　　）等级。

　　A. 2　　　　　　　　　B. 3　　　　　　　　　C. 5　　　　　　　　　D. 4

10. 某方法对单位浓度或单位量的待测物质的变化引起的响应量变化的程度是指（　　）。

　　A. 检测限　　　　　　　B. 误差　　　　　　　C. 偏差　　　　　　　D. 灵敏度

11. 色度是针对（　　）水体污染的指标。

　　A. 物理　　　　　　　　B. 化学　　　　　　　C. 生物　　　　　　　D. 病菌

12. 用于环境监测必须采用的，也用于纠纷或仲裁的方法是（　　）。

　　A. 等效分析法　　　　　　　　　　　　　　B. 新型技术法

　　C. 统一分析法　　　　　　　　　　　　　　D. 国家标准分析法

13. 地表水监测项目不包括（　　）。

　　A. VOC　　　　　　　　B. SS　　　　　　　　C. COD　　　　　　　D. DO

14. 准备盛放测定重金属的水样容器去除干扰离子最好用（　　）清洗。

　　A. 蒸馏水　　　　　　　B. 有机洗涤剂　　　　C. 氢氧化钠　　　　　D. 硝酸

15. 测定有机物的水样采集时常用（　　）容器。

　　A. 塑料　　　　　　　　B. 锡罐　　　　　　　C. 玻璃　　　　　　　D. 不锈钢

二、多选题

1. 环境监测的方案涉及的环境监测技术有（　　）。

　　A. 数据处理技术　　　B. 测试技术　　　　　C. 水质治理技术　　　D. 采样技术

2. 环境监测的内容涉及（　　）。

　　A. 水环境监测　　　B. 大气环境监测　　　C. 室内环境监测　　　D. 土壤环境监测

3. 环境标准类别有（　　）。

　　A. 环境排放标准　　　B. 环境质量标准　　　C. 企业标准　　　　　D. 环境方法标准

4. 大气标准按功能可分为（　　）。

　　A. 四类标准　　　　　B. 三类标准　　　　　C. 二类标准　　　　　D. 一类标准

5. 对准确度进行评价的量有（　　）。

　　A. 相对偏差　　　　　B. 相对误差　　　　　C. 平均数　　　　　D. 绝对误差

6. 水体污染的类型有（　　　）。

　　A. 化学污染　　　　　B. 物理污染　　　　　C. 生物污染　　　　　D. 颗粒污染

7. 下面属于水体化学性污染的指标是（　　　）。

　　A. 浊度　　　　　　　B. COD　　　　　　　C. 放射性物质　　　　D. 有机物

8. 水体监测的对象有（　　　）。

　　A. 地下水　　　　　　B. 水污染源　　　　　C. 地表水　　　　　　D. 冰川水

9. 水质监测的常用方法有（　　　）。

　　A. 原子吸收法　　　　B. 电化学法　　　　　C. 光谱分析法　　　　D. 化学分析法

10. 常用的采样容器有（　　　）。

　　A. 不锈钢瓶　　　　　B. 塑料瓶　　　　　　C. 玻璃瓶　　　　　　D. 锡瓶

三、判断题

1. 精确度是用来评价测量值之间的一致程度的。　　　　　　　　　　　　　　　（　　）

2. 环境监测就是通过对影响环境质量因素代表值测定来确定环境质量及其发展趋势。（　　）

3. 环境监测的数据为总体趋势服务可稍做修改。　　　　　　　　　　　　　　　（　　）

4. 所有试剂的配制只要蒸馏水均可。　　　　　　　　　　　　　　　　　　　　（　　）

5. 环境监测污染物遵循优先监测的原则。　　　　　　　　　　　　　　　　　　（　　）

6. 中国是水资源最丰富的国家之一。　　　　　　　　　　　　　　　　　　　　（　　）

7. 我国水体污染的主要缘由受生活污水的影响。　　　　　　　　　　　　　　　（　　）

8. 物理型水体污染是指由物理因素造成的污染。　　　　　　　　　　　　　　　（　　）

9. 水环境监测可为环境质量评价提供依据。　　　　　　　　　　　　　　　　　（　　）

10. 采集的水样必须全部用于检测分析。　　　　　　　　　　　　　　　　　　（　　）

项目二　水环境监测指标

任务一　水环境的物理指标测定

一、水温的测定

温度是必须在现场测定的项目之一，采用温度计法测量（GB 13195—91）。

（一）水温计法

适用于测量水的表层温度，见图2-1。

水银温度计安装在特制金属套管内，套管开有可供温度计读数的窗孔，套管上端有一提环，以供系住绳索，套管下端旋紧着一只有孔的盛水金属圆筒，水温计的球部应位于金属圆筒的中央。

水温计测量范围−6~40 ℃，分度值为0.2 ℃。

测定时，将水温计投入水中至待测深度，感温5 min后，迅速上提并立即读数。从水温计离开水面至读数完毕应不超过20 s，读数完毕后，将筒内水倒净。当气温与水温相差较大时，尤应注意立即读数，避免受气温的影响。必要时，重复插入水中，再一次读数。

注意事项：

（1）当现场气温高于35 ℃或低于−30 ℃时，水温计在水中的停留时间要适当延长，以达到温度平衡。

（2）在冬季的东北地区读数应在3 s内完成，否则水温计表面会形成一层薄冰，影响读数的准确性。

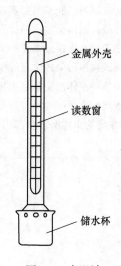

金属外壳

读数窗

储水杯

图 2-1　水温计

（二）深水温度计

适用于水深40 m以内的水温测量，见图2-2。

其结构与水温计相似，盛水圆筒较大，并有上、下活门，利用其放入水中和提升时活门的自动启开和关闭，使筒内装满所测温度的水样。

测量范围−2~40 ℃，分度值为0.2 ℃。

将深水温度计投入水中，与水温计法测定表层水温的相同步骤进行测定。

（三）颠倒温度计（闭式）

适用于测量水深在40 m以内的各层水温，见图2-3。

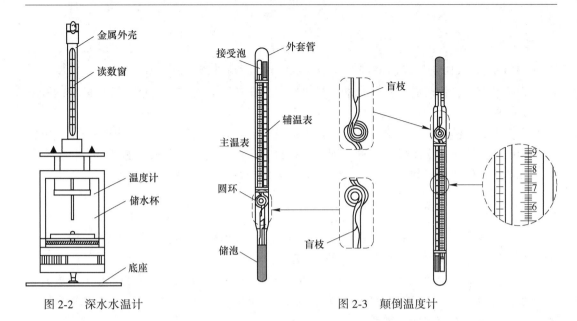

图 2-2　深水水温计　　　　　　　　　　　图 2-3　颠倒温度计

　　闭端（防压）式颠倒温度计由主温表和辅温表组装在厚壁玻璃套管内构成，套管两端完全封闭。主温表测量范围-2～32 ℃，分度值为 0.10 ℃，辅温表测量范围为-20～50 ℃，分度值为 0.5 ℃。

　　主温表用于测量水温，辅温表用于校正因环境温度改变而引起的主温表读数的变化。

　　颠倒温度计需装在颠倒采水器上使用。测定时，将安装有闭端式颠倒温度计的颠倒采水器，投入水中至待测深度，感温 10 min 后，由"使锤"作用，打击采水器的"撞击开关"，使采水器完成颠倒动作。感温时，温度计的储泡向下，断点以上的水银柱高度取决于现场温度，当温度计颠倒时，水银在断点断开，分成上、下两部分，此时接受泡一端的水银柱显示度，即为所测温度。上提采水器，立即读取主温表上的温度。根据主、辅温表的读数，分别查主、辅温表的器差表（由温度计检定证中的检定值线性内插作成）得相应的校正值。

　　颠倒温度计的还原校正值 K 的计算公式为：

$$K = \frac{(T - t)(T + V_0)}{n}\left(1 + \frac{T + V_0}{n}\right)$$

式中　T——主温表经器差校正后的读数；

　　　t——辅温表经器差校正后的读数；

　　　V_0——主温计自接受泡至刻度 0 ℃处的水银容积，以温度度数表示；

　　　$\dfrac{1}{n}$——水银与温度计玻璃的相对膨胀系数，n 通常取值为 6300。

主温表经器差校正后的读数 T 加还原校正值 K，即为实际水温。

注：水温计或颠倒温度计应定期由计量检定部门进行校核。

二、色度的测定

色度的测定采用铂钴标准比色法（GB 11903—1989）。

（一）方法原理

铂钴标准比色法用六氯铂酸钾（K_2PtCl_6）和六水氯化钴（$CoCl_2 \cdot 6H_2O$）的混合溶液作为标准溶液，将待测水样与标准色列进行目视比色，以确定其色度，该法配成的标准色列，性质稳定，可较长时间存放。

由于六氯铂酸钾价格较贵，可以用铬钴比色法代替进行色度的测定，即将一定量重铬酸钾和硫酸钴溶于水中制成的标准色列，进行目视比色，确定待测水样的色度。该法所制成的标准色列保存的时间比较短。本测定方法采用现行 GB 11903—1989。

（二）试剂及药品

（1）六水氯化钴、浓盐酸（$\rho = 1.18 \ g/mL$）、六氯铂酸钾。除另有说明外，测定中仅使用光学纯水（蒸馏水）及分析纯试剂（AR，红标签）。

（2）光学纯水：将 0.2 μm 的滤膜（细菌学研究中所采用的）在 100 mL 蒸馏水或去离子水中浸泡 1 h，用它过滤 250 mL 蒸馏水或去离子水，弃去最初的 250 mL，以后用这种水配制全部标准溶液并作为稀释水。

（3）国家标准配制色度铂钴标准溶液（相当于 500 度）：将（1.245±0.001）g 六氯铂酸钾（Ⅳ）（K_2PtCl_6）及（1.000±0.001）g 六水氯化钴（Ⅱ）（$CoCl_2 \cdot 6H_2O$）溶于约500 mL 水中，加（100±1）mL 浓盐酸（$\rho = 1.18 \ g/mL$）并在 1000 mL 的容量瓶内用水稀释定容到标线。

（4）保存条件：将溶液放在密封的玻璃瓶中，存放在暗处，温度不能超过 30 ℃。这些溶液至少能稳定 6 个月。

（5）色度标准溶液：在一组 50 mL 的比色管中，用移液管分别加入 0 mL、2.50 mL、5.00 mL、7.50 mL、10.00 mL、12.50 mL、15.00 mL、17.50 mL、20.00 mL、30.00 mL及 35.00 mL 储备液，并用水稀释至标线。溶液色度分别为 0 度、5 度、10 度、15 度、20度、25 度、30 度、35 度、40 度、60 度和 70 度。

溶液放在严密性好的玻璃瓶中，存放于暗处。温度不能超过 30 ℃，这些溶液至少可以稳定 1 个月。

（三）仪器

（1）常用实验室仪器：烧杯（不同型号）3 个、胶头滴管 3 个、玻璃棒、量筒。
（2）具塞比色管 1 套，50 mL。规格一致，光学透明玻璃，底部无阴影。
（3）pH 计，精度±0.1 pH 单位。
（4）容量瓶，250 mL。
（5）离心机。

（四）操作步骤

（1）样品处理。将样品倒入 250 mL（或更大）的量筒中，静置 15 min，用烧杯倾取上层液体作为样品进行测定（如果水样混浊，可以先进行离心，再取上清液测定）。
（2）样品测定。

1）将烧杯中上清液加入 50 mL 比色管中直至刻度线，将试样与色度标准系列进行目视比色，将比色管置于白纸上，在日光下目光垂直管口向下观察，记录试样与铬-钴色度标准系列的色度，记录数据。

2）垂直向下观察液柱，找出与水样色度最接近的标准溶液。如色度≥70 度，用光学纯水将水样适当稀释后，使色度落入标准溶液范围之中再进行测定。

3）另取试料测定 pH 值。

（五）结果表示

以色度的标准单位报告与水样最接近的标准溶液的值，在 0~40 度（不包括 40 度），准确到 5 度；在 40~70 度，准确到 10 度。在报告样品色度的同时，报告 pH 值。

稀释过的样品色度（A_0），以度计，用下式计算：

$$A_0 = \frac{V_1}{V_0} A_1$$

式中　V_1——样品稀释后的体积，mL；

　　　V_0——样品稀释前的体积，mL；

　　　A_1——稀释样品色度的观察值，度。

标准溶液色度对照表可参考表 2-1。

表 2-1　标准溶液色度对照表

标准溶液/mL	2.5	5	7.5	10	12.5	15	17.5	20	30	35
色度（度）	5	10	15	20	25	30	35	40	60	70

三、浊度的测定

浊度的测定采用分光光度法（GB 13200—1991）。

（一）方法原理

在适当温度下，硫酸肼与六次甲基四胺聚合，形成白色高分子聚合物。以此作为浊度标准液，在一定条件下与水样浊度相比较。本法适用于测定天然水、饮用水的浊度，最低检测浊度为 3 度。

（二）试剂及药品

（1）无浊度水。蒸馏水通过 0.2 μm 滤膜过滤，收集于用滤过水荡洗两次的烧瓶中。

（2）浊度储备液。

1）硫酸肼溶液：称取 1.000 g 硫酸肼（$N_2H_4 \cdot H_2SO_4$）溶于水中，定容至 100 mL。

2）六次甲基四胺溶液：称取 10.00 g 六次甲基四胺 [$(CH_2)_6N_4$] 溶于水中，定容至 100 mL。

（3）浊度标准溶液：吸取 5.00 mL 硫酸肼溶液与 5.00 mL 六次甲基四胺溶液于

100 mL 容量瓶中，混匀，于（25±3）℃下静置反应 24 h。冷却后用水稀释至标线，混匀。此溶液浊度为 400 度，可保存 1 个月。

（三）实验仪器

50 mL 比色管，3 cm 比色皿分光光度计。

（四）水样的采集与保存

样品收集于具塞玻璃瓶内，应在取样后尽快测定。如需保存，可在 4 ℃冷藏、暗处保存 24 h，测试前要激烈振摇水样并恢复到室温。

（五）操作步骤

（1）标准曲线的绘制。吸取浊度标准溶液 0 mL、0.50 mL、1.25 mL、2.50 mL、5.00 mL、10.00 mL 和 12.50 mL，分别置于 50 mL 比色管中，加无浊度水至标线。摇匀后即得浊度为 0、4、10、20、40、80、100 的标准系列。在 680 nm 波长下，用 3 cm 比色皿测定吸光度，绘制标准曲线。

（2）水样的测定。吸取 50.0 mL 摇匀水样（无气泡，如浊度超过 100 度可酌情少取，用无浊度水稀释至 50.0 mL）于 50 mL 比色管中，按绘制标准曲线步骤测定吸光度，由标准曲线上查得水样浊度。水样应无碎屑及易沉降的颗粒。器皿不清洁及水中溶解的空气泡会影响测定结果。如在 680 nm 波长下测定，天然水中存在的淡黄色、淡绿色无干扰。

（六）结果表示

$$浊度（度）= \frac{A(B + C)}{C}$$

式中　A——稀释后水样的浊度，度；

　　　B——稀释水体积，mL；

　　　C——原水样体积，mL。

不同浊度范围测试结果的精度要求如表 2-2 所示。

表 2-2　不同浊度范围测试结果的精度要求

浊度范围/度	精度/度	浊度范围/度	精度/度
1~10	1	400~1000	50
10~100	5	>1000	100
100~400	10		

注意事项：硫酸肼毒性较强，属致癌物质，取用时应注意。

任务二　水环境的一般化学指标测定

一、水体 pH 值的测定

pH 值的测定采用玻璃电极法（GB 6920—1986）。

（一）方法原理

水体 pH 值由测量电池的电动势所得，通常将饱和甘汞电极作为参比电极，玻璃电极作为指示电极组成工作电池。在 25 ℃理想条件下，氢离子活度变化 10 倍（1 个 pH 单位），电位差改变为 59.16 mV，即 $E = k + 0.59\text{pH}(25\ ℃)$。

在实际工作中，可用 pH 计直接测定水体 pH 值。pH 计是将玻璃电极法的测定原理内置于测量仪器中，使玻璃电极法仪器化，并设有温度差异补偿。

玻璃电极法测定水体 pH 值适用于饮用水、地表水及工业废水等水体，适用范围广，且不受水体颜色、浊度、胶体物质、氧化剂、还原剂等的影响。

（二）试剂及药品

（1）标准缓冲溶液。

1）pH 标准缓冲溶液甲（pH = 4.008，25 ℃）：称取已在 110~130 ℃干燥 2~3 h 的邻苯二甲酸氢钾（$KHC_8H_4O_4$）10.12 g，溶于水并在容量瓶中稀释至 1 L。

2）pH 标准缓冲溶液乙（pH = 6.865，25 ℃）：分别称取已在 110~130 ℃干燥 2~3 h 的磷酸二氢钾（KH_2PO_4）3.388 g 和磷酸氢二钠（Na_2HPO_4）3.533 g，溶于水并在容量瓶中稀释至 1 L。

3）pH 标准缓冲溶液丙（pH = 9.180，25 ℃）：称取与饱和溴化钠（或氯化钠加蔗糖）溶液共同放置在干燥器中平衡两昼夜的硼砂（$Na_2B_4O_7 \cdot 10H_2O$）3.80 g，溶于水并在容量瓶中稀释至 1 L。

（2）蒸馏水。煮沸并冷却，蒸馏水电导率应小于 $2×10^{-6}$ S/cm，pH 值为 6.7~7.3。

（三）实验仪器

实验仪器包括：pH 计；电极；磁力搅拌器；烧杯，50 mL；容量瓶，250 mL。

（四）操作步骤

（1）样品处理。样品采集后应立即测定 pH 值；若需储存，应将样品置于暗处，尽量避免水温发生变化。

（2）样品测定。

1）温度补偿。按照 pH 计使用说明进行温度补偿，将待测水样与标准溶液调至同一温度后，记录测定温度，并将仪器温度补偿旋钮调至该温度。

2）标准溶液校准。按照 pH 计使用说明，用标准溶液校准仪器。从第一个标准溶液中取出电极后，应用蒸馏水冲洗电极并用滤纸将水吸干，而后再将电极浸入第二个标准溶液之中。如果仪器显示值与第二个标准溶液 pH 值之差大于 0.1 个 pH 单位，需检查仪器、电极或 pH 标准溶液是否存在问题，三者均正常方可用于测定样品，必要时可用两点定位法校正。

（3）样品测定。测定样品前，先用蒸馏水认真冲洗电极，而后用水样冲洗，最后将电极浸入样品中，小心摇动或搅拌使其均匀，待读数稳定后记录水样 pH 值。

（五）注意事项

（1）标准溶液要在聚乙烯或硬质玻璃瓶中密闭保存，室温下可保存 1~2 个月，若发现混浊、发霉、沉淀等现象，则不能继续使用。

（2）样品最好现场测定，若无法现场测定，采样后应保存在 0~4 ℃ 环境下，且需在采样后 6 h 内进行 pH 值测定。

（3）玻璃电极在使用前应先在蒸馏水中浸泡 24 h 以上。

（4）测定 pH 值时，玻璃电极的球泡应完全浸入溶液中，并稍高于甘汞电极的陶瓷芯端，以免搅动时被碰坏。

（5）甘汞电极中饱和氯化钾溶液液面必须高于汞体，室温下应有少许饱和氯化钾晶体存在以保证溶液饱和，但晶体不可过多，以防堵塞于被测溶液的通路。

二、总硬度的测定

水的硬度测定方法：EDTA-2Na 络合滴定法（GB 8538—2016）。

（一）方法原理

利用铬黑 T 指示剂与水样中钙、镁离子发生反应，生成紫红色螯合物。这些螯合物的不稳定常数大于乙二胺四乙酸钙和乙二胺四乙酸镁螯合物的不稳定常数。当 pH = 10 时，EDTA-2Na 先与钙离子形成螯合物，再与镁离子形成螯合物。滴定至终点时，溶液呈现出铬黑 T 指示剂的纯蓝色。

该方法的最低检测质量为 0.05 mg，即若测定 50 mL 水样，最低检测质量浓度为 1.0 mg/L。

（二）试剂仪器

1. 试剂及药品

（1）缓冲溶液（pH = 10）。

1）氯化铵-氢氧化铵溶液：称取 16.9 g 氯化铵，溶于 143 mL 氨水（ρ_{20} = 0.88 g/mL）。

2）称取 0.780 g 硫酸镁（$MgSO_4 \cdot 7H_2O$）及 1.178 g 乙二胺四乙酸二钠（EDTA-2Na·$2H_2O$）溶于 50 mL 纯水中，加入 2 mL 氯化铵-氢氧化铵溶液和 5 滴铬黑 T 指示剂（此时溶液应呈紫红色；若为纯蓝色，应再加极少量硫酸镁使其呈紫红色），用 EDTA-2Na 标准溶液将水样滴定至由紫红色变为纯蓝色。将溶液与氯化铵-氢氧化铵溶液合并，并用纯水稀释至 250 mL。合并后若溶液又变为紫红色，在计算结果时应扣除试剂空白。

注意事项：

①此缓冲溶液应储存于聚乙烯瓶或硬质玻璃瓶中。由于使用中反复开盖使氨逸失会影

响 pH 值，因此当缓冲溶液放置时间较长时，氨水浓度会降低，此时应重新配制缓冲溶液。

②配制缓冲溶液时，加入 MgEDTA 是为了使某些含镁较少的水样滴定终点更为敏锐。如果备有市售 MgEDTA 试剂，可直接称取 1.25 g MgEDTA，加入 250 mL 缓冲溶液中。

③以铬黑 T 为指示剂，用 EDTA-2Na 滴定钙、镁离子，当 pH 在 9.7~11.0 时，溶液越偏碱性，滴定终点越敏锐。但若 pH 值过高，溶液会产生碳酸钙和氢氧化镁沉淀，从而造成滴定误差。因此，最佳滴定 pH 值为 10.0。

（2）硫化钠溶液（50 g/L）。称取 5.0 g 硫化钠（$Na_2S \cdot 9H_2O$）溶于纯水中，并稀释至 100 mL。

（3）盐酸羟胺溶液（10 g/L）。称取 1.0 g 盐酸羟胺（$NH_2OH \cdot HCl$）溶于纯水中，并稀释至 100 mL。

（4）氰化钾溶液（100 g/L）。称取 10.0 g 氰化钾（KCN）溶于纯水中，并稀释至 100 mL。

注意：此溶液有剧毒！

（5）EDTA-2Na 标准溶液（$c_{\text{EDTA-2Na}} = 0.01$ mol/L）。称取 3.72 g 乙二胺四乙酸二钠溶解于 1000 mL 纯水中，按下述步骤标定其浓度：

1）锌标准溶液。称取 0.6~0.7 g 纯锌粒溶解于（1+1）HCl 溶液中，置于水浴上温热至完全溶解。而后移入容量瓶中，定容至 1000 mL，计算锌标准溶液的浓度；

$$c_{\text{Zn}} = \frac{m}{65.39}$$

式中　c_{Zn}——锌标准溶液的浓度，mol/L；

　　　　m——锌的质量，g。

2）吸取 25.00 mL 锌标准溶液于 150 mL 锥形瓶中，加入 25 mL 纯水，加入几滴氨水调节溶液至近中性，再加入 5 mL 缓冲溶液和 5 滴铬黑 T 指示剂，在不断振荡下用 EDTA-2Na 溶液滴定至纯蓝色，30 s 不变色。计算 EDTA-2Na 标准溶液的浓度：

$$c_{\text{EDTA-2Na}} = \frac{c_{\text{Zn}} V_2}{V_1 - V_0}$$

式中　$c_{\text{EDTA-2Na}}$——EDTA-2Na 标准溶液的浓度，mol/L；

　　　　c_{Zn}——锌标准溶液的浓度，mol/L；

　　　　V_1——消耗 EDTA-2Na 溶液的体积，mL；

　　　　V_2——所取锌标准溶液的体积，mL；

　　　　V_0——空白实验消耗 EDTA-2Na 标准溶液的体积，mL。

（6）铬黑 T 指示剂（5 g/L）。称取 0.5 g 铬黑 T（$C_{20}H_{12}N_3NaO_7S$），溶于 100 mL 三乙醇胺（$C_6H_{15}NO_3$）中。

2. 仪器

（1）锥形瓶，150 mL。

（2）滴定管，10 mL 或 25 mL。

（三）操作步骤

（1）吸取 50.0 mL 水样，置于 150 mL 锥形瓶中。若水样硬度过高，可取适量水样用纯水稀释至 50 mL；若水样硬度过低，可取 100 mL 置于 150 mL 锥形瓶中。

（2）向锥形瓶中加入 1~2 mL 缓冲溶液和 5 滴铬黑 T 指示剂，立即用 EDTA-2Na 标准溶液将溶液从紫红色滴定至纯蓝色。同时，做空白实验，记下用量。

（3）若水样中含有金属干扰离子，导致滴定终点延迟或颜色变暗，可另取水样加入 0.5 mL 盐酸羟胺及 1 mL 硫化钠溶液或 0.5 mL 氰化钾溶液再行滴定。

（4）若水样中钙、镁的重碳酸盐含量较大，应预先酸化水样，并加热除去二氧化碳，以防碱化后产生碳酸盐沉淀，影响滴定时反应的进行。

（5）若水样中含较多悬浮性或胶体有机物，会影响滴定终点的观察判断，可预先将水样蒸干并于 550 ℃灰化，用纯水溶解残渣后再进行滴定。

（四）结果表示

水样总硬度可按照下式进行计算：

$$\rho_{CaCO_3} = \frac{(V_1 - V_0) \times c_{EDTA\text{-}2Na} \times 100.09}{V} \times 1000$$

式中　ρ_{CaCO_3}——总硬度（以 $CaCO_3$ 计），mg/L；

V_0——滴定空白所消耗 EDTA-2Na 标准溶液的体积，mL；

V_1——滴定水样所消耗 EDTA-2Na 标准溶液的体积，mL；

$c_{EDTA\text{-}2Na}$——EDTA-2Na 标准溶液的浓度，mol/L；

V——水样体积，mL；

100.09——与 1.00 mL EDTA-2Na（1.000 mol/L）相当的以克表示的总硬度（以 $CaCO_3$ 计）。

（五）注意事项

测定过程中，若有铁、锰、铜、镍、钴等重金属影响终点判定，可加入硫化钠及氰化钾进行掩蔽；若存在高价铁离子及高价锰离子干扰，可加入盐酸羟胺将其还原为低价离子，以消除干扰。

三、氧化还原电位的测定

氧化还原电位的测定采用电位测定法（SL 94—1994）。

（一）方法原理

氧化还原电位是水溶液氧化还原能力的测量指标，单位为 mV。测量时，通常将铂电极作为电子导体，以饱和甘汞电极作为参比电极，与被测水体共同构成一个化学电池。将铂电极与参比电极插入水体后，铂电极表面金属会产生电子转移反应，电极与水体之间产生电位差，当电极反应达到平衡时，相对于氢标准电极的电位差为氧化还原电位。

（二）试剂及药品

（1）邻苯二甲酸氢钾缓冲溶液（pH=4.00，25 ℃）。称取已在 110~130 ℃ 干燥 2~3 h 的邻苯二甲酸氢钾（$KHC_8H_4O_4$）10.12 g，溶于水并在容量瓶中稀释至 1 L。

（2）磷酸缓冲溶液（pH=6.86，25 ℃）。分别称取已在 110~130 ℃ 干燥 2~3 h 的磷酸二氢钾（KH_2PO_4）3.388 g 和磷酸氢二钠（Na_2HPO_4）3.533 g，溶于水并在容量瓶中稀释至 1 L。

邻苯二甲酸氢钾缓冲溶液和磷酸缓冲溶液在不同温度下的电位如表 2-3 所示。

表 2-3　邻苯二甲酸氢钾缓冲溶液和磷酸缓冲溶液在不同温度下的电位

缓冲液	邻苯二甲酸氢钾缓冲溶液			磷酸缓冲溶液		
温度/℃	20	25	35	20	25	30
电位/mV	233	218	213	47	41	34

（3）氧化还原标准溶液（在以下两种标准溶液中任选一种即可）。

1）硫酸亚铁铵-硫酸高铁铵标准溶液：溶解 39.21 g 硫酸亚铁铵 $[Fe(NH_4)_2(SO_4)_2 \cdot 6H_2O]$ 和 48.22 g 硫酸高铁铵 $[FeNH_4(SO_4)_2 \cdot 12H_2O]$ 于适量水中，缓缓加入 56.2 mL 浓硫酸，用纯水定容至 1000 mL，储存于玻璃瓶或聚乙烯瓶中。此溶液在 25 ℃ 时的氧化还原电位为+430 mV。

2）氢醌溶液：称 2 份 10.00 g 氢醌分别加入 1000 mL 邻苯二甲酸氢钾缓冲溶液（pH=4.00，25 ℃）及 1000 mL 磷酸缓冲溶液（pH=6.86，25 ℃）中，混匀。溶液中应有部分固体氢醌存在，以保证氢醌溶液呈饱和状态。

（4）（1+1）硝酸溶液。

（5）（3+97）硫酸溶液。

（三）实验仪器

（1）电位计或通用酸度计，精度±0.1 mV。

（2）铂电极。

（3）饱和甘汞电极。

（4）温度计，精度±0.5 ℃。

（5）容量瓶：1000 mL。

（四）操作步骤

（1）铂电极的检查和校正。以铂电极为指示电极，连接仪器正极；以饱和甘汞电极为参比电极，连接仪器负极。将两电极插入硫酸亚铁铵-硫酸高铁铵标准溶液中，其电位值应与标准值相符，即硫酸亚铁铵-硫酸高铁铵标准溶液 25 ℃ 时为 430 mV，氢醌溶液 25 ℃ 时为 218 mV。若实测结果与标准电位值相差大于±5 mV，则铂电极需重新净化或更换。铂电极净化有以下两种方法：

1）将铂电极置于（1+1）硝酸溶液中，缓缓加热至近沸状态，保持 5 min。冷却后将电极取出，用纯水洗净。

2）将铂电极浸入（3+97）硫酸溶液中，饱和甘汞电极与 1.5 V 干电池阴极相接，铂电极与干电池阳极相接。保持 5~8 min，将与电池正极相接的铂电极取出，用纯水洗净。

净化后电极重新用标准溶液检验，至合格为止，用纯水洗净备用。

（2）样品测定。

1）取洁净的 500 mL 棕色广口瓶一个，用橡皮塞塞紧瓶口，其上打有 5 个孔，分别插入铂电极、饱和甘汞（或氯化银）电极、温度计及两支玻璃管。其中，两支玻璃管分别供进水和出水使用。参比电极的试剂添加口应在瓶塞以上，以免参比电极内进水样，且添加试剂也较方便。电极插至棕色广口瓶中间位置，不能触及瓶底。组装完成后，将电极与仪器连接。

2）氧化还原电位应现场测定，用大塑料桶现场采集水样，采样后应立即盖紧桶盖，并在其上开 2 个小孔，其中一孔插入橡皮管，用虹吸法将水样不断送入测量用的棕色广口瓶中，在水流动的情况下，按仪器使用说明进行测定。

（五）结果表示

水样氧化还原电位（E_n）按下式计算：

$$E_n = E_{obs} + E_{ref}$$

式中　E_{obs}——由铂电极-饱和甘汞电极测得氧化还原电位值，mV；

E_{ref}——溶液温度为 t ℃时的饱和甘汞电极电位值，mV，其值随温度变化而变化。

不同溶液温度下饱和甘汞电极电位如表 2-4 所示。

表 2-4　不同溶液温度下饱和甘汞电极电位

温度/℃	电极电位/mV	温度/℃	电极电位/mV	温度/℃	电极电位/mV
0	260.1	17	249.0	34	237.9
1	259.4	18	248.3	35	237.3
2	258.8	19	247.7	36	236.6
3	258.1	20	247.1	37	236.0
4	257.5	21	246.4	38	235.3
5	256.8	22	245.8	39	234.7
6	256.2	23	245.1	40	234.0
7	255.5	24	244.5	41	233.4
8	254.9	25	243.8	42	232.7
9	254.2	26	243.1	43	232.1
10	253.6	27	242.5	44	231.4
11	252.9	28	241.8	45	230.8
12	252.3	29	241.2	46	230.1
13	251.6	30	240.5	47	299.5
14	251.0	31	239.9	48	228.8
15	250.3	32	239.3	49	228.3
16	249.7	33	238.6	50	227.5

四、总酸度的测定

总酸度的测定采用酸碱指示剂滴定法 [《水和废水监测分析方法》(第四版)]。

(一) 方法原理

酸碱指示剂滴定法用强碱标准溶液与水样中酸性物质发生中和反应，滴定至某一 pH 值即为水样的总酸度。酸碱指示剂滴定法测定的酸度，其大小与所选指示剂指示终点的 pH 值有关。关于滴定终点，目前有两种规定，分别为 pH = 8.3 和 pH = 3.7。其中，使用酚酞作为指示剂，用标准氢氧化钠溶液进行滴定，滴定终点为 pH = 8.3。此时的酸度称为酚酞酸度，也称为总酸度。使用甲基橙作为指示剂，用标准氢氧化钠溶液进行滴定，滴定终点为 pH = 3.7。此时的酸度称为甲基橙酸度，代表水体中一些较强的酸。

(二) 试剂及药品

(1) 无二氧化碳水。将水煮沸 15 min，然后在不与大气中 CO_2 接触的条件下冷却至室温。实验用水的 pH 值应大于 6.0，否则应延长煮沸时间。最好使用时再制备。

实验中若无特殊说明，本实验用水均为无二氧化碳水。

(2) 氢氧化钠标准溶液 (c_{NaOH} = 0.1 mol/L)。

1) 氢氧化钠标准溶液的配制：称取 60 g 氢氧化钠，溶于 50 mL 水中，摇匀后转移至聚乙烯瓶中，冷却后加装有碱石灰管的橡皮塞塞紧，静置 24 h 以上。吸取上层清液 7.5 mL，用容量瓶定容至 1000 mL 后转移入聚乙烯瓶中保存。

2) 氢氧化钠标准溶液的标定：称取约 0.5 g (精确到 0.0001 g) 邻苯二甲酸氢钾 ($KHC_8H_4O_4$ 基准试剂，提前于 105~110 ℃ 干燥至恒重) 置于 250 mL 锥形瓶中，加入 100 mL 水溶解，加入 4 滴酚酞指示剂，用待标定的氢氧化钠标准溶液滴定至粉红色。同时，用无二氧化碳水做空白实验。

氢氧化钠标准溶液浓度按下式计算：

$$c_{NaOH} = \frac{m \times 1000}{(V_1 - V_0) \times 204.23}$$

式中　c_{NaOH}——氢氧化钠标准溶液的浓度，mol/L；

　　　　m——邻苯二甲酸氢钾的质量，g；

　　　　V_1——滴定邻苯二甲酸氢钾所消耗氢氧化钠标准溶液的体积，mL；

　　　　V_0——空白实验消耗氢氧化钠标准溶液的体积，mL；

　204.23——邻苯二甲酸氢钾 ($KHC_8H_4O_4$) 的摩尔质量，g/mol。

(3) 氢氧化钠标准使用液 (0.0200 mol/L)。吸取一定体积已标定过的 0.1 mol/L 氢氧化钠标准溶液，用水稀释至 0.0200 mol/L，储存于聚乙烯瓶中。

(4) 酚酞指示剂 (5 g/L)。称取 0.5 g 酚酞，用 50 mL 95% 乙醇溶解，并用水定容至 100 mL。

(5) 甲基橙指示剂 (0.5 g/L)。称取 0.05 g 甲基橙，溶于 70 ℃ 的水中，冷却后稀释定容至 100 mL。

（6）硫代硫酸钠标准溶液（0.1 mo/L）。称取 2.5 g 硫代硫酸钠，溶解于水中，定容至 100 mL。

（三）实验仪器

（1）碱式滴定管，25 mL。
（2）移液管，50 mL。
（3）锥形瓶，250 mL。
（4）分析天平。

（四）操作步骤

（1）样品处理。采集的样品用聚乙烯瓶或硅硼玻璃瓶储存，水样需充满瓶子，不可留空，盖紧瓶盖。若采集的是废水样品，接触空气易引起微生物活动，应减少或增加 CO_2 及其他气体，最好在 1 天之内分析完毕。对生物活动明显的水样，应在 6 h 内完成分析。

（2）样品测定。

1）取适量待测水样置于 250 mL 锥形瓶中，用水稀释至 100 mL，加入 2 滴甲基橙指示剂，用氢氧化钠标准使用液滴定至溶液由橙红色变为橘黄色为终点，记录氢氧化钠标准使用液体积（V_1）。

2）另取适量待测水样置于 250 mL 锥形瓶中，用水稀释至 100 mL，加入 4 滴酚酞指示剂，用氢氧化钠标准使用液滴定至溶液由无色变为浅红色为终点，记录氢氧化钠标准使用液体积（V_2）。

若水样中含硫酸铁、硫酸铝，加入酚酞后加热煮沸 2 min，趁热滴至红色。

（五）结果表示

水样中总酸度按下式计算：

$$甲基橙酸度(CaCO_3, mg/L) = \frac{M \times V_1 \times 50.05 \times 1000}{V}$$

$$酚酞酸度(CaCO_3, mg/L) = \frac{M \times V_2 \times 50.05 \times 1000}{V}$$

式中　M——氢氧化钠标准使用液浓度，mol/L；

　　　V_1——用甲基橙作滴定指示剂时，滴定水样消耗的氢氧化钠标准使用液体积，mL；

　　　V_2——用酚酞作滴定指示剂时，滴定水样消耗的氢氧化钠标准使用液体积，mL；

　　　V——水样体积，mL；

　50.05——碳酸钙（$1/2CaCO_3$）的摩尔质量，g/mol。

（六）注意事项

待测水样取用体积参考滴定时所耗氢氧化钠标准溶液用量，以 10~25 mL 为宜。

五、总碱度的测定

总碱度的测定采用酸碱指示剂滴定法［《水和废水监测分析方法》(第四版)］。

（一）方法原理

酸碱指示剂滴定法用强酸标准溶液与水样发生中和反应，滴定至某一 pH 值可求得水样总碱度。测量结果用相当于碳酸钙的含量表征，以 mg/L 为单位。其数值大小与所选滴定终点的 pH 值有关。当滴定至酚酞指示剂由红色变为无色时，溶液 pH 值为 8.3。此时溶液中氢氧根离子（OH^-）已全部被中和，碳酸根离子（CO_3^{2-}）均被转化为碳酸氢根离子（HCO_3^-）。当滴定至甲基橙指示剂由橘黄色变成橘红色时，溶液的 pH 值为 4.4～4.5，此时溶液中碳酸氢根离子均被中和。

根据酚酞指示剂和甲基橙指示剂两个终点到达时所消耗的盐酸标准溶液的滴定体积，可计算出水中碳酸盐、重碳酸盐及总碱度。

该方法不适用于污水及复杂体系中碳酸盐和重碳酸盐的计算，不适用于有色水样、混浊水样等影响滴定终点判断的水样。

（二）试剂及药品

（1）无二氧化碳水。临用前将水煮沸 15 min，然后在不与大气 CO_2 接触的条件下冷却至室温。实验用水的 pH 值应大于 6.0，电导率小于 2 μS/cm。

实验中若无特殊说明，本实验用水均为无二氧化碳水。

（2）酚酞指示剂（5 g/L）。称取 0.5 g 酚酞，用 50 mL 95%乙醇溶解，并用水定容至 100 mL。

（3）甲基橙指示剂（0.5 g/L）。称取 0.05 g 甲基橙，溶于 70 ℃的水中，冷却后稀释定容至 100 mL。

（4）碳酸钠标准溶液（$c_{1/2Na_2CO_3} = 0.0250$ mol/L）。称取 1.3249 g（于 250 ℃烘干 4 h）的基准试剂无水碳酸钠（Na_2CO_3）、溶解后于 1000 mL 容量瓶中定容，摇匀。储于聚乙烯瓶中，保存时间不要超过一周。

（5）盐酸标准溶液（$c_{HCl} = 0.025$ mol/L）。

1）盐酸标准溶液的配制：移取 2.1 mL 浓盐酸（$\rho_{20} = 1.19$ g/mL），用水稀释至 1000 mL。

2）盐酸标准溶液的标定：移取 25.00 mL 碳酸钠标准溶液于 250 mL 锥形瓶中，加水稀释至 100 mL。加入 3 滴甲基橙指示液，用盐酸标准溶液滴定至溶液由橘黄色突变为橘红色。同时，做空白实验。

盐酸标准溶液浓度按下式计算

$$c_{HCl} = \frac{25 \times 0.025}{V - V_0}$$

式中　c_{HCl}——盐酸标准溶液的浓度，mol/L；

　　　V——滴定碳酸钠所消耗盐酸标准溶液的体积，mL；

　　　V_0——空白实验消耗盐酸标准溶液的体积，mL。

（三）实验仪器

（1）酸式滴定管，25 mL。

（2）移液管，50 mL。

（3）锥形瓶，250 mL。

（4）分析天平。

（四）操作步骤

吸取 100.0 mL 水样于 250 mL 锥形瓶中，加入 4 滴甲基橙指示剂，摇匀后用盐酸标准溶液滴定至溶液由橘黄色刚刚变为橘红色，记录盐酸标准溶液滴定体积（V_1）。

（五）结果表示

水样中总碱度按下式计算：

$$总碱度（以 CaCO_3 计，mg/L）= \frac{c_{HCl} \times V_1 \times 50.04}{V} \times 1000$$

式中　c_{HCl}——盐酸标准溶液的浓度，mol/L；

　　　V_1——滴定水样所消耗的盐酸标准溶液的体积，mL；

　　　V——水样体积，mL；

50.04——与 1.00 mL 氢氧化钠标准溶液（c_{NaOH} = 1.000 mol/L）相当的以克表示的总碱度（以 CaCO_3 计）的质量。

当水样总碱度<20 mg/L 时，可改用 0.01 mol/L 盐酸标准溶液进行滴定，或改用 10 mL 微量滴定管，以提高测量精度。

任务三　水环境中非金属指标测定

一、溶解氧的测定

测定水中溶解氧常用碘量法（GB/T 7489—1987）及修正的碘量法和电化学探头法（HJ 506—2009）。清洁水可直接采用碘量法测定，受污染水样必须用修正的碘量法或电化学探头法测定。

（一）方法原理

水样中加入硫酸锰和碱性碘化钾，生成氢氧化锰白色沉淀，然后水中溶解氧将低价锰氧化成高价锰，生成四价锰的氢氧化物［$MnO(OH)_2$］棕色沉淀。加酸后，氢氧化物沉淀溶解并与碘离子反应，释出游离碘。以淀粉作为指示剂，用硫代硫酸钠滴定释出的碘，就可以计算出溶解氧的含量。化学反应方程式为：

$$MnSO_4 + 2NaOH \Longrightarrow Mn(OH)_2 \downarrow（白色）+ Na_2SO_4$$

$$2Mn(OH)_2 + O_2 \Longrightarrow 2MnO(OH)_2［棕色，即亚锰酸（H_2MnO_3）］$$

$$MnO(OH)_2 + 2KI + 2H_2SO_4 \Longrightarrow I_2 + MnSO_4 + K_2SO_4 + 3H_2O$$

$$I_2 + 2Na_2S_2O_3 \Longrightarrow 2NaI + Na_2S_4O_6$$

(二)试剂仪器

1. 试剂及药品

本实验药品均采用分析纯试剂,用水采用重蒸馏水。

(1)硫酸锰溶液:称取 480 g 硫酸锰($MnSO_4 \cdot 4H_2O$)或 364 g $MnSO_4 \cdot H_2O$ 溶于水,用水稀释至 1000 mL。此溶液加入酸化过的碘化钾溶液中,遇淀粉不得变成黄色。

(2)碱性碘化钾溶液:称取 350 g 氢氧化钠溶解于 300~400 mL 水中,另称取 300 g 碘化钾溶于 200 mL 水中,待氢氧化钠溶液冷却后,将两溶液合并、混匀,用水稀释至 1000 mL。如有沉淀则放置过夜,倾出上清液,贮于棕色瓶中。用橡皮塞塞紧,避光保存。

(3)(1+5)硫酸溶液:将 1 份体积浓硫酸在搅拌下缓慢加入 5 份体积水中。

(4)1% 淀粉指示液:称取 2 g 可溶性淀粉,用少量水调成糊状,再用刚煮沸的蒸馏水稀释至 200 mL。临用现配(或冷却后加入 0.25 g 水杨酸或 0.8 g 氯化锌防腐)。

(5)浓硫酸($\rho = 1.84$ g/mL)(使用时注意勿溅在皮肤或衣服上)。

(6)碘酸钾标准溶液,$c_{KIO_3} = 0.01000$ mol/L:称取于 180 ℃烘干的碘酸钾 3.567 g 溶于蒸馏水中,移入 1000 mL 容量瓶,定容至标线,摇匀。

将上述溶液吸取 100 mL 转移至 1000 mL 容量瓶,定容,摇匀。

(7)硫代硫酸钠溶液:称取 6.2 g 硫代硫酸钠($Na_2S_2O_3 \cdot 5H_2O$)溶于煮沸放冷的水中,加入 0.2 g 碳酸钠,用水稀释至 1000 mL,贮于棕色瓶中。使用前用碘酸钾标准溶液标定。

2. 仪器

(1)250 mL 溶解氧瓶、酸式滴定管、量瓶、移液管等常用玻璃仪器。

(2)烘箱、干燥器、托盘天平、电子天平等。

(三)操作步骤

(1)水样采集。将取样器下口样管插入溶解氧瓶底,让水样慢慢溢出,装满后再溢出半瓶左右后,赶走瓶壁上可能存在的气泡,取出取样管,盖上瓶盖(盖下不能留有气泡)。

注意:瓶中充满水样时,必须不留空气泡,不然空气泡中的氧也会氧化氢氧化锰,使分析结果偏高。

(2)溶解氧的固定。将移液管插入溶解氧瓶的液面下,加入 1 mL 硫酸锰溶液、2 mL 碱性碘化钾溶液、盖好瓶盖颠倒混合数次,静置。待棕色沉淀物降至半瓶时,再颠倒混合一次,待沉淀物降到瓶底。

(3)析出碘。轻轻打开瓶塞,立即将移液管插入液面下,加入 1.5 mL(1+1)硫酸,小心盖好瓶塞颠倒混合摇匀,至沉淀物全部溶解为止,放置暗处 5 min。

(4)滴定。取 100.0 mL 上述溶液于 250 mL 锥形瓶中,用硫代硫酸钠滴定至溶液呈淡黄色,加入 1 mL 淀粉溶液,继续滴定至蓝色刚好褪去为止,记录硫代硫酸钠用量。

(四)结果表示

样品中溶解氧的浓度 DO(O_2, mg/L)按下式计算:

$$DO = \frac{c \cdot V_2 \cdot 8 \cdot 1000}{V_3} \cdot f$$

$$f = \frac{V_0}{V_0 - V_1}$$

式中　c——硫代硫酸钠溶液浓度，mol/L；

　　　V_2——滴定时消耗硫代硫酸钠体积，mL；

　　　V_3——所取碘析出后溶液的体积，mL；

　　　8——氧（O）的摩尔质量，g/mol；

　　　V_0——溶解氧瓶体积，mL，通常为 250 mL；

　　　V_1——加入硫酸锰、碱性碘化钾，硫酸的体积之和，mL；

　　　f——校正系数。

二、高锰酸盐指数的测定

（一）方法原理

在沸水浴条件下，碱性高锰酸钾溶液将水中的某些有机物及还原性物质氧化，剩余的高锰酸钾用过量的草酸钠溶液还原，再用高锰酸钾标准溶液回滴过量的草酸钠至溶液呈微红色，根据加入的高锰酸钾和草酸钠标准溶液的量及最后滴定消耗高锰酸钾标准溶液的用量，计算求出高锰酸盐指数数值。

$$4MnO_4^- + 5C(有机物) + 12H^+ \Longrightarrow 4Mn^{2+} + 5CO_2\uparrow + 6H_2O$$

$$2MnO_4^- + 5C_2O_4^{2-} + 16H^+ \Longrightarrow 2Mn^{2+} + 10CO_2\uparrow + 8H_2O$$

（二）试剂仪器

1. 试剂及药品

（1）50%氢氧化溶液。

（2）高锰酸钾标准储备液（$c_{KMnO_4} = 0.1$ mol/L）：称取 3.2 g 高锰酸钾溶于 1.2 L 水中，加热煮沸，使体积减少至 1 L，放置过夜，用 G3 玻璃砂芯漏斗过滤后，滤液贮于棕色瓶中保存。

（3）高锰酸钾标准使用液（$c_{KMnO_4} = 0.01$ mol/L）：吸取 100 mL 上述高锰酸钾溶液，用水稀释至 1000 mL，贮于棕色瓶中。使用当天应进行标定，并调节至 0.01 mol/L 准确浓度。

（4）1+3 硫酸。

（5）草酸钠标准储备液（$c_{Na_2C_2O_4} = 0.100$ mol/L）：称取 0.6705 g 在 105~110 ℃烘干 1 h 并冷却的草酸钠溶于水，移入 100 mL 容量瓶中，用水稀释至标线。

（6）草酸钠标准溶液（$c_{Na_2C_2O_4} = 0.0100$ mol/L）：吸取 10.00 mL 上述草酸钠溶液，移入 100 mL 容量瓶中，用水稀释至标线。

2. 仪器

（1）四孔水浴锅。

（2）250 mL 锥形瓶。

（3）25 mL 酸式滴定管（棕色）。

（4）定时钟。

（三）操作步骤

（1）水样采集：采样后加入硫酸，调节样品 pH<2，以抑制微生物活动。样品应尽快分析，如保存时间超过 6 h，则需置暗处，0~5 ℃下保存，不得超过 2 天。

（2）分取 100 mL 混匀水样于 250 mL 锥形瓶中。加入 5 mL（1+3）硫酸溶液，混匀。再加入 10.00 mL 高锰酸钾标准使用液，摇匀，立即放入沸水浴中加热 30 min，时间从水浴重新沸腾起计时。沸水液面要高于锥形瓶中的反应溶液液面。

（3）取下锥形瓶，趁热加入 10.00 mL 草酸钠标准使用液，摇匀。立即用高锰酸钾标准使用液滴定至微红色，记录高锰酸钾标准使用液的消耗量。

（4）将上述滴定完的溶液加热至约 70 ℃，准确加入 10.00 mL 草酸钠标准使用液，再用高锰酸钾标准使用液滴至显微红色。记录高锰酸钾标准使用液的消耗量，按下式求高锰酸钾使用液的校正系数：

$$K = \frac{10.0}{V}$$

式中　V——高锰酸钾标准使用液的消耗量，mL。

注意：沸水浴的水面要高于锥形瓶的液面；样品量以加热氧化后残留的高锰酸钾标准溶液为其加入量的 1/2~1/3。

（5）水样经稀释时，同时另取 100 mL 水代替样品，按步骤（2）和步骤（3）进行空白实验。

（四）结果表示

（1）不经稀释的样品高锰酸盐指数 $\rho(O_2, mg/L)$ 按下式计算：

$$\rho = \frac{c[K(10 + V_1) - 10] \cdot 8 \cdot 1000}{100}$$

式中　V_1——滴定样品高锰酸钾溶液的消耗量，mL；

　　　c——草酸钠标准使用液浓度，mol/L，0.100 mol/L；

　　　8——氧（1/2O）的摩尔质量，g/mol；

　　　K——校正系数（每毫升高锰酸钾标准溶液相当于草酸钠标准溶液的毫升数）。

（2）经稀释的样品高锰酸盐指数 $\rho(O_2, mg/L)$ 按下式计算：

$$\rho = \frac{c\{[K(10 + V_1) - 10] - [K(10 + V_0) - 10]f\} \cdot 8 \cdot 1000}{V_2}$$

式中　V_0——空白实验滴定时，高锰酸钾溶液的消耗量，mL；

　　　V_2——测定时分取样品的体积，mL；

　　　f——稀释样品时，蒸馏水在 100 mL 测定用体积内所占比例。

三、化学需氧量的测定

对于污水中化学需氧量的测定方法，我国规定用重铬酸盐法（GB 11914—1989）。国外也有用高锰酸钾、臭氧等氧化剂的方法体系。

（一）方法原理

在样品中加入已知量的重铬酸钾溶液，并在强酸介质下以银盐作为催化剂，经沸腾回流后，以试亚铁灵为指示剂，用标定过的硫酸亚铁铵标准溶液滴定样品中未被还原的重铬酸钾，根据消耗的硫酸亚铁铵溶液的用量来计算出水样中消耗氧的质量浓度。

$$2Cr_2O_7^{2-} + 16H^+ + 3C \Longrightarrow 4Cr^{3+} + 8H_2O + 3CO_2$$

$$Cr_2O_7^{2-} + 14H^+ + 6Fe^{2+} \Longrightarrow 6Fe^{3+} + 2Cr^{3+} + 7H_2O$$

使用 0.025 mol/L 的重铬酸钾溶液，最低检出浓度为 5 mg/L，测定上限为 50 mg/L；使用 0.25 mol/L 的重铬酸钾溶液，未经稀释的样品测定上限为 700 mg/L。

（二）试剂仪器

1. 试剂及药品

（1）重铬酸钾标准储备溶液 $c(1/6K_2Cr_2O_7)$ = 0.2500 mol/L：称取预先在 120 ℃ 烘干 2 h 的基准或优级纯重铬酸钾 1.2258 g 溶于蒸馏水中，移入 100 mL 容量瓶，定容，摇匀。我们用标准储备液制备重铬酸钾标准使用溶液。

（2）重铬酸钾标准使用溶液 $c(1/6K_2Cr_2O_7)$ = 0.02500 mol/L：准确吸取重铬酸钾标准溶液 10 mL 移入 100 mL 容量瓶，定容，摇匀备用。

（3）试亚铁灵指示剂：称取 0.7 g 七水合硫酸亚铁（$FeSO_4 \cdot 7H_2O$）溶于 50 mL 水中，加入 1.5 g 邻菲啰啉（$C_{12}H_8N_2 \cdot H_2O$），搅拌至溶解，稀释至 100 mL，储于棕色瓶中。

（4）浓度为 0.1 mol/L 硫酸亚铁铵标准溶液：称取 39.5g 硫酸亚铁铵 [$(NH_4)_2Fe(SO_4)_2 \cdot 6H_2O$] 溶于水中，边搅拌边缓慢加入 20 mL 浓硫酸，冷却后移入 1000 mL 容量瓶中，加水稀释至标线，摇匀。

（5）浓硫酸（ρ = 1.84 g/mL）（使用时注意勿溅在皮肤或衣服上）。

（6）硫酸-硫酸银溶液：称取 5 g 硫酸银（Ag_2SO_4），加入 500 mL 浓硫酸中，放置 1~2 天，小心摇动使之溶解。

（7）100 g/L 的硫酸汞溶液。

（8）2.0824 mmol/L 邻苯二甲酸氢钾标准溶液：称取于 105 ℃ 干燥 2 h 的邻苯二甲酸氢钾（$KC_8H_5O_4$）0.4251 g 溶于水，并稀释至 1000 mL，混匀。以重铬酸钾为氧化剂，将邻苯二甲酸氢钾完全氧化的 COD 值为 1.176 g(O)/g（即 1 g 邻苯二甲酸氢钾耗氧 1.176 g），故该标准溶液理论 COD 值为 500 mg/L。

（9）防爆沸玻璃珠。

2. 仪器

（1）加热回流装置：带有 250 mL 锥形瓶的全玻璃回流装置，回流冷凝管长度不小于 300 mm。

（2）加热装置：可调变阻电炉。

（3）50 mL 酸式滴定管、锥形瓶、移液管、容量瓶等常用玻璃仪器。

（三）操作步骤

（1）蒸馏水清洗玻璃瓶，所采水样清洗三遍，采样后立即分析，或用浓硫酸酸化，使

pH<2，在 2~5 ℃下保存，时间不超过 5 天。当样品中含有高于 30 mg/L 的氯离子时，于 500 mL（或 250 mL）的磨口锥形瓶中加 2 mL 浓硫酸及 0.4 g 硫酸汞，使其溶解。

（2）用移液管吸取 20 mL 充分摇匀的样品加入锥形瓶中，加入 10 mL 重铬酸钾标准液，玻璃珠数粒，连接好回流冷凝管，从回流管口慢慢加入 28 mL 含有硫酸银的浓硫酸，边加边摇。打开冷凝水，加热回流 2 h。稍冷却，先用蒸馏水冲洗冷凝管等器壁后，再用蒸馏水稀释到 140 mL 左右。

（3）加 2~3 滴试亚铁灵指示剂，以硫酸亚铁铵标准溶液滴定到溶液由黄色变为绿色，最后变为红褐色为终点，记录消耗硫酸亚铁铵标准溶液的用量。

（4）取 20 mL 蒸馏水代替样品，按上述方法测定，记录消耗硫酸亚铁铵标准溶液的用量。

（四）结果表示

样品的化学需氧量按照下式计算：

$$COD_{Cr}(O_2，mg/L) = \frac{(V_1 - V_2) \cdot c \cdot 8 \cdot 1000}{V_0}$$

式中 c——硫酸亚铁铵标准溶液的浓度，0.1 mol/L；

V_1——空白消耗的硫酸亚铁铵标准溶液的体积；

V_2——样品消耗的硫酸亚铁铵标准溶液的体积；

V_0——样品体积，100 mL；

8——氧（1/2O）的摩尔质量，g/mol。

四、生化需氧量的测定

测量生化需氧量使用的方法是稀释与接种法（HJ 505—2009）。

（一）方法原理

水样经稀释后，注满培养瓶，塞好后应不透气，在（20±1）℃条件下避光培养 5 天。培养前后分别测定溶解氧浓度，由两者的差值可算出每升水消耗氧的质量，即 BOD_5 值。

本标准适用于地表水、工业废水和生活污水中五日生化需氧量（BOD_5）的测定。方法的检出限为 0.5 mg/L，方法的测定下限为 2 mg/L，非稀释法和非稀释接种法的测定上限为 6 mg/L，稀释与稀释接种法的测定上限为 600 mg/L。

（二）试剂仪器

1. 试剂及药品

除另有说明，本实验采用分析纯试剂，用水采用重蒸馏水。

（1）硫酸锰溶液：称取硫酸锰（$MnSO_4 \cdot 4H_2O$）480 g 或（$MnSO_4 \cdot 2H_2O$）400 g 溶解于蒸馏水中，过滤后稀释至 1000 mL。

（2）碱性碘化钾溶液：溶解 350 g 氢氧化钠（NaOH）于 300~400 mL 蒸馏水中，冷却至室温。另外，溶解 300 g 碘化钾（KI）于 200 mL 蒸馏水中慢慢加入已冷却的氢氧化钠溶液，摇匀后用蒸馏水稀释至 1000 mL。

（3）浓硫酸（$\rho = 1.84$ g/mL）（使用时注意勿溅在皮肤或衣服上）。

（4）1%淀粉指示液：称取 2 g 可溶性淀粉，溶于少量蒸馏水中，用玻璃棒调成糊状，慢慢加入（边加边搅拌）新煮沸的 200 mL 蒸馏水中，冷却后加入 0.25 g 水杨酸或 0.8 g 氯化锌（$ZnCl_2$）作防腐剂。

（5）（1+1）硫酸溶液：将浓硫酸（步骤（3））在搅拌下缓慢加到等体积的水中。

（6）硫酸溶液，$c_{H_2SO_4} = 2$ mol/L：将 56 mL 浓硫酸稀释至 1000 mL。

（7）碘酸钾标准溶液，$c_{KIO_3} = 0.01000$ mol/L：称取于 180 ℃ 烘干的碘酸钾 3.567 g 溶于蒸馏水中，移入 1000 mL 容量瓶，定容至标线，摇匀。

将上述溶液吸取 100 mL，转移至 1000 mL 容量瓶，定容，摇匀。

（8）硫代硫酸钠溶液，$c_{Na_2S_2O_3} \approx 0.025$ mol/L（待标定）。

（9）磷酸盐缓冲溶液。

（10）22.5 g/L 硫酸镁溶液。

（11）27.5 g/L 氯化钙溶液。

（12）0.25 g/L 氯化铁溶液。

试制（9）（12）储存在玻璃瓶内，置于暗处至少可稳定 1 个月，一旦发现有生物滋生迹象，则应弃去不用。

（13）0.5 mol/L 盐酸溶液。

（14）0.5 mol/L 氢氧化钠溶液。

（15）稀释水：在 5~20 L 玻璃瓶内装入一定量的纯水，曝气 2~8 h，使稀释水的溶解氧接近饱和；曝气后瓶口盖上两层干净纱布，置于 20 ℃ 培养箱中放置数小时，使水中溶解氧含量不少于 8 mg/L。

（16）接种水。

（17）接种稀释水。

（18）葡萄糖-谷氨酸标准溶液：称取于 103 ℃ 下干燥 1 h 的葡萄糖（$C_6H_{12}O_6$）和谷氨酸（$C_5H_9NO_4$）各 150 mg 溶于水，稀释至 1000 mL，混合均匀，临用前配制。

2. 仪器

用到的仪器除了常用实验室常用器皿仪器外，还有

（1）生化培养箱：温度控制在（20±1）℃。

（2）（550±1）mL 培养瓶，250 mL 溶解氧瓶。

（3）充氧设备：充氧动力常采用无油空气压缩机（或隔膜泵、氧气瓶、真空泵）。充氧流程可分为正压充氧、负压充氧两种流程。

（三）操作步骤

试验步骤包括水样采集、水样的预处理和水样测定三部分。

1. 水样采集

样品采集过程中，必须保证样品充满并密封于采样瓶中，在 2~5 ℃ 条件下保存。一般应在采样 6 h 之内测定，远距离运输的不能超过 24 h。

2. 对水样进行预处理

将实验用的稀释水、接种水、接种的稀释水放入培养箱恒温备用。

样品中和：样品 pH 值不在 6.5~7.5 时，先做单独实验，确定需要的盐酸溶液或氢氧

化钠体积，再中和样品。水样酸碱度高时，可以使用高浓度碱或酸中和，保证酸碱用量不超过水样体积的 0.5%。

去除游离氯：含有少量游离氯的水样，一般放置 1~2 h 后，游离氯即可消失。对于游离氯在短时间内不能消失的水样，可加入适量的亚硫酸钠溶液，以除去游离氯。

水温调节：从水温较低的水体中或富营养化的湖泊中采集的样品，应迅速升温至 20 ℃左右，以赶出水样中过饱和的溶解氧，否则会造成分析结果偏低。从水温较高的水体中或废水排放口取样，应迅速使其冷却至 20 ℃左右，否则会造成分析结果偏高。

接种：待测水样没有微生物或微生物活性不足时，都要对样品接种足够的微生物。比如：未经生化处理过的工业废水、强酸强碱性工业废水等都需要接种。

3. 不经释的水样的测定

溶解氧含量较高、有机物含量较少的地表水，可不经稀释，而直接以虹吸法将 2 ℃的混匀水样转移至两个溶解氧瓶内，转移过程中应注意不使其产生气泡，以同样的操作使两个溶解氧瓶充满水样，加塞水封。立即测定其中一瓶溶解氧。将另一瓶放入培养箱中，在 (20±1) ℃培养 5 天后，测其溶解氧。

需稀释水样的测定，首先要根据具体情况确定稀释倍数，如果是地表水：由样品的高锰酸盐指数与一定系数的乘积，即可求得稀释倍数。系数在表 2-5 中查取。

表 2-5 高锰酸盐指数与系数的关系

高锰酸盐指数/mg·L^{-1}	系数	高锰酸盐指数/mg·L^{-1}	系数
<5	—	10~20	0.4、0.6
5~10	0.2、0.3	>20	0.5、0.7、1.0

工业废水的稀释倍数：由重铬酸钾法测得的化学需氧量 COD 来确定，同时作 3 个样品的稀释。由 COD 值分别乘以系数 0.075、0.15、0.225，即获得 3 个稀释倍数。使用接种稀释水时，则分别乘以系数 0.075、0.15、0.25 获得 3 个稀释倍数。

对稀释后的样品按照前面的方法测定培养 5 天前后的溶解氧。

另取 2 个溶解氧瓶，装满稀释水（或接种稀释水）作为空白实验，测定培养 5 天前后的溶解氧。

（四）结果表示

（1）不经稀释直接培养水样的生化需氧量，按照下式来计算：
$$BOD_5 = (a_1 - a_2) - (b_1 - b_2)$$

（2）经稀释的培养的水样，当培养后剩余溶解氧>1 mg/L，培养前后的溶解氧差值 ≥2 mg/L 时，则稀释倍数适宜，否则剔除。合格数据按以下公式计算 BOD_5 值后求平均值用于评价水质。

$$BOD_5 = \frac{(a_1 - a_2) - (b_1 - b_2) \cdot f_1}{f_2}$$

式中　a_1——样品培养前的溶解氧浓度，mg/L；

　　　　a_2——样品培养 5 天后的溶解氧浓度，mg/L；

b_1——稀释水（或接种稀释水）培养前的溶解氧浓度，mg/L；

b_2——稀释水（或接种稀释水）培养 5 天后的溶解氧浓度，mg/L；

f_1——稀释水（或接种稀释水）在培养液中所占比例；

f_2——样品在培养液中所占比例。

五、氨氮的测定

氨氮的测定采用纳氏试剂分光光度法（HJ 535—2009）。

（一）方法原理

在中性条件下，经絮凝沉淀或蒸馏预处理的样品中的氨与纳氏试剂反应生成淡红棕色胶态配合物，该络合物的色度与氨氮的含量成正比，可用分光光度法设定。纳氏试剂比色法样品体积 50 mL，使用光程 10 mm 的比色皿，纳氏试剂分光光度法最低检出浓度为 0.025 mg/L。

（二）试剂仪器

1. 试剂及药品

首先强调实训用水为无氨水。

（1）吸收液：硼酸吸收液、硫酸标准溶液。

（2）溴百里酚蓝指示剂，0.5 g/L：将 0.5 g 溴百里酚蓝置于烧杯中，滴加少量水润湿，用玻璃棒研磨均匀，渐渐加水使其溶解后，稀释至 1000 mL。

（3）1 mol/L 盐酸。

（4）1 mol/L 氢氧化钠溶液：将 40 g 氢氧化钠溶于约 500 mL 水中，冷却至室温，稀释至 1000 mL。

（5）轻质氧化镁：在 500 ℃下加热氧化镁，以除去碳酸盐。

（6）防泡剂：如石蜡碎片。

（7）纳氏试剂。

（8）酒石酸钾钠溶液：称取 50 g 酒石酸钾钠（$KNaC_4H_4O_6 \cdot 4H_2O$）溶于 100 mL 水中，加热煮沸以去除氨，放冷，稀释至 100 mL。

（9）氨标准储备溶液：称取 3.819 g 经 100 ℃ 干燥过的氯化铵溶于水，移入 1000 mL 容量瓶中，定容至标线，此溶液含氨氮 1.00 mg/mL。氨标准储备溶液作用是配置氨标准使用液。

（10）氨标准使用液：移取 5.00 mL 氨标准储备溶液于 500 mL 容量瓶中，定容。此溶液含氨氮 0.010 mg/mL。

（11）100 mg/L 硫酸锌溶液：称取 10 g 硫酸锌溶于水中，稀释至 100 mL。

（12）250 mg/L 氢氧化钠溶液：称取 25 g 氢氧化钠溶于水中，稀释至 100 mL。

（13）1 mol/L 氢氧化钠溶液：称取 4 g 氢氧化钠溶于水中，稀释至 100 mL。

2. 仪器

（1）可见分光光度计：光程 20 mm 比色皿。

（2）氨氮蒸馏装置：由 500 mL 凯式烧瓶、氮球、直形冷凝管和导管组成，冷凝管末端可连接一段适当长度的滴管，使出口尖端浸入吸收液液面下。也可以使用 500 mL 蒸馏烧瓶。

（三）操作步骤

（1）水样预处理

1）蒸馏装置的预处理。把 250 mL 水样加于凯氏烧瓶中，加 0.25 g 轻质氧化镁和几粒玻璃珠，加热蒸馏至馏出液不含氨为止，弃去瓶内残液（见图 2-4）。

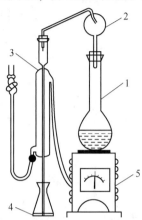

图 2-4 氨氮蒸馏装置

1—凯氏烧瓶；2—氮球；3—直形冷凝管；4—吸收瓶；5—电炉

2）分取 250 mL 水样（如氨氮含量较高，可分取适量并加水至 250 mL，使氨氮含量不超过 2.5 mg），把水样移入凯氏烧瓶中，加数滴溴百里酚蓝指示液，用氢氧化钠溶液或盐酸溶液调至 pH=7 左右。加入 0.25 g 轻质氧化镁和数粒玻璃珠，立即连接氮球和冷凝管，导管下端插入硼酸吸收液液面下。加热蒸馏，至馏出液达 200 mL 时，停止蒸馏，加水定容至 250 mL。

（2）标准曲线的绘制

1）在氨氮测定中，我们采用了七支比色管，分别将七支比色管儿清洗干净之后，吸取 0 mL、0.50 mL、1.00 mL、3.00 mL、5.00 mL、7.00 mL 和 10.00 mL 标准使用液于 50 mL 比色管中，然后加蒸馏水定容到 50 mL 刻度线，加 10 mL 酒石酸钾钠溶液，摇匀。加 1.5 mL 纳氏试剂，混匀。放置 10 min 后，在波长 420 nm 处，用光程 20 mm 比色皿，以水为参比，测量吸光度（见表 2-6）。

表 2-6 标准曲线绘制表

管号	0	1	2	3	4	5	6
铵标液/mL	0	0.50	1.00	3.00	5.00	7.00	10.00
定容	加水至 50 mL 刻度线						
酒石酸钾钠溶液	1 mL，混匀，30 s 后						
纳氏试剂	1.5 mL						
放置	10 min						
测吸光度 420 nm，20 mm							

2）扣除空白实验的吸光度，得到校正吸光度，以氨氮含量和对应的校正吸光度绘制标准曲线或统计回归方程。

（3）水样的测定。分取适量经蒸馏预处理后的馏出液，加入 50 mL 比色管中，加一定量 1 moL/L 氢氧化钠溶液以中和硼酸，稀释至标线。以下同标准曲线的绘制步骤，并测量吸光度。

（4）空白实验。以无氨水代替水样，做全程序空白测定。

（四）结果表示

样品中氨氮的吸光度 A_r 按下式计算：

$$A_r = A_s - A_b$$

式中　A_s——样品测定的吸光度；

　　　A_b——空白试验的吸光度。

氨氮含量 ρ_N（μg/mL）按下式计算：

$$\rho_N = \frac{m}{V}$$

式中　m——由标准曲线或回归方程计算得到的氨氮质量，μg；

　　　V——样品体积，mL。

六、总磷的测定

总磷的测定采用钼酸铵分光光度法（GB 11893—89）。

（一）方法原理

在中性条件下，用过硫酸钾做氧化剂，使试样消解，将所含的磷全部氧化为正磷酸盐，之后在酸性介质中，正磷酸盐与钼酸铵反应，在锑盐存在下生成磷钼杂多酸，磷钼杂多酸立即被抗坏血酸还原，生成蓝色的络合物，称为磷钼蓝。在 700 nm 的波长下可以进行比色分析，这就是测水中总磷的方法原理。

$$K_2S_2O_8 + H_2O \longrightarrow 2KHSO_4 + [O]$$

（二）试剂仪器

1. 试剂及药品

（1）（1+1）硫酸（H_2SO_4），将浓硫酸在搅拌下缓慢加入等体积的水中。

（2）过硫酸钾，50 g/L 溶液：将 5 g 过硫酸钾（$K_2S_2O_8$，AR）溶解于水，并稀释至 100 mL。

（3）抗坏血酸，100 g/L 溶液：溶解 10 g 抗坏血酸（$C_6H_8O_6$）于水中，并稀释至 100 mL。此溶液贮于棕色的试剂瓶中，在冷处可稳定几周。如不变色可长时间使用。

（4）钼酸盐溶液：溶解 13 g 钼酸铵 [$(NH_4)_6Mo_7O_{24} \cdot 4H_2O$] 于 100 mL 水中。溶解 0.35 g 酒石酸锑钾（$KSbC_4H_4O_7 \cdot H_2O$，AR）于 100 mL 水中。

在不断搅拌下把钼酸铵溶液徐徐加到 300 mL（1+1）硫酸溶液中，加酒石酸锑钾溶液并且混合均匀。此溶液贮存于棕色试剂瓶中，在冷处可保存 2 个月。

（5）浊度-色度补偿液：混合两个体积硫酸和一个体积抗坏血酸溶液，使用当天配制。

（6）磷标准储备溶液：称取 0.2179 g 于 110 ℃ 干燥 2 h 在干燥器中放冷的磷酸二氢钾（KH_2PO_4，AR），用水溶解后转移至 1000 mL 容量瓶中，加入大约 800 mL 水，加 5 mL 硫酸用水稀释至标线并混匀。此标准溶液含磷 50.0 $\mu g/mL$。本溶液在玻璃瓶中可贮存至少六个月。

（7）磷标准使用溶液：将 10.0 mL 的磷标准溶液转移至 250 mL 容量瓶中，用水稀释至标线并混匀。1.00 mL 此标准溶液含 2.0 μg 磷。使用当天配制。

2. 仪器

（1）医用手提式蒸汽消毒器或一般压力锅（1.1~1.4 kg/cm^2）。

（2）分光光度计。

（三）操作步骤

（1）采样。采集 500 mL 水样后加入 1 mL 硫酸（1+1）调节样品的 pH 值，使之低于或等于 1，或不加任何试剂于冷处保存。

注：含磷量较少的水样，不要用塑料瓶采样，因易磷酸盐吸附在塑料瓶壁上。

（2）制备。取 25 mL 样品于比色管中。取时应仔细摇匀，以得到溶解部分和悬浮部分均具有代表性的试样。如样品中含磷浓度较高，试样体积可以减少。

（3）样品的消解。

1）过硫酸钾消解。向 50 mL 比色管中加 4 mL 过硫酸钾，盖塞紧后，用一小块布和线将玻璃塞扎紧（或用其他方法固定），放在大烧杯中置于高压蒸汽消毒器中加热，待压力达 1.1 kg/cm^2，温度为 120 ℃ 时，保持 30 min 后停止加热。

待压力表读数降至零后，取出放冷。然后用水稀释至标线。

如用硫酸保存水样。当用过硫酸钾消解时，需先将试样调至中性。

2）硝酸-高氯酸消解。试样于锥形瓶中，加入硝酸-高氯酸，于电热板上加热回流消解。

（4）样品及空白测定。

1）样品测定。发色：分别向各份消解液中加入 1 mL 抗坏血酸溶液，混匀，30 s 后加 2 mL 钼酸盐溶液，充分混匀。

显色：室温下放置 15 min 后，使用光程为 30 mm 比色皿，在 700 nm 波长下，以水做参比，测定吸光度。

浊度-色度补偿：如试样中含有浊度或色度时，需配制一个空白试样（消解后用水稀释至标线），然后向试料中加入 3 mL 浊度-色度补偿液，但不加抗坏血酸溶液和钼酸盐溶液。然后从试料的吸光度中扣除空白试料的吸光度。

2）空白试验。用水代替试样，并按照与样品相同的步骤进行前处理和测定。

（5）工作曲线的绘制。

取 7 支具塞刻度管分别加入 0 mL，0.50 mL，1.00 mL，3.00 mL，5.00 mL，10.0 mL，15.0 mL 磷酸盐标准溶液。加水至 25 mL。然后按测定步骤进行处理。以水做参比，测定吸光度。扣除空白试验的吸光度后，和对应的磷的含量绘制工作曲线。

（四）结果表示

总磷含量以 $c(\mu g/mL)$ 表示，按下式计算：

$$c = m/V$$

式中　　m——试样测得含磷量，μg；

　　　　V——测定用试样体积，mL。

任务四　水体金属指标测定

一、六价铬的测定

六价铬的测定采用二苯碳酰二肼分光光度法（GB 7467—1987）。

（一）方法原理

在酸性溶液中，样品中的六价铬与二苯碳酰二肼反应生成紫红色化合物，在波长 540 nm 处有最大吸收，可进行分光光度测定。

本方法适用于地表水和工业废水的测定。样品体积为 50 mL，使用光程长 30 mm 的比色皿，最低检出浓度为 0.004 mg/L，最小检出限为 0.2 μg。使用光程长 10 mm 的比色皿，测定上限为 1.0 mg/L。

（二）试剂仪器

1. 试剂及药品

本实训所用试剂均应不含铬。

（1）丙酮。

（2）硫酸（H_2SO_4），$\rho = 1.98$ g/cm³。

（3）（1+1）硫酸溶液：将浓硫酸在搅拌下缓慢加入等体积水中，混匀。

（4）（1+1）磷酸溶液：将磷酸（H_3PO_4，$\rho = 1.69$ g/mL）缓慢加入到等体积水中。

（5）4 g/L 氢氧化钠溶液：将 1 g 氢氧化钠（NaOH）溶于水中，冷却至室温，稀释至 250 mL。

（6）氢氧化锌共沉淀剂：用时将 8%（m/V）硫酸锌溶液和 2%（m/V）氢氧化钠溶液混合。

1）8%（m/V）硫酸锌溶液：称取硫酸锌（$ZnSO_4 \cdot 7H_2O$）8 g，溶于 100 mL 水中。

2）2%（m/V）氢氧化钠溶液：称取氢氧化钠 2.4 g，溶于 120 mL 水中。

（7）40 g/L 高锰酸钾溶液：称取高锰酸钾（$KMnO_4$）4g，在加热和搅拌下溶于水，稀释至 100 mL。

（8）铬标准储备液：称取于 110 ℃ 干燥 2 h 的重铬酸钾（$K_2Cr_2O_7$，GR）0.2829 g，溶解后移入 1000 mL 容量瓶中，定容，摇匀。此溶液 1 mL 含六价铬 0.10 mg。

（9）铬标准溶液：吸取 5 mL 铬标准储备液置于 500 mL 容量瓶中，定容，摇匀。此溶液 1 mL 含六价铬 1.00 μg。使用当天配制。

（10）铬标准溶液：吸取25 mL铬标准储备液置于500 mL容量瓶中，定容，摇匀。此溶液1 mL含六价铬5.00 μg。使用当天配制。

（11）200 g/L尿素溶液：称取尿素$[(NH_2)_2CO]$ 20 g溶于水并稀释至100 mL。

（12）20 g/L亚硝酸钠溶液：称取亚硝酸钠（$NaNO_2$）2 g溶于水并稀释至100 mL。

（13）显色剂Ⅰ：称取二苯碳酰二肼（$C_{13}H_{14}N_4O$）0.2 g，溶于50 mL，丙酮（1）中，加水稀释至100 mL，摇匀。储于棕色瓶中，置于冰箱中。色变深后，不能使用。

（14）显色剂Ⅱ：称取二苯碳酰二肼（$C_{13}H_{14}N_4O$）2 g，溶于50 mL丙酮（1）中，加水稀释至100 mL，摇匀。储于棕色瓶中，置于冰箱中。色变深后，不能使用。

2. 仪器

分光光度计，10 mm或30 mm比色皿，实验室常用仪器。

（三）操作步骤

（1）采样。样品应用玻璃瓶采集，采样之前要洗涤干净，并用即将采集的水样润洗3次。采样后加入氢氧化钠，调节样品pH值约为8。样品应尽快分析测定，如需储存，不得超过24 h。

（2）样品预处理。

1）样品中不含悬浮物、低色度的清洁地表水可直接测定。

2）样品有色但不太深时，要进行色度校正。按样品预处理步骤（3）另取一份样品，以2 mL丙酮代替显色剂，其他测定步骤相同。以扣除色度校正吸光度的样品吸光度计算六价铬浓度。

3）对混浊、色度较深的样品采用锌盐沉淀分离进行预处理。

取适量样品（含六价铬少于100 μg）于150 mL烧杯中，加水至50 mL，滴加4 g/L氢氧化钠溶液，调节pH值为7~8。不断搅拌下滴加氢氧化锌共沉淀剂至溶液pH值为8~9。将此溶液转移至100 mL容量瓶中，定容，摇匀。用慢速滤纸过滤，弃去10~20 mL初滤液后，取50 mL滤液进行测定。

4）二价铁、亚硫酸盐、硫代硫酸盐等还原性物质的消除：取适量样品（含六价铬少于50 μg）于50 mL比色管中，定容至标线。加入4 mL显色剂Ⅱ，混匀，放置5 min后加入1 mL硫酸溶液，混匀。以下测定同操作步骤（4）（免去加硫酸溶液和磷酸溶液）。

5）次氯酸盐等氧化性物质的消除：取适量样品（含六价铬少于50 μg）于50 mL比色管中，定容至标线。加入1 mL尿素溶液，摇匀。逐滴加入1 mL亚硝酸钠溶液，边加边摇，以除去由过量的亚硝酸钠与尿素反应生成的气泡。以下测定同操作步骤（4）（免去加硫酸溶液和磷酸溶液）。

（3）空白实验。按水样完全相同的处理步骤进行空白实验，仅用50 mL蒸馏水代替水样。

（4）水样的测定。取适量无色透明样品（含六价铬少于50 μg）于50 mL比色管中，定容至标线。加入0.5 mL硫酸溶液、0.5 mL磷酸溶液，混匀。加入2 mL显色剂Ⅰ，摇匀。5~10 min后，用光程10 mm或30 mm的比色皿，以水作参比，在540 nm波长处测定吸光度。扣除空白实验测得的吸光度后，由标准曲线或回归方程计算得到六价铬含量。

用50 mL水代替样品，同步测定吸光度。

（5）标准曲线的绘制。向一系列 50 mL 比色管中分别加入 0 mL、0.20 mL、0.50 mL、1.00 mL、2.00 mL、4.00 mL、8.00 mL 铬标准溶液，定容至标线。然后按操作步骤（4）进行处理。测得的吸光度扣除零浓度溶液的吸光度后，用对应六价铬的含量绘制标准曲线。

（四）结果表示

样品中六价铬的浓度 ρ（μg/mL）按下式计算：

$$\rho = m/V$$

式中 m——由标准曲线或回归方程计算得到的样品六价铬含量，μg；

　　　V——样品体积，mL。

六价铬浓度低于 0.1 mg/L，计算结果以三位小数表示；六价铬浓度高于 0.1 mg/L，计算结果以三位有效数字表示。

二、汞的测定

汞的测定采用原子荧光法（HJ 694—2014）。

（一）方法原理

经预处理后的试液进入原子荧光仪，在酸性条件的硼氢化钾（或硼氢化钠）还原作用下，生成汞原子，氢化物在氩氢火焰中形成基态原子，汞原子受元素汞灯发射光的激发产生原子荧光，原子荧光强度与试液中待测元素含量在一定范围内成正比。

本方法适用于地表水、地下水、生活污水和工业废水中汞的溶解态及总量的测定。本方法汞的检出限为 0.04 μg/L，测定下限为 0.16 μg/L。

（二）试剂仪器

1. 试剂及药品

（1）盐酸：$\rho_{HCl} = 1.19$ g/mL，优级纯。

（2）硝酸：$\rho_{HNO_3} = 1.42$ g/mL，优级纯。

（3）盐酸-硝酸溶液：分别量取 300 mL 盐酸和 100 mL 硝酸，加入 400 mL 水中，混匀。

（4）重铬酸钾（$K_2Cr_2O_7$）：优级纯。

（5）氯化汞（$HgCl_2$）：优级纯。

（6）硼氢化钾（KBH_4）。

（7）盐酸溶液：（1+1）。

（8）汞标准溶液。

1）标准固定液：称取 0.5 g 重铬酸钾溶于 950 mL 水中，加入 50 mL 硝酸，混匀。

2）汞标准储备液：$\rho_{Hg} = 100$ mg/L。

购买市售有证标准物质，或称取 0.1354 g 于硅胶干燥器中放置过夜的氯化汞，用少量汞标准固定液溶解后移入 1000 mL 容量瓶中，用汞标准固定液稀释至标线，混匀。储存于玻璃瓶中。4 ℃下可存放 2 年。

3) 汞标准中间液：$\rho_{Hg} = 1.00 \, mg/L$。

移取 5.00 mL 汞标准储备液于 500 mL 容量瓶中，加入 50 mL 盐酸，用汞标准固定液稀释至标线，混匀。储存于玻璃瓶中。4 ℃下可存放 100 天。

40 汞标准使用液：$\rho_{Hg} = 10.0 \, \mu g/L$。

量取 5.00 mL 汞标准中间液于 500 mL 容量瓶中，加入 50 mL 盐酸，用水稀释至标线，混匀。储存于玻璃瓶中。临用现配。

2. 仪器

(1) 原子荧光光谱仪：仪器性能指标应符合 GB/T 21191 的规定。

(2) 元素灯（汞）。

(3) 可调温电热板。

(4) 恒温水浴装置：温控精度±1 ℃。

(5) 抽滤装置：0.45 μm 孔径水系微孔滤膜。

(6) 分析天平：精度为 0.0001 g。

(7) 采样容器：硬质玻璃瓶或聚乙烯瓶（桶）。

(8) 实验室常用器皿：符合国家标准的 A 级玻璃量器和玻璃器皿。

(三) 操作步骤

操作步骤分为样品的采集和样品测定两步进行。

(1) 样品采集。样品采集后尽快用 0.45 μm 滤膜过滤，弃去初始滤液 50 mL，用少量滤液清洗采样瓶，收集滤液于采样瓶中。如水样为中性，按每升水样中加入 5 mL 盐酸的比例加入盐酸。

(2) 样品测定。量取 5.0 mL 混匀后的样品于 10 mL 比色管中，加入 1 mL 盐酸-硝酸溶液，加塞混匀，置于沸水浴中加热消解 1 h，其间摇动 1~2 次并开盖放气。冷却，用水定容至标线，混匀，待测。

分别移取 0 mL、1.00 mL、2.00 mL、5.00 mL、7.00 mL、10.00 mL 汞标准使用液于 100 mL 容量瓶中，分别加入 10.0 mL 盐酸-硝酸溶液，用水稀释至标线，混匀。

1) 标准曲线的绘制。参考测量条件或采用自行确定的最佳测量条件，以盐酸溶液为载流，硼氢化钾溶液 A 为还原剂，浓度由低到高依次测定汞标准系列的原子荧光强度，以原子荧光强度为纵坐标、汞质量浓度为横坐标，绘制标准曲线。

2) 试样的测定。按照与绘制标准曲线相同的条件测定试样的原子荧光强度。超过标准曲线高浓度点的样品，对其消解液稀释后再行测定，稀释倍数为 f。

(四) 结果表示

样品中待测元素的质量浓度 ρ 按下式计算：

$$\rho = \frac{\rho_1 f V_1}{V}$$

式中　ρ——样品中待测元素的质量浓度，μg/L；

　　　ρ_1——由标准曲线上查得的试样中待测元素的质量浓度，μg/L；

　　　f——试样稀释倍数（样品若有稀释）；

V_1——分取后测定试样的定容体积，mL；

V——分取试样的体积，mL。

当汞的测定结果小于 1 μg/L 时，保留小数点后两位；当测定结果大于 1 μg/L 时保留三位有效数字。

三、铅的测定

铅的测定采用原子荧光光度法（SL 327.4—2005）。

（一）方法原理

样品经预处理，其中各种形态的铅均转化为四价铅（Pb^{4+}），加入硼氢化钾（或硼氢化钠）与其反应，生成气态氢化铅，用氢气将气态氢化铅载入原子化器进行原子化，以铅高强度空心阴极灯作激发光源，铅原子受光辐射激发产生荧光，检测原子荧光强度，利用荧光强度在一定范围内与溶液中铅含量成正比的关系计算样品中的铅含量。

本方法是将氢化物发生技术与原子荧光光谱分析技术相结合测定水中铅，从而实现水样检测的新技术。与双硫腙分光光度法、原子吸收分光光度法测定水中铅相比，原子荧光光度法具有基体干扰小、操作简便、用样量少、灵敏度和准确度高、测量重现性好、自动化程度高、适合大批量分析等特点。本法适用于地表水、地下水、大气降水、污水及其再生利用水中铅的测定。方法检出限 1.0 μg/L，在 2~200 μg/L，线性良好。大于 200 g/L 的样品，可稀释后测定。

（二）试剂仪器

1. 试剂及药品

（1）本法所用水均指去离子水或同等纯度的水。

（2）硝酸（HNO_3）：$\rho=1.42$ g/mL，优级纯。

（3）盐酸（HCl）：$\rho=1.18$ g/mL，优级纯。

（4）氢氧化钾（KOH）：优级纯。

（5）50%盐酸溶液（体积分数）：量取 50 mL 盐酸，缓慢加入 50 mL 水中，摇匀。

（6）5%盐酸溶液（体积分数）：量取 50 mL 盐酸，缓慢加入 950 mL 水中，摇匀。

（7）40 g/L 草酸溶液：称取 4 g 草酸，溶于适量水中，用水稀释至 100 mL。

（8）100 g/L 铁氰化钾溶液：称取 10 g 铁氰化钾，溶于适量水中，并用水稀释至 100 mL。临用时现配。

（9）20 g/L 硼氢化钾（或硼氢化钠）溶液：称取 10 g 硼氢化钾（或硼氢化钠），溶于 500 mL 0.5%氢氧化钾溶液中，摇匀。

（10）铅标准储备液（1000 mg/L），购置或自配：准确称取 1.5990 g（准确至 0.1 mg）硝酸铅（纯度≥99.5%），溶解于 200 mL 水中，加入 20 mL 硝酸，移入 1000 mL 容量瓶中，用水稀释至标线，摇匀。

（11）铅标准中间液（10.0 mg/L）：准确移取浓度为 1000 mg/L 的铅标准储备液 10 mL，转入 1000 mL 容量瓶中，用水稀释至标线，摇匀。

（12）铅标准使用液（1.00 mg/L）：准确移取浓度为 10.0 mg/L 的铅标准中间液

10 mL，转入 100 mL 容量瓶中，用水稀释至标线，摇匀。

（13）氢气：纯度大于 99.99%。

2. 仪器

（1）原子荧光光度计。

（2）铅高强度空心阴极灯。

（3）3 kW 电热板。

（4）常用玻璃量器。

（三）实验步骤

（1）水样的保存。采样后水样加硝酸酸化至 1% 进行保存，1 个月内完成测定。

（2）水样的预处理。

1）清洁水样的预处理。取一定体积（视浓度而定，准确至 0.1 mL）水样于 50 mL 容量瓶中，加入 2.0 mL 50% 盐酸溶液、0.5 mL 40g/L 草酸溶液，再加入 2.0 mL 100 g/L 铁氰化钾溶液，用水定容，摇匀。放置 30 min 后上机测定。

2）较混浊或基体干扰较严重的水样。准确移取 50.0 mL 水样于 100 mL 锥形瓶中，加入 3.0 mL 硝酸，于电热板上微沸消解至近干，加水 20 mL，加热至近干，再加入 1.0 mL 盐酸，消解至近干，以充分赶去硝酸，至溶液澄清，加入 2.0 mL 50% 盐酸溶液、0.5 mL 40 g/L 草酸溶液、2.0 mL，100 g/L 铁氰化钾溶液，用水定容，摇匀。放置 30 min 后待测。

（3）样品测定。

1）设置仪器工作参数（依仪器型号不同，测量参数会有所变动，根据仪器操作说明设置）。

2）标准工作曲线的配制。分别准确移取铅标准使用液 0 mL、0.5 mL、1.0 mL、2.0 mL、3.0 mL、4.0 mL、5.0 mL 置于 50 mL 容量瓶中，各加入 2.0 mL 50% 盐酸溶液，0.5 mL 40 g/L 草酸溶液，2.0 mL 100 g/L 铁氰化钾溶液，定容至 50 mL，此标准系列的浓度分别为 0 μg/L、10.0 μg/L、20.0 μg/L、40.0 μg/L、60.0 μg/L、80.0 μg/L、100.0 μg/L，放置 30 min 后待测。

3）样品的测定。按照仪器操作规程，预热 30 min，接通气源，调整好出口压力，使用 5% 盐酸溶液作为载流，按照仪器工作参数调整好仪器，测定铅标准工作曲线。测定的标准工作曲线相关系数应大于 0.9990，否则应查明原因，重新测定标准曲线或用比例法处理数据。

按前述测定程序，先测定样品空白，再按程序依次测定各样品浓度。

（四）结果表示

仪器随机软件有自动计算的功能，工作曲线为线性拟合曲线，测定待测样品荧光强度值后减去样品空白荧光强度，代入拟合曲线的一次方程，即得出待测样品浓度。若人工计算，可采用下式

$$c_{Pb} = c\frac{V}{V_0}$$

式中　c_{Pb}——待测样品浓度，$\mu g/L$；

$\quad\quad c$——根据待测样品的荧光强度减去样品空白荧光强度后，从工作曲线上查得相应的样品浓度，$\mu g/L$；

$\quad\quad V$——待测样品经处理、稀释定容后的最终体积，L；

$\quad\quad V_0$——所取待测样品的体积，L。

四、砷的测定

（一）方法原理

经预处理后的试液进入原子荧光仪，在酸性条件的硼氢化钾（或硼氢化钠）还原作用下，生成砷化氢，氢化物在氩氢火焰中形成基态原子，氢化物在氩氢火焰中形成基态原子，其基态原子受元素砷灯发射光的激发产生原子荧光，原子荧光强度与试液中待测元素含量在一定范围内成正比。

本法适用于地表水、地下水、生活污水和工业废水中砷的溶解态及总量的测定。本法砷的检出限为 0.3 $\mu g/L$，测定下限为 1.2 $\mu g/L$。

（二）试剂仪器

1. 试剂及药品

（1）硝酸：$\rho(HNO_3)= 1.42$ g/mL，优级纯。

（2）高氯酸：$\rho(HClO_4)= 1.68$ g/mL，优级纯。

（3）硝酸-高氯酸混合酸：用等体积硝酸和高氯酸混合配制。临用时现配。

（4）硼氢化钾（KBH_4）。

（5）氢氧化钠（NaOH）。

（6）硫脲（CH_4N_2S）。

（7）抗坏血酸（$C_6H_8O_6$）。

（8）重铬酸钾（$K_2Cr_2O_2$）：优级纯。

（9）三氧化二砷（As_2O_3）：优级纯。

（10）（1+1）盐酸溶液。

（11）硼氢化钾溶液 B。称取 0.5 g 氢氧化钠溶于 100 mL 水中，加入 2.0 g 硼氢化钾，混匀，存于塑料瓶中。临用时现配。

（12）硫脲-抗坏血酸溶液。称取硫脲和抗坏血酸各 5.0 g，用 100 mL 水溶解，混匀。测定当日配制。

（13）砷标准溶液。

1）砷标准储备液：$\rho(As)= 100$ mg/L。

购买市售有证标准物质，或称取 0.1320 g 于 105 ℃ 干燥 2 h 的优级纯三氧化二砷溶解于 5 mL 1 mol/L 氢氧化钠溶液中，用 1 mol/L 盐酸溶液中和至酚酞红色褪去，移入 1000 mL 容量瓶中，用水稀释至标线，混匀。储存于玻璃瓶中。

2）砷标准中间液：$\rho(As)= 1.00$ mg/L。

移取 5.00 mL 砷标准储备液于 500 mL 容量瓶中，加入 100 mL 盐酸，用水稀释至标线，混匀。4 ℃下可存放 1 年。

3）砷标准使用液：$\rho(As)=100\ \mu g/L$。

移取 10.00 mL 砷标准中间液于 100 mL 容量瓶中，加入 20 mL 盐酸溶液，用水稀释至标线，混匀。4 ℃下可存放 30 天。

2. 仪器

（1）原子荧光光谱仪：仪器性能指标应符合 GB/T 21191 的规定。

（2）元素灯（汞）。

（3）可调温电热板。

（4）恒温水浴装置：温控精度±1 ℃。

（5）抽滤装置：0.45 μm 孔径水系微孔滤膜。

（6）分析天平：精度为 0.0001 g。

（7）采样容器：硬质玻璃瓶或聚乙烯瓶（桶）。

（8）实验室常用器皿：符合国家标准的 A 级玻璃量器和玻璃器皿。

（三）操作步骤

（1）样品采集。样品采集后，尽快用 0.45 μm 滤膜过滤，弃去初始滤液 50 mL，用少量滤液清洗采样瓶，收集滤液于采样瓶中。如水样为中性，按每升水样中加入 5 mL 盐酸的比例加入盐酸。

（2）样品测定。量取 50.0 mL 混匀后的样品于 150 mL 锥形瓶中，加入 5 mL 硝酸-高氯酸混合酸，于电热板上加热至冒白烟，冷却。再加入 5 mL 盐酸溶液，加热至黄褐色烟冒尽，冷却后移入 50 mL 容量瓶中，加水稀释定容，混匀，待测。

分别移取 0 mL、0.50 mL、1.00 mL、2.00 mL、3.00 mL、5.00 mL 砷标准使用液于 50 mL 容量瓶中，分别加入 10.0 mL 盐酸溶液、10 mL 硫脲-抗坏血酸溶液，室温放置 30 min（室温低于 15 ℃时，置于 30 ℃水浴中保温 30 min），用水稀释定容，混匀。

1）标准曲线的绘制。参考测量条件或采用自行确定的最佳测量条件，以盐酸溶液为载流，硼氢化钾溶液 B 为还原剂，浓度由低到高依次测定汞标准系列的原子荧光强度，以原子荧光强度为纵坐标、砷质量浓度为横坐标，绘制标准曲线。

2）试样的测定。量取 5.0 mL 试样于 10 mL 比色管中，加入 2 mL 盐酸溶液、2 mL 硫脲-抗坏血酸溶液，室温放置 30 min（室温低于 15 ℃时，置于 30 ℃水浴中保温 30 min），用水稀释定容，混匀，按照与绘制标准曲线相同的条件进行测定。超过标准曲线高浓度点的样品，对其消解液稀释后再行测定，稀释倍数为 f。

（四）结果表示

样品中待测元素的质量浓度 ρ 按下式计算：

$$\rho = \frac{\rho_1 f V_1}{V}$$

式中 ρ——样品中待测元素的质量浓度，μg/L；

ρ_1——由标准曲线上查得的试样中待测元素的质量浓度，μg/L；

f——试样稀释倍数（样品若有稀释）；

V_1——分取后测定试样的定容体积，mL；

V——分取试样的体积，mL。

当砷的测定结果小于 10 μg/L 时，保留至小数点后一位；当砷的测定结果大于 10 μg/L 时，保留三位有效数字。

五、铜的测定

本实验铜的测定采用 2,9-二甲基-1,10-菲啰啉分光光度法和萃取光度法（HJ 486—2009）。

直接光度法适用于较清洁的地表水和地下水中可溶性铜和总铜的测定。当使用 50 mm 比色皿，试料体积为 15 mL 时，水中铜的检出限为 0.03 mg/L，测定下限为 0.12 mg/L，测定上限为 1.3 mg/L。萃取光度法适用于地表水、地下水、生活污水和工业废水中可溶性铜和总铜的测定。当使用 50 mm 比色皿，试料体积为 50 mL 时，铜的检出限为 0.02 mg/L，测定下限为 0.08 mg/L。当使用 10 mm 比色皿，试料体积为 50 mL 时，测定上限为 3.2 mg/L。

（一）方法原理

用盐酸羟胺将二价铜离子还原为亚铜离子，在中性或微酸性液中，亚铜离子和 2,9-二甲基-1,10-菲啰啉反应生成黄色络合物，于波长 457 nm 处测量吸光度（直接光度法）；也可用三氯甲烷萃取，萃取液保存在三氯甲烷-甲醇混合溶液中，于波长 457 nm 处测量吸光度（萃取光度法）。

（二）试剂仪器

1. 试剂及药品

除另有说明外，分析时均使用符合国家标准的分析纯化学试剂，试验用水为新制备的去离子水。

（1）滤膜，0.45 m，水系膜。

（2）硫酸（H_2SO_4）：$\rho = 1.84$ g/mL，优级纯。

（3）硝酸（HNO_3）：$\rho = 1.40$ g/mL，优级纯。

（4）盐酸（HCl）：$\rho = 1.19$ g/mL。

（5）氨水（NH_4OH），$\rho = 0.9$ g/mL。

（6）三氯甲烷（$CHCl_3$）。

（7）甲醇（CH_3OH）。

（8）2,9-二甲基-1,10-菲啰啉溶液：$\rho = 1.0$ mg/mL：称取 100 mg 2,9-二甲基-1,10-菲啰啉（$C_{14}H_{12}N_2 \cdot 1/2H_2O$）溶于 100 mL 甲醇。此溶液可稳定一个月。

（9）盐酸羟胺溶液，$\rho = 100$ g/L：称取 50 g 盐酸羟胺（$NH_2OH \cdot HCl$），溶于水并稀释至 500 mL。

（10）柠檬酸钠溶液：称取 150 g 柠檬酸钠（$Na_3C_6H_5O_7 \cdot 2H_2O$），溶解于 400 mL 水中，加入 5 mL 盐酸羟胺溶液和 10 mL 2,9-二甲基-1,10-菲啰啉溶液，用 50 mL 三氯甲烷萃取除去其中的杂质铜，弃去三氯甲烷层。

（11）氢氧化铵溶液，$c(NH_4OH) = 5 \ mol/L$：量取 330 mL 氨水，用水稀释至 1000 mL，贮存于聚乙烯瓶中。

（12）铜标准贮备溶液，$\rho = 200 \ g/mL$：称取 0.2 g±0.0001 g 金属铜（纯度≥99.9%），置于 250 mL 锥形瓶中，加入 20 mL 水和 5 mL 硝酸，加热溶解，直到反应速度变慢时微微加热，使全部铜溶解。煮沸溶液以驱除氮的氧化物，冷却后转移到 1000 mL 容量瓶中，用水稀释至标线并混匀。

（13）铜标准溶液Ⅰ，$\rho = 20.0 \ \mu g/mL$：吸取 10.0 mL 铜标准贮备溶液于 100 mL 容量瓶中，用水稀释至标线并混匀。

（14）铜标准溶液Ⅱ，$\rho = 2.0 \ \mu g/mL$：吸取 10.00 mL 铜标准溶液于 100 mL 容量瓶中，用水稀释至标线并混匀。

（15）乙酸溶液，$c(CH_3COOH) = 6 \ mol/L$：取 35.3 mL 冰乙酸，加水稀释至 100 mL，混匀备用。

（16）乙酸-乙酸钠缓冲溶液：称取 100 g 三水合乙酸钠（$CH_3COOH \cdot 3H_2O$）溶于适量水中，再加入 13 mL 乙酸溶液，用水稀释至 500 mL，混匀。此溶液的 pH 值约为 5.7。

2. 仪器

分光光度计：配有光程 10 mm 和 50 mm 比色皿。

125 mL 锥形分液漏斗，具有磨口玻璃塞，活塞上不得涂抹油性润滑剂。

一般实验室常用仪器。

（三）操作步骤

1. 采样

取两份均匀水样，每份 100 mL，置于 250 mL 烧杯中，作为消解试样。向每份试样中加入 1.0 mL 硫酸和 5 mL 硝酸，放入几粒经酸化处理的沸石，置电热板上加热消解（注意勿喷溅）至冒三氧化硫白色浓烟为止。如果溶液仍然带色，冷却后加入 5 mL 硝酸，继续加热消解至冒白色浓烟为止。必要时，重复上述操作，直到溶液无色。冷却，加入约 80 mL 水，加热至沸腾并保持 3 min，冷却，滤入 100 mL 容量瓶内，用水洗涤烧杯和滤纸，用洗涤水补加至标线并混匀。

注：沸石采用空白消解的方法进行净化，净化效果可通过空白试验结果来检查。

2. 直接光度法

（1）校准曲线绘制。取 6 个 25 mL 比色管，分别加入 0 mL、1.00 mL、2.00 mL、3.00 mL、5.00 mL、10.00 mL 铜标准溶液Ⅱ，加水至体积为 15 mL，铜的含量依次为 0 g、2.0 g、4.0 g、6.0 g、10.0 g、20.0 g。加入 1 mL 硫酸、1.5 mL 盐酸羟胺溶液，3.0 mL 柠檬酸钠溶液和 3.0 mL 乙酸-乙酸钠缓冲液，摇匀。

加入 1.5 mL 2,9-二甲基-1,10-菲啰啉溶液，充分混匀，静置 5 min。用 50 mm 比色皿，以水作参比，在 457nm 测量吸光度。从测得的吸光度中减去试剂空白的吸光度后，对相应的铜的含量（μg）绘制校准曲线。

（2）样品测定。吸取 15.0 mL 或适量体积的试样于 25 mL 比色管中，按与校准曲线相同的步骤测量吸光度。

（3）空白试验。用 15 mL 去离子水代替试样，按与样品测定相同的步骤操作，做空白试验。

（4）基体加标试验。从可溶性铜试样中吸取适量体积（体积不超过 15.0 mL、铜的质量浓度不超过 10 μg/15 mL）的试料，根据实际样品的浓度，加入 4.0 mL 铜标准溶液 Ⅰ 或铜标准溶液 Ⅱ，按同样方法进行测定。计算加标回收率，确定有无干扰影响。

3. 萃取光度法

（1）校准曲线绘制

1）校准系列的准备。取 7 个分液漏斗分别加入 0 mL、1.00 mL、2.00 mL、3.00 mL、4.00 mL、6.00 mL、8.00 mL 铜标准溶液Ⅰ，加水至总体积为 50 mL，铜的含量依次为 0 μg、20 μg、40 μg、60 μg、80 μg、120 μg、160 μg。

若试样中铜的质量浓度低于 20 μg/50 mL，则需制备低浓度的校准系列。

取 7 个分液漏斗，分别加入 0 mL、1.00 mL、2.00 mL、4.00 mL、6.00 mL、8.00 mL、10.0 mL 铜标准溶液 Ⅱ，加水至总体积为 50 mL，铜的含量依次为 0 μg、2.0 μg、4.0 μg、8.0 μg、12.0 μg、16.0 μg、20.0 μg。

2）还原。加入 1.0 mL 硫酸，加入 5 mL 盐酸羟胺溶液和 10 mL 柠檬酸钠溶液，充分摇匀。每次加入 1 mL 氢氧化铵溶液，调节 pH≈4，再滴加氢氧化铵溶液至刚果红试纸正好变红色（或 pH 试纸显示 4~6）。

3）显色和萃取。加入 10 mL 2,9-二甲基-1,10-菲啰啉溶液和 10 mL 三氯甲烷。轻轻旋摇片刻，旋紧活塞后剧烈摇动 30 s 以上，将黄色络合物萃入三氯甲烷中，静置分层后用滤纸吸去分液漏斗放液管内的水珠，并塞入少量脱脂棉，将三氯甲烷层放入 25 mL 容量瓶中。再加入 10 mL 三氯甲烷于水相中，重复上述步骤再萃取一次，合并两次萃取液，用甲醇稀释至标线并混匀。

4）吸光度测量和校准曲线绘制。将高浓度标准系列的萃取液放入 10 mm 比色皿内，低浓度标准系列的萃取液放入 50 mm 比色皿内，分别于波长 457 nm 处，以三氯甲烷作参比测量吸光度。从测得的吸光度扣除试剂空白的吸光度后，对相应的铜的含量（μg）分别绘制校准曲线。

（2）样品测定。吸取 50.0 mL 或适量体积（铜的质量浓度不超过 150 μg/50 mL）的试样于 125 mL 分液漏斗中，加水至总体积为 50 mL。按与校准曲线相同的步骤测量吸光度。

（3）空白试验。用 50 mL 去离子水代替试样，按与样品测定相同的步骤操作，做空白试验。

（4）基体加标试验。从总铜试样中吸取适量体积（体积不超过 50 mL、铜的质量浓度不超过 100 μg/50 mL）的试料，根据实际样品的浓度，加入 3.0 mL 铜标准溶液 Ⅰ 或标准溶液 Ⅱ，按计算公式进行测定。计算加标回收率，确定有无干扰影响。

（四）结果表示

水样中铜的质量浓度按下式计算：

$$\rho = \frac{A - A_0 - a}{b \times V}$$

式中 ρ——水样中铜质量浓度，mg/L；

    A——样品吸光度；

    A_0——试剂空白吸光度；

    a——回归方程截距，吸光度；

    b——回归方程斜率，吸光度/μg；

    V——试料体积，mL。

结果以两位小数表示。

六、镉的测定

镉的测定采用双硫腙分光光度法（GB 7470—87）。

（一）方法原理

在强碱性溶液中，镉离子与双硫腙生成红色络合物，用氯仿萃取后，于 518 nm 波长处进行分光光度测定，从而求出镉的含量，其反应式如下：

（二）试剂仪器

1. 试剂及药品

本标准所用试剂除另有说明外，均为分析纯试剂。试验中均应用不含镉的水或同等纯度的去离子水配制所有的试液和溶液。

无镉水，用全玻璃蒸馏器对一般蒸馏水进行重蒸馏。

（1）硝酸（HNO_3，GR）：$\rho=1.42$ g/mL。

（2）硝酸（HNO_3，AR）：$\rho=1.42$ g/mL。

（3）（1+1）硝酸溶液。

（4）（1+499）硝酸溶液。

（5）盐酸（HCl，AR）：$\rho=1.18$ g/mL。

（6）高氯酸（$HClO_4$，GR）：$\rho=1.75$ g/mL。

（7）氨水（$NH_3 \cdot H_2O$）：$\rho=0.90$ g/mL。

（8）氯仿（$CHCl_3$）。

（9）氢氧化钠（NaOH）：6 mol/L 溶液。

（10）盐酸羟胺：20%（m/V）溶液。

（11）40%氢氧化钠-1%氰化钾溶液。称取 400 g 氢氧化钠和氰化钾（KCN）溶于水中并稀释至 1000 mL，贮存于聚乙烯瓶中。

注：此溶液剧毒，因氰化钾是剧毒药品，因此称量和配制溶液时要特别小心，取时要戴胶皮手套，避免沾污皮肤。禁止用嘴通过移液管来吸取氰化钾溶液。

（12）40%氢氧化钠-0.05%氰化钾溶液。称取 400 g 氢氧化钠和 0.5 g 氰化钾溶于水中并稀释至 1L，贮存于聚乙烯瓶中。

（13）双硫腙：0.2%（m/V）氯仿贮备液。

（14）双硫腙：0.01%（m/V）氯仿贮备液。

（15）双硫腙：0.002%（m/V）氯仿贮备液。

（16）酒石酸钾钠 50%（m/V）溶液。

（17）酒石酸：2 %（m/V）溶液。称取 20g 酒石酸（$C_4H_6O_6$）溶于水中，稀至 1 L，贮于冰箱内。

（18）镉标准溶液：可直接购买，此溶液含镉 1.000 g/L。

（19）镉标准使用液：用硝酸溶液准确稀释镉标准溶液配制，此溶液中镉的浓度为 100.00 mg/L。

（20）百里酚蓝：0.1%（m/V）溶液。溶解 0.10 g 百里酚蓝于 100 mL 乙醇中。

2. 仪器

所用玻璃器皿，包括取样瓶，在使用前应先用盐酸溶液浸泡，然后用自来水和去离子水彻底冲洗洁净。

分光光度计：10 mm 和 30 mm 光程比色皿。

分液漏斗：125 mL 和 250 mL，最好带聚氟乙烯活塞。

（三）操作步骤

1. 采样

比较浑浊的地面水，每 100 mL 水样加入 1 mL 硝酸，置于电热板上微沸消解 10 min，冷却后用快速滤纸过滤，滤纸用硝酸洗涤数次，然后用硝酸稀释到一定体积，供测定用。

含悬浮物和有机质较多的地面水或废水，每 100 mL 水样加入 5 mL 硝酸，在电热板上加热，消解到 10 mL 左右，稍冷却，再加入 5 mL 硝酸和 2 mL 高氯酸后，继续加热消解，蒸至近干。冷却后用硝酸温热溶解残渣，冷却后，用快速滤纸过滤，滤纸用硝酸洗涤数次，滤液应用硝酸稀释定容，供测定用。

每分析一批试样要平行做两个空白试验。

试份：吸取含 1~10 μg 镉的适量试样放入 250 mL 分液漏斗中，用水补充至 100 mL，加入 3 滴百里酚蓝乙醇溶液用氢氧化钠溶液或盐酸调节到刚好出现稳定的黄色，此时溶液的 pH 值为 2.8，备作测定用。

2. 测定

（1）显色萃取。向试份加入 1 mL 酒石酸钾钠溶液、5 mL 氢氧化钠-氰化钾溶液及 1 mL 盐酸羟胺溶液，每加入一种试剂后均需摇匀，特别是加入酒石酸钾钠溶液后须充分摇匀。

加入 15 mL 双硫腙氯仿溶液，振摇 1 min，此步骤应迅速进行操作。

打开分液漏斗塞子放气（不要通过转动下面的活塞放气）。将氯仿层放入第二套已盛有 25 mL 冷酒石酸溶液的 125 mL 分液漏斗内，再用 10 mL 氯仿洗涤第一套分液漏斗，摇动 1 min 后，将氯仿层再放入第二套分液漏斗中，注意勿使水溶液进入第二套分液漏斗中。加入双硫腙以后，要立即进行以上两次萃取（双硫腙镉和被氯仿饱和的强碱长时间接触后会分解）。摇动第二套分液漏斗 2 min，然后弃去氯仿层。

加入 5 mL 氯仿于第二套分液漏斗中，摇动 1 min，弃去氯仿层，分离越仔细越好。按次序加入 0.25 mL 盐酸羟胺溶液和 15.0 mL 双硫腙氯仿溶液及 5 mL 氢氧化钠-氰化钾溶液，立即摇动 1 min，待分层后，将氯仿层通过一小团洁净脱脂棉滤入 30 mm 比色皿中。

（2）吸光度的测量。立即在 518 nm 的最大吸收波长处，以氯仿为参比测量氯仿层吸光度（注意第一次采用本方法时，应检验最大吸光度波长，以后的测定中均使用此波长）。由测量所得吸光度扣除空白试验吸光度值后，从校准曲线上查出镉量，然后按计算公式计算样品中的镉的含量。

3. 空白试验

按上述方法进行处理，但用 100 mL 蒸馏水代替试样。

七、结果表示

样品中镉的浓度 $c(\mu g/mL)$ 由下式计算：

$$c = \frac{m}{V}$$

式中　m——从校准曲线上求得镉量，μg；

　　　V——用于测定的水样体积，mL。

结果以两位有效数字表示。

任务五　水环境中有机物指标测定

一、挥发酚的测定

（一）方法原理

本方法的原理是用蒸馏法使挥发酚类化合物蒸馏出，并与干扰物质和固定剂分离。由于酚类化合物的挥发速度随馏出液体积而变化，因此馏出液体积必须与试样体积相等。被蒸馏出的酚类化合物，于 pH = 10.0±0.2 介质中，在铁氰化钾的作用下，与 4-氨基安替比林反应生成橙色的安替比林染料，用三氯甲烷萃取后，在 460 nm 波长下有最大吸收。

（二）试剂仪器

1. 试剂及药品

（1）无酚水：每升蒸馏水中加入 0.2 g 活性炭粉末，充分振摇后，放置过夜，用双层中速滤纸过滤。滤液中加入氢氧化钠使其呈强碱性，滴加高锰酸钾溶液至紫红色，移入全玻璃蒸馏器中加热蒸馏，集取馏出液，储于玻璃瓶中，取用时避免与橡胶制品接触。

（2）苯酚标准储备液：称取 1.00 g 无色苯酚（C_6H_5OH）溶于水，移入 1000 mL 容量瓶中稀释至标线，置于 4 ℃ 冰箱内保存，至少稳定 1 个月。

（3）酚标准中间液：吸取 5 mL 酚储备液置于 500 mL 容量瓶中，定容至标线，使用当天配置，浓度为 10.0 mg/L。

（4）酚标准使用液：吸取 10 mL 酚储备液置于 100 mL 容量瓶中，定容至标线，使用当天配置，浓度为 1.00 mg/L。

（5）缓冲溶液（pH = 10）：称取 20 g 氯化铵溶于 100 mL 氨水中，加塞，置于冰箱中保存。

（6）4-氨基安替比林溶液：称取 2 g 4-氨基安替比林溶于水，稀释至 100 mL，置于冰箱中保存，可使用 1 周。

（7）铁氰化钾溶液：称取 8 g 铁氰化钾溶于水，稀释至 100 mL，置于冰箱中保存，可使用 1 周。

（8）硫酸铜（1 g/L）。

（9）（1+9）磷酸。

（10）5%硫酸亚铁：称取 5 g 硫酸亚铁固体，溶入 100 mL 水中。

（11）甲基橙指示剂：0.5 g/L。

（12）三氯甲烷。

2. 仪器

分光光度计，30 mm 的比色皿，500 mL 锥形分液漏斗，500 mL 全玻璃蒸馏器，移液管等一般实验室常用仪器。

（三）操作步骤

（1）样品处理。取 250 mL 样品于蒸馏瓶中，加数粒玻璃珠和甲基橙指示剂，用磷酸溶液调节 pH 值至 4（溶液呈橙红色），加入 5 mL 硫酸铜溶液。连接冷凝器，加热蒸馏，至馏出液约 225 mL 时，停止加热，冷却。向蒸馏瓶中加入 25 mL 无酚水，继续蒸馏至馏出液为 250 mL。同时，用无酚水作为空白。

（2）样品测定。将馏出液 250 mL 移入分液漏斗，另取 8 个分液漏斗，分别加入 100 mL 无酚水，并依次加入 0 mL、0.25 mL、0.50 mL、1.00 mL、3.00 mL、5.00 mL、7.00 mL、10.00 mL 酚标准使用液，再加无酚水至 250 mL。

依次加入 2 mL 缓冲溶液、1.0 mL 4-氨基安替比林溶液、1.5 mL 铁氰化钾溶液，混匀，放置 10 min 显色。

加入 10.0 mL 三氯甲烷。振摇 2 min，静置分层。在颈管内塞一小团干脱脂棉或滤纸，将三氯甲烷层通过干脱脂棉或滤纸，弃去最初滤出的数滴萃取液后，将余下的三氯甲烷直接放入光程为 30 mm 的比色皿中，以三氯甲烷为参比测定其吸光度值。

（四）结果表示

样品中挥发酚的浓度：

$$\rho = \frac{A_s - A_b - a}{bV}$$

式中　ρ——试样中挥发酚的浓度，mg/L；

A_s——试样的吸光度值；

A_b——空白的吸光度值；

a——标准曲线的截距值；

b——标准曲线的斜率；

V——试样的体积，mL。

当计算结果<0.1 mg/L 时，有效数字为小数点后四位；当计算结果≥0.1 mg/L 时，保留三位有效数字。

二、石油类的测定

石油类的测定采用红外分光光度法（HJ 637—2018）。

（一）方法原理

水样在 pH≤2 的条件下用四氯乙烯萃取后使用硅酸镁吸附去除动植物油类等极性物质后，可以测定石油类。根据石油类物质在吸光度 A_{2930}、A_{2960} 和 A_{3030} 处有吸收，测定石油类的含量。

（二）试剂仪器

1. 试剂及药品

（1）硅酸镁：称取适量的硅酸镁于磨口玻璃瓶中，根据硅酸镁的重量，按6%（m/m）比例加入适量的蒸馏水，密塞并充分振荡数分钟，放置约 12 h 后使用。

（2）盐酸溶液。

（3）四氯乙烯。

（4）无水硫酸钠。

（5）正十六烷标准储备液，$\rho \approx 10000$ mg/L：称取 1.0 g（准确至 0.1 mg）正十六烷，用四氯乙烯定容至 100 mL，摇匀。0~4 ℃冷藏、避光保存。

（6）正十六烷标准使用液，$\rho \approx 1000$ mg/L：将正十六烷标准储备液用四氯乙烯稀释定容至 100 mL。

（7）异辛烷标准储备液，$\rho \approx 1000$ mg/L：称取 1.0 g（准确至 0.1 mg）异辛烷于 100 mL 容量瓶中，用四氯乙烯定容至 100 mL，摇匀。0~4 ℃冷藏、避光，可保存 1 年。

（8）异辛烷标准使用液，$\rho = 1000$ mg/L：将异辛烷标准储备液用四氯乙烯定容 100 mL。

（9）苯标准储备液，$\rho \approx 1000$ mg/L：称取 1.0 g（准确至 0.1 mg）苯，用四氯乙烯定容 100 mL，摇匀。0~4 ℃冷藏、避光可保存 1 年。

（10）苯标准使用液，$\rho = 1000$ mg/L：将苯标准储备液用四氯乙烯定容 100 mL。

2. 仪器

4 cm 石英比色皿、50 mL 三角瓶、水平振荡器、玻璃棉、玻璃漏斗、25 mL 的比色管、容量瓶。

（三）操作步骤

1. 样品处理

取 25 mL 萃取液和空白溶液（加入盐酸溶液调节 pH≤2 的蒸馏水）分别倒入装有 5 g 硅酸镁的 50 mL 三角瓶中，置于水平振荡器上，连续振荡 20 min，静置，将玻璃棉置于玻璃漏斗中，萃取液倒入玻璃漏斗过滤至 25 mL 比色管中。

2. 样品测定

（1）测定校正系数。取 2.00 mL 正十六烷标准使用液、2.00 mL 异辛烷标准使用液和 10.00 mL 苯标准使用液于 3 个 100 mL 容量瓶中，用四氯乙烯定容至标线，摇匀。正十六烷、异辛烷和苯标准溶液的浓度分别为 20.0 mg/L、20.0 mg/L 和 100 mg/L。

以 4 cm 石英比色皿加入四氯乙烯为参比，分别测量正十六烷、异辛烷和苯标准溶液在 2930 cm^{-1}、2960 cm^{-1}、3030 cm^{-1} 处的吸光度 A_{2930}、A_{2960}、A_{3030}。将正十六烷、异辛烷和苯标准溶液在上述波数处的吸光度按照式（2-1）联立方程，经求解后分别得到相应的校正系数 X、Y、Z 和 F。

$$\rho = XA_{2930} + YA_{2960} + Z\left(A_{3030} - \frac{A_{2930}}{F}\right) \tag{2-1}$$

式中　　　　　　　ρ——四氯乙烯中油类的含量，mg/L；

A_{2930}，A_{2960}，A_{3030}——各对应波数下测得的吸光度；

X，Y，Z——与各种 C—H 键吸光度对应的系数；

F——脂肪烃对芳香烃影响的校正因子，即正十六烷在 2930 cm^{-1} 与 3030 cm^{-1} 处的吸光度之比。

对于正十六烷和异辛烷，由于其芳香烃含量为 0，即 $A_{3030} - \dfrac{A_{2930}}{F} = 0$，则：

$$F = \frac{A_{2930}(\mathrm{H})}{A_{3030}(\mathrm{H})} \tag{2-2}$$

$$\rho(\mathrm{H}) = XA_{2930}(\mathrm{H}) + YA_{2960}(\mathrm{H}) \tag{2-3}$$

$$\rho(\mathrm{I}) = XA_{2930}(\mathrm{I}) + YA_{2960}(\mathrm{I}) \tag{2-4}$$

由式（2-2）可得 F 值，由式（2-3）和式（2-4）可得 X 和 Y 值。

对于苯，则有：

$$\rho(\mathrm{B}) = XA_{2930}(\mathrm{B}) + YA_{2960}(\mathrm{B}) + Z\left[A_{3030}(\mathrm{B}) - \frac{A_{2930}(\mathrm{B})}{F}\right] \tag{2-5}$$

由式（2-5）可得 Z 值。

式中　　　　　　　　$\rho(\mathrm{H})$——正十六烷标准溶液的浓度，mg/L；

$\rho(\mathrm{I})$——异辛烷标准溶液的浓度，mg/L；

$\rho(\mathrm{B})$——苯标准溶液的浓度，mg/L；

$A_{2930}(\mathrm{H})$，$A_{2960}(\mathrm{H})$，$A_{3030}(\mathrm{H})$——各对应波数下测得正十六烷标准溶液的吸光度；

$A_{2930}(\mathrm{I})$，$A_{2960}(\mathrm{I})$，$A_{3030}(\mathrm{I})$——各对应波数下测得异辛烷标准溶液的吸光度；

$A_{2930}(\mathrm{B})$，$A_{2960}(\mathrm{B})$，$A_{3030}(\mathrm{B})$——各对应波数下测得苯标准溶液的吸光度。

（2）样品的测定。用四氯化碳萃取水中的石油类物质（pH ≤2），然后加入硅酸镁吸附动植物的油类物质，总萃取物和石油类的含量均由波数分别为 2930 cm^{-1}、2960 cm^{-1} 和 3030 cm^{-1} 处的吸光度进行测量并计算。

$$\rho = \left[XA_{2930} + YA_{2960} + Z\left(A_{3030} - \frac{A_{2930}}{F}\right)\right] \cdot \frac{V_0 \cdot D}{V_{\mathrm{W}}}$$

式中　　　　　　　ρ——样品中石油类的浓度，mg/L；

X，Y，Z，F——校正系数；

A_{2930}，A_{2960}，A_{3030}——各对应吸光度下测得萃取液的吸光度；

V_0——溶剂的体积，mL；

V_W——样品体积，mL；

D——萃取液稀释倍数。

任务六　水环境中生物的指标测定

一、细菌总数的测定（HJ 1000—2018）

（一）方法原理

将采集的水样接种于营养琼脂培养基中，在 36 ℃培养 48 h 后，查出培养基上生长的需氧菌以及兼性厌氧菌的菌落总数即为水样中的细菌菌落总数。

（二）试剂仪器

1. 试剂及药品

（1）营养琼脂培养基。营养琼脂培养基见表 2-7。

表 2-7　营养琼脂培养基

成分	质量/g	成分	质量/g
蛋白胨	10	氯化钠	10
牛肉膏	3	琼脂	15~20

将上述成分溶于 1000 mL 水中，调节 pH 值至 7.4~7.6，分装于玻璃容器中，121 ℃高压蒸汽灭菌 20 min，避光干燥保存。

（2）无菌水。取适量实验用水，1 ℃高压蒸汽灭菌 20 min，备用。

2. 仪器

高压蒸汽灭菌锅、均质器、恒温培养箱、电炉、天平、无菌平皿、无菌试管、无菌刻度吸管或移液枪、无菌锥形瓶、酒精灯、菌落计数器。

（三）操作步骤

1. 样品采集

水样采集一般在距离水面 10~15 cm 处使用采样瓶采集水样，从水龙头采集自来水时，要先放水 3~5 min 后关闭水龙头，使用火焰灼烧或者酒精消毒后再放水 1 min，使用采样瓶采集水样。

2. 样品测定

（1）样品稀释。在无菌操作下吸取 10 mL 的水样，注入装有 90 mL 的无菌水的锥形瓶内，混合均匀，则为 1∶10 的水样稀释液。再次吸取 10 mL 的 1∶10 水样稀释液，注入装有 90 mL 的无菌水的锥形瓶内，此时则为 1∶100 的水样稀释液。重复上述方法，依次稀释成 1∶1000、1∶10000 的稀释液，每个样品最少需要稀释 3 个稀释度。

（2）接种培养。在无菌操作下取 1 mL 水样或是稀释过的水样，注入灭菌培养皿中，倾注 15~20 mL 的融化过并冷却到 44~47 ℃的营养琼脂培养基，来回转动培养基，使水样与培养基混合均匀。同时，在旁边使用另一个培养皿只注入无菌水替代水样作为其空白对照。待培养基凝固后放入培养箱，调节温度在 36 ℃培养 48 h，然后进行菌落计数。

（3）计数方法。

1）首先选择的是菌落总数在 30~300 的样品，若只有一个稀释度的平均菌落数符合此范围，则将其菌落总数乘以稀释的倍数作为细菌总数。

2）当有两个稀释度的水样的菌落数都在 30~300 时，则计算两者之间的比值，如果比值小于 2，则报告两者的平均数；如果比值大于 2，则报告稀释度较小的菌落数。

3）如果所有稀释度的菌落总数都大于 300，则报告稀释度最高的菌落总数乘以稀释倍数。

4）所有稀释度的菌落总数都小于 30 时，则报告稀释度最低的菌落总数乘以稀释倍数。

5）所有稀释度的菌落总数都不在 30~300 时，则报告最接近 30 或 300 的稀释倍数。稀释倍数及菌落总数见表 2-8。

表 2-8　稀释倍数及菌落总数

不同倍数稀释度的平均菌落数			两个稀释度的菌落数比 /CFU·mL⁻¹	菌落总数 /CFU·mL⁻¹
0	100	1000		
365	164	20	—	16400
2760	295	46	1.6	37750
2890	271	60	2.2	27100
150	30	8	2	1500
无法计数	1650	513		513000
27	11	5	—	270
无法计数	305	12	—	30500

二、总大肠菌群数的测定

大肠杆菌是人和许多动物肠道中最主要且数量最多的一种细菌，周身有鞭毛，可运动的一种无芽孢杆菌。主要生活在大肠内，在肠道中大量繁殖，在粪便中占有很大的比例。大肠杆菌的代谢类型是异养兼性厌氧型，所以在外界环境中不能正常存活很长时间。在环境卫生不良的情况下，常随粪便散布在周围环境中。

若在水中检出此菌，可认为此水被粪便污染，从而可能有肠道病原菌的存在。因此，大肠菌群数常作为饮用水的卫生学标准。《生活饮用水卫生标准》（GB 5749—2022）规定总大肠菌群（MPN/100 mL 或 CFU/100 mL）不得检出。测定方法有纸片快速法、酶底物法、多管发酵法。

（一）方法原理

总大肠菌群指的是在 37 ℃培养 24 h 后能够发酵乳糖、产酸产气，需氧和兼性厌氧的革兰氏阴性无芽孢杆菌。

按 MPN 法，将一定量的水样以无菌操作的方式接种到吸附有适量指示剂（溴甲酚紫和 2,3,5-氯化三苯基四氮唑，即 TTC）以及乳糖等营养成分的无菌滤纸上，在 37 ℃培养 24 h。因为细菌生长繁殖会产酸使 pH 值降低，所以溴甲酚紫指示剂由紫色变黄色。同时，在产气过程中，相应的脱氢酶在适宜的 pH 值内会催化底物脱氢还原 TTC 形成红色的不溶性三苯甲臜（TTF），即可在产酸后的黄色背景下显示出红色斑点（或红晕）。

通过上述指示剂的颜色变化就可对是否产酸产气进行判断，从而确定是否有总大肠菌群的存在，通过查 MPN（食品中大肠菌群数是以每 100 mL（g）检样内大肠菌群最近似数（the most probable number，MPN））表得出相应的大肠菌群浓度。

（二）试剂仪器

（1）试剂及药品。
1）水质总大肠菌群测试纸片：10 mL 水样量纸片、1 mL 水样量纸片。
2）无菌水：取适量实验用水，1 ℃高压蒸汽灭菌 20 min，备用。
（2）仪器。高压蒸汽灭菌锅、恒温培养箱、试管、无菌刻度吸管或移液枪、采样瓶。

（三）操作步骤

1. 样品采集

采集江、河、湖、库等地表水样时，可握住瓶子下部直接将带塞采样瓶插入水中，距水面 10~15 cm 处，瓶口朝水流方向，拔瓶塞，使水样灌入瓶内然后盖上瓶塞，将采样瓶从水中取出。如果没有水流，可握住瓶子水平前推。采好水样后，迅速扎上无菌包装纸。

从龙头装置采集样品时，不要选用漏水的龙头，采水前将龙头打开至最大，放水 3~5 min；然后将龙头关闭，用火焰灼烧约 3 min 灭菌，开足龙头，再放水 1 min，以充分除去水管中的滞留杂质。

2. 样品测定

清洁水样，接种水样总量为 55.5 mL，10 mL 水样量纸片 5 张，每张接种水样 10 mL，1 mL 水样量纸片 10 张，其中 5 张各接种水样 1 mL，另外 5 张各接种 1∶10 的稀释水样 1 mL。受污染水样，接种 3 个不同稀释度的 1 mL 稀释水样各 5 张。若纸片上出现红斑或红晕且周围变黄，则为阳性；纸片全片变黄，无红斑或红晕，为阳性；纸片部分变黄，无红斑或红晕，为阴性；纸片的紫色背景上出现红斑或红晕，而周围不变黄，为阴性；纸片无变化，为阴性。同时，用无菌水做空白实验，培养后的纸片上不得有任何颜色反应，否则该次样品测定结果无效。

清洁水样的参考接种量分别为 10 mL、1 mL、0.1 mL，受污染水样参考接种量根据污染程度可接种 1 mL、0.1 mL、0.01 mL 或 0.1 mL、0.01 mL、0.001 mL 等。大肠菌群不同样品种类的接种量如表 2-9 所示。

表 2-9 大肠菌群不同样品种类的接种量

样品种类	接种量/mL							
	10	1	0.1	10^{-2}	10^{-3}	10^{-4}	10^{-5}	10^{-6}
湖水、水源水	▲	▲	▲					
河水			▲	▲	▲			
生活污水					▲	▲	▲	
医疗机构排放废水		▲	▲	▲				
养殖业排放废水						▲	▲	▲

注：▲为各类型水样接种量。

3. 结果计算

根据不同接种量的阳性纸片数量，查 MPN 表（见表 2-10）得到 MPN 值（MPN/100 mL），按下式换算并报告 1 L 水样中总大肠菌群数或类大肠菌群数：

$$c = 100 \times \frac{M}{Q}$$

式中　c——水样总大肠菌群或粪大肠菌群浓度，MPN/L；

　　　M——查 MPN 表得到的 MPN 值，MPN/100 mL；

　　　Q——实际水样最大接种量，mL。

表 2-10 大肠菌群最大可能数（MPN）

各接种量阳性份数			MPN /100 mL	95%可信限值		各接种量阳性份数			MPN /100 mL	95%可信限值	
10 mL 管	1 mL 管	0.1 mL 管		下限	上限	10 mL 管	1 mL 管	0.1 mL 管		下限	上限
0	0	0	<2			2	0	0	5	<0.5	13
0	0	1	2	<0.5	7	2	0	1	7	1	17
0	1	0	2	<0.5	7	2	1	0	7	1	17
0	2	0	4	<0.5	11	2	2	0	9	2	21
1	0	0	2	<0.5	7	2	3	0	9	2	21
1	0	1	4	<0.5	11	2	3	0	12	3	28
1	1	0	4	<0.5	11	3	0	0	8	1	19
1	1	1	6	<0.5	15	3	0	1	11	2	25
1	2	0	6	<0.5	15	3	1	0	11	2	25

各接种量阳性份数			MPN /100 mL	95%可信限值		各接种量阳性份数			MPN /100 mL	95%可信限值	
10 mL 管	1 mL 管	0.1 mL 管		下限	上限	10 mL 管	1 mL 管	0.1 mL 管		下限	上限
3	1	1	14	4	34	5	1	2	63	21	150
3	2	0	14	4	34	5	2	0	49	17	130
3	2	1	17	5	46	5	2	1	70	23	170
3	3	0	17	5	46	5	2	2	94	28	220
4	0	0	13	3	31	5	3	0	79	25	190
4	0	1	17	5	46	5	3	1	110	31	250
4	1	0	17	5	46	5	3	2	140	37	310
4	1	1	21	7	63	5	3	3	180	44	500
4	1	2	26	9	78	5	4	0	130	35	300
4	2	0	22	7	67	5	4	1	170	43	190
4	2	1	26	9	78	5	4	2	220	57	700
4	3	0	27	9	80	5	4	3	280	90	850
4	3	1	33	11	93	5	4	4	350	120	1000
4	3	1	33	11	93	5	5	0	240	68	750
4	3	1	33	11	93	5	5	1	350	120	1000
5	0	2	43	15	110	5	5	2	540	180	1400
5	0	1	34	11	89	5	5	3	920	300	3200
5	0	2	43	15	110	5	5	4	1600	640	5800
5	1	0	33	11	93	5	5	5	≥2400	800	

三、粪大肠菌群测定

(一) 方法原理

多管发酵法（HJ 347.2—2018）是以最可能数（MPN）来表示实验结果的，是一种用概率来推算水体中的大肠杆菌密度的最近似数值的方法。

大肠菌群在乳糖蛋白胨培养基中生长繁殖，会分解乳糖产酸产气，使得溴甲酚紫指示剂由紫色变为黄色。44.5 ℃复发酵培养，培养基中的胆盐三号可抑制革兰氏阳性菌的生长，最后产气的为粪大肠菌群。通过查 MPN 表，得出粪大肠菌群浓度。

（二）试剂仪器

1. 试剂及药品

（1）单倍乳糖蛋白胨培养基，如表 2-11 所示。

表 2-11　单倍乳糖蛋白胨培养基

成分	质量/g	成分	体积/mL
蛋白质	10		
牛肉浸膏	3	1.6%溴甲酚紫乙醇溶液	1
乳膏	5		
氯化钠	5		

将蛋白质、牛肉浸膏、氯化钠加热溶解于 1000 mL 水中，调节 pH 值至 7.2~7.4，加入 1.6%溴甲酚紫乙醇溶液 1 mL，充分混匀，115 ℃高压蒸汽灭菌 20 min，避光干燥保存。

（2）三倍乳糖蛋白胨培养液：按上述方法称取 3 倍培养基的营养成分的量，溶于 1000 mL 水中，配成三倍乳糖蛋白胨培养基。

（3）EC 培养基，如表 2-12 所示。

表 2-12　EC 培养基

成分	质量/g	成分	质量/g
胰胨	20	磷酸氢二钾	4
乳糖	5	磷酸二氢钾	1.5
胆盐三号	1.5	氯化钠	5

将上述成分加热溶解于 1000 mL 水中，115 ℃高压蒸汽灭菌 20 min，灭菌后 pH 值应在 6.9 左右。

（4）无菌水：取适量实验用水，1 ℃高压蒸汽灭菌 20 min，备用。

2. 仪器

高压蒸汽灭菌锅、恒温培养箱、试管、无菌刻度吸管或移液枪、采样瓶。

（三）操作步骤

1. 样品采集

采集江、河、湖、库等地表水样时，可握住瓶子下部直接将带塞采样瓶插入水中，距水面 10~15 cm 处，瓶口朝水流方向，拔瓶塞，使水样灌入瓶内然后盖上瓶塞，将采样瓶从水中取出。如果没有水流，可握住瓶子水平前推。采好水样后，迅速扎上无菌包装纸。

从龙头装置采集样品时，不要选用漏水的龙头，采水前将龙头打开至最大，放水 3~5 min；然后将龙头关闭，用火焰灼烧约 3 min 灭菌，开足龙头，再放水 1 min，以充分除去水管中的滞留杂质。

2. 样品测定

（1）将水样充分混匀后，根据水样污染的程度确定样品接种量，如表 2-13 所示。例如，相对未受污染的水样接种量为 10 mL、1 mL、0.1 mL；受污染的水样接种量根据污染程度接种 1 mL、0.1 mL、0.01 mL 或 0.1 mL、0.01 mL、0.001 mL 等。接种体积为 10 mL 时，则使用三倍浓度乳糖蛋白胨培养基；接种体积≤1 mL 时，则使用单倍乳糖蛋白胨培养基。并同时准备一组空白对照。

（2）将接种过的水样和空白对照放入恒温培养箱，在 37 ℃ 培养 24 h，若试管内培养基变黄、有气泡产生，则为阳性。

（3）取呈阳性的水样，用接种环转接到 EC 培养基中，30 min 内放入恒温培养箱，在 44.5 ℃ 培养 24 h，若有气泡产生，则说明粪大肠杆菌呈阳性。

表 2-13　粪大肠菌群不同样品种类的接种量

样品种类		接种量/mL						
		10	1	0.1	0.01	0.001	0.0001	0.00001
地表水	水源	▲	▲	▲				
	湖泊、水库	▲	▲	▲				
	河流		▲	▲	▲			
废水	生活污水					▲	▲	▲
	工业废水 处理前					▲	▲	▲
	工业废水 处理后	▲	▲	▲				
地下水		▲	▲	▲				

注：▲为不同类型水样的接种量。

（4）计算水样中粪大肠菌群数（MPN/L）。

$$C = \frac{MPN \times 100}{f}$$

式中　C——水样中的大肠菌群数，MPN/L；

MPN——每 100 mL 水样中含有的大肠菌群数，MPN/100 mL；

f——水样的最大接种量，mL。

习　题

一、单选题

1. SS 通常是指（　　）。

　A. 悬浮物　　　　　　　B. 色度　　　　　　　C. 浊度　　　　　　　D. 透明度

2. 下面不是测定浊度的方法（　　）。

　　A. 分光光度法　　　　　B. 浊度仪法　　　　　C. 塞氏盘法　　　　　D. 稀释倍数法

3. 下面不是水的表观指标的是（　　）。
　　A. 色度　　　　　　　B. 浊度　　　　　　C. 悬浮物　　　　　D. 透明度

4. 必须在现场测量的指标是（　　）。
　　A. 温度　　　　　　　B. 色度　　　　　　C. 浊度　　　　　　D. 悬浮物

5. 用来测定色度的方法是（　　）。
　　A. 浊度仪法　　　　　B. 铂钴比色法　　　　C. 重量法　　　　　D. 塞氏盘法

6. 单选悬浮物测定时用（　　）μm 滤膜过滤。
　　A. 0. 2　　　　　　　B. 0. 85　　　　　　C. 0. 5　　　　　　D. 0. 45

7. 悬浮物是指（　　）。
　　A. 总残渣　　　　　　B. 总可滤残渣　　　　C. 总不滤残渣　　　D. 上述说法都对

8. 残渣测定通常采用（　　）。
　　A. 重量法　　　　　　B. 比色法　　　　　C. 稀释法　　　　　D. 电极法

9. 水的浊度大小与（　　）有关。
　　A. 色度大小　　　　　B. 温度高低　　　　C. 悬浮物多少　　　D. 臭味

10. 分光光度法测定浊度时的单位是（　　）。
　　A. mg/L　　　　　　B. SS　　　　　　C. NTU　　　　　D. mg

11. 用双硫腙分光光度法测定水样中的汞，二价汞离子与双硫腙反应比色测定的颜色是（　　）。
　　A. 黄色　　　　　　　B. 橙色　　　　　　C. 淡蓝色　　　　　D. 红色

12. 干灰化法处理样品不可用来测定（　　）。
　　A. 铜　　　　　　　　B. 铅　　　　　　　C. 汞　　　　　　　D. 锌

13. 砷的毒性与其存在的状态有极大的关系，具有强烈毒性的是（　　）价。
　　A. 三　　　　　　　　B. 一　　　　　　　C. 二　　　　　　　D. 五

14. 测定六价铬的水样需要添加（　　）来调节 pH 值。
　　A. 氨水　　　　　　　B. 硫酸　　　　　　C. 氢氧化钠　　　　D. 盐酸

15. 在水样中加入可防止铅离子沉淀的物质是（　　）。
　　A. 硝酸　　　　　　　B. 氢氧化钠　　　　C. 氢氧化铁　　　　D. 硫酸

16. 用双硫腙分光光度法测定汞时，加入的有机相是（　　）。
　　A. 乙醚　　　　　　　B. 三氯甲烷　　　　C. 乙醇　　　　　　D. 甲醇

17. 无 CO_2 的制备方法是（　　）。
　　A. 加热煮沸 10 min　　　　　　　　　　B. 亚硫酸钠后蒸馏
　　C. 加碱性高锰酸钾后蒸馏　　　　　　　　D. 加酸至 pH<2 后蒸馏

18. 用来测定硝酸盐氮的方法是（　　）。
　　A. 靛蓝酚比色法　　　　　　　　　　　B. 萘基乙二胺分光光度法
　　C. 纳氏试剂比色法　　　　　　　　　　D. 酚二磺酸分光光度法

19. 硝酸银滴定法测定水中的氯离子所用的指示剂（　　）。
　　A. 硝酸　　　　　　　B. 铬酸钾　　　　　C. 氢氧化钠　　　　D. 试亚铁灵

20. 氟化物广泛存在于天然水中，饮用水含氟的适宜浓度为（　　）。
　　A. 1. 0～4. 0 mg/L　　B. 0. 5～1. 0 mg/L　　C. 0. 1～0. 2 mg/L　　D. 0. 2～0. 5 mg/L

二、多选题

1. 用来测定色度的方法有（　　）。
　　A. 目视法　　　　　　B. 稀释倍数法　　　　C. 分光光度法　　　D. 重量法

2. 水质物理性质测定的指标有（　　　）。

   A. 色度　　　　　　　　B. 浊度　　　　　　　C. 温度　　　　　　　D. 透明度

3. 分光光度法测定浊度的标样由（　　　）组成。

   A. 硫酸肼　　　　　　　B. 硫酸　　　　　　　C. 六亚甲基四胺　　　D. 二苯碳酰二肼

4. 总残渣表征水中（　　　）含量。

   A. 溶解性物质　　　　　B. 不溶性物质　　　　C. 漂浮的树叶　　　　D. 有机物

5. 水质色度与（　　　）有关。

   A. 腐殖质　　　　　　　B. 泥沙　　　　　　　C. 浮游生物　　　　　D. 矿物质

6. 水中铬一般存在的离子态有（　　　）。

   A. 三价　　　　　　　　B. 一价　　　　　　　C. 六价　　　　　　　D. 二价

7. 测定六价铬需要加入的酸有（　　　）。

   A. 盐酸　　　　　　　　B. 磷酸　　　　　　　C. 硫酸　　　　　　　D. 硝酸

8. 能测定汞的仪器有（　　　）。

   A. 原子荧光法　　　　　　　　　　　　　　B. 原子吸收分光光度计

   C. 冷原子荧光法　　　　　　　　　　　　　D. 冷原子吸收分光光度计

9. 对于测定镉的水样消解后的说法正确的是（　　　）。

   A. 无色　　　　　　　　B. 有沉淀　　　　　　C. 透明　　　　　　　D. 澄清

10. 关于水中氨氮的说法正确的是（　　　）。

   A. pH 值超过 10 以上铵盐含量高　　　　　B. 主要以游离氨和铵盐形式存在

   C. 氨氮含量高时对水中生物有毒害作用　　D. 主要来源于污水中有机氮的分解

三、判断题

1. 在水质监测中测量的色度一般指表色。　　　　　　　　　　　　　　　　　（　　　）

2. 污水悬浮物指滤料上截留于 80 ℃烘至恒重的固体。　　　　　　　　　　　（　　　）

3. 铂钴比色法与稀释倍数法可同时测定水的色度，且两者有可比性。　　　　（　　　）

4. 目视比浊法也可以用来测定浊度。　　　　　　　　　　　　　　　　　　　（　　　）

5. 透明度是水质表观指标之一。　　　　　　　　　　　　　　　　　　　　　（　　　）

6. 水中重金属镉的污染主要来源于电镀、采矿、冶炼、电池等工业排放的污水。　（　　　）

7. 要测定清洁地表水中的二价铜离子，预处理的方法是加强酸消解处理。　　　（　　　）

8. 要测定水中的金属元素总量，预处理的方法可选择多元酸消解。　　　　　　（　　　）

9. 在水样中加入盐酸可防止金属沉淀。　　　　　　　　　　　　　　　　　　（　　　）

10. 砷化合物均有剧毒，三价砷毒性最强。砷是原生质毒，能与细胞系统的巯基（—SH）相结合，从而抑制巯基酶的活性，影响细胞的正常代谢，导致细胞死亡，并引起一系列严重的中毒症。　（　　　）

11. 在水样中加入氨水可防止金属沉淀。　　　　　　　　　　　　　　　　　　（　　　）

12. pH 值表征的是水体的总酸度。　　　　　　　　　　　　　　　　　　　　（　　　）

13. 水中氟的污染主要来源于电镀、采矿、冶炼、电子等工业排放的污水。　　（　　　）

14. 氟离子选择电极法测定水中的氟元素必须加入离子强度调节剂。　　　　　（　　　）

15. 检测水中 pH 值与总酸度意义相同。　　　　　　　　　　　　　　　　　　（　　　）

16. 蒸馏提取水中的氰根时用氨水来调节 pH 值。　　　　　　　　　　　　　（　　　）

项目三 水样的采集与处理

任务一 监测方案的制定

一、地表水监测方案的制定

1. 基础资料的收集

地表水是指地球表面的江、河、湖、海、运河、渠道和水库水。为了掌握水环境质量状况和水系中污染物浓度的动态变化及其变化规律，需要选择全流域或部分流域中有代表性的采样点进行水质监测。

水质监测时，不可能也没必要对全部水体进行测定，只取水体中的很少一部分进行分析，这种用来反映水体水质状况的水就是水样。将水样从水体中分离出来的过程就是采样，采集的水样必须具有代表性；否则，以后的任何操作都是徒劳。为了正确反映水体的水质状况，必须控制以下几个步骤：采样前的现场调查研究和资料收集、采样断面和采样点的设置、采样频率的确定、水样容器的洗涤、采样设备和采样方法、水样的保存方法、水样的运输和管理等。

采样地点的选择和监测网点的建立称为布点。只有合理地布点，并根据实际需要按一定的时间间隔准确而及时地采样，迅速送往实验室分析测定（对于易发生变化的项目在实验室又不能及时测定的情况下，采取一定的保护措施，以防止污染物的存在状态和含量发生变化），利用实验室正确的分析结果，才能如实地反映水质情况。

样品的代表性首先取决于采样断面和采样点的代表性。为了合理地确定采样断面和采样点，必须做好调查研究和资料收集工作。收集的主要资料具体如下：

（1）水体的水文、气候、地质和地貌资料。

（2）水体沿岸城市分布、工业布局、污染源及其排污情况、城市给排水情况等。

（3）水体沿岸水资源现状及用途。

（4）相关的环境保护方面的法律、法规、标准的规范以及历年水质监测资料、水文实测资料、水环境研究成果等。

2. 监测项目的确定

监测水质时，不可能也没必要对全部项目进行测定，要根据不同水体确定监测项目，不同地表水监测项目参考如表 3-1 所示。

表 3-1　不同地表水监测项目

水体分类	必测项目	选测项目
河流	水温、pH 值、溶解氧、高锰酸盐指数、化学需氧量、BOD_5、氨氮、总氮、总磷、铜、锌、硒、砷、汞、镉、铬（六价）、铅、氟化物、氰化物、硫化物、挥发酚、石油类、阴离子表面活性剂、粪大肠菌群	总有机碳、甲基汞，其他项目根据纳污情况由各级相关环境保护主管部门确定
集中式饮用水源地	水温、pH 值、溶解氧、悬浮物、高锰酸盐指数、化学需氧量、BOD_5、氨氮、总磷、总氮、铜、锌、氟化物、铁、锰、硒、砷、汞、镉、铬（六价）、铅、氰化物、挥发酚、石油类、阴离子表面活性剂、硫化物、硫酸盐、氯化物、硝酸盐和粪大肠菌群	三氯甲烷、四氯化碳、三溴甲烷、二氯甲烷、1,2-二氯乙烷、环氧氯丙烷、氯乙烯、1,1-二氯乙烯、1,2-二氯乙烯、三氯乙烯、四氯乙烯、氯丁二烯、六氯丁二烯、苯乙烯、甲醛、乙醛、丙烯醛、三氯乙醛、苯、甲苯、乙苯、二甲苯、异丙苯、氯苯、1,2-二氯苯、1,4-二氯苯、三氯苯、四氯苯、六氯苯、硝基苯、二硝基苯、2,4-二硝基甲苯、2,4,6-三硝基甲苯、硝基氯苯、2,4-二硝基氯苯、2,4-二氯苯酚、2,4,6 三氯苯酚、五氯酚、苯胺、联苯胺、丙烯酰胺、丙烯腈、邻苯二甲酸二丁酯、邻苯二甲酸二（2 乙基己基）酯、水合肼、四乙基铅、吡啶、松节油、苦味酸、丁基黄原酸、活性氯、滴滴涕、林丹、环氧七氯、对硫磷、甲基对硫磷、马拉硫磷、乐果、敌敌畏、敌百虫、内吸磷、百菌清、甲萘威、溴氰菊酯、阿特拉津、苯并（α）芘、甲基汞、多氯联苯、微囊藻毒素-LR、黄磷、钼、钴、铍、硼、锑、镍、钡、钒、钛、铊
湖泊水库	水温、pH 值、溶解氧、高锰酸盐指数、化学需氧量、BOD_5、氨氮、总磷、总氮、铜、锌、氟化物、硒、砷、汞、镉、铬（六价）、铅、氰化物、挥发酚、石油类、阴离子表面活性剂、硫化物和粪大肠菌群	总有机碳、甲基汞、硝酸盐、亚硝酸盐，其他项目根据纳污情况由各级相关环境保护主管部门确定

3. 监测断面和采样点的布设

监测断面是指在监测采样时，实施水样采集的沿水深的整个剖面。监测断面包括背景断面、对照断面、控制断面和削减断面四大类。

（1）监测断面的布设。

1）监测段面的布设原则。监测断面在总体和宏观上须能反映目标水体水环境质量状况。各断面的具体位置能反映所在区域环境的污染特征，尽可能以最少的断面获取足够有代表性的环境信息，同时还须考虑实际采样时的可行性和方便性。

2）在对调查研究结果和有关资料进行综合分析的基础上，根据水体尺度范围，考虑代表性、可控性及经济性等因素，确定断面类型和采样点数量，并不断优化。

3）有大量废水排入河流的主要居民区、工业区的上游和下游，支流与干流汇合处，入海河流河口处及受潮汐影响河段，国际河流出入国境线出入口，湖泊、水库出入口，应设监测断面。

4）饮用水水源地和流经主要风景游览区、自然保护区，以及与水质有关的地方病发病区、严重水土流失区及地球化学异常区的水域或河段，应设置监测断面。

5）监测断面的位置应避开死水区、回水区、排污口处，尽量选择水流平稳、水面宽阔、无浅滩的顺直河流。

6）监测断面应尽可能与水文测量断面重合；要求有明显岸边标志。

（2）监测段面的设置方法。为评价完整江河水系的水质，需要设置背景断面、对照断面、控制断面和削减断面；对于某一河段，只需设置对照断面、控制断面和削减（或过境）断面三种断面。河流监测断面典型设置示意图，如图 3-1 所示。

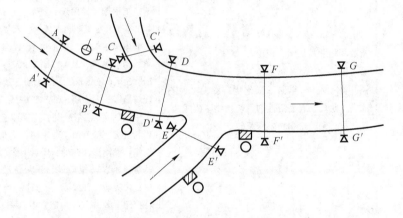

图 3-1　河流监测断面典型设置示意图

→：水流方向；⊕：自来水厂取水点；○：污染源；$A—A'$：对照断面；

$B—B'$、$C—C'$、$D—D'$、$E—E'$、$F—F'$：控制断面；$G—G'$：削减断面

1）对照断面。为水体中污染物监测及污染程度提供参比、对照而设置。能够了解流入监测河段前水体水质状况。因此这种断面应设在河流进入城市或工业区以前的地方，避开各种废水、污水流入或回流处。通常设在该区域所有污染源上游处，一个河段一般只设一个对照断面。有主要支流时，可酌情增加对照断面。

2）控制断面。控制断面又称污染控制断面，是指为了了解水体受监测河段两岸污染源影响程度及其变化情况而设置的断面。控制断面的数目应根据城市的工业布局和排污口分布情况而定，通常设在各排污区（口）下游 500～1000 m 处，较大支流汇合口上游和汇合后与干流充分混合处，河流入海口处，湖泊、水库出入河口处，国际河流出入国境交界口处。对特殊要求的地区，如城市饮用水水源区、水产集中养殖区、风景游览区、自然保护区、与水源有关的地方病发病区、严重水土流失区及地球化学异常区等的河段上也应设置控制断面。此外，还应考虑对纳污量的控制程度，即由各控制断面所控制的纳污量不

应小于该河段总纳污量的 80%。如果某河段的各控制断面均有 5 年以上的监测资料，可用这些资料优化，用优化结论来确定控制断面的位置和数量。

3）削减断面。削减断面是指河流受纳废水和污水后，经稀释扩散和自净作用，使污染物浓度显著降低的断面。通常设在城市或工业区最后一个排污口下游 1500 m 以外的河段上。

4）背景断面。背景断面是某一完整水系中未受人类生活和生产活动影响，远离城市居民区、工业区、农药化肥施放区及主要交通路线，能够提供水环境背景值的断面。原则上应设在水系源头处或未受污染的上游河段。

（3）潮汐河流监测断面的布设原则。潮汐河流监测断面的布设原则与其他河流相同。设有防潮桥闸的潮汐河流，根据需要在桥闸的上、下游分别设置断面。根据潮汐河流的水文特征，潮汐河流的对照断面一般设在潮区界上游。若感潮河段潮区界在该城市管辖的区域之外，则在城市河段的上游设置一个对照断面。潮汐河流的削减断面一般应设在河流接近入海口处。若入海口处于城市管辖区域外，则设在城市河段的下游。潮汐河流的监测断面位置，尽可能与水文监测断面一致或靠近，以便取得有关的水文数据。

（4）地表水监测垂线及采样点位的确定。在监测范围内合理布设了各种监测断面后，由于各监测断面的水面宽度不尽相同，应根据各监测断面宽度在监测断面上合理布设采样垂线，依次再进一步确定每条采样垂线上的采样点数量和位置。在一个监测断面上设置的采样垂线条数和每条采样垂线上的采样点数量和位置应按表 3-2 和表 3-3 确定。

表 3-2　每个采样断面上采样垂线条数的设置

断面宽/m	垂线条数	说明
≤50	1 条	（1）垂线布设应避开污染带，要测污染带应另加垂线； （2）确能证明该断面水质均匀时，可仅设中泓垂线； （3）凡在该断面要计算污染物通量时，必须按本表设置垂线
50~100	2 条（左右近岸有明显水流处）	
>100	3 条［设左、中、右 3 条垂线（中及左、右近岸有明显水流处）］	
>1500	至少设 5 条等距离垂线	

表 3-3　每条采样垂线上的采样点

水深/m	采样点数	采样点位置
≤5	1	水面下 0.3~0.5 m 处和水底以上 0.5 m 处
5~10	2	水面下 0.3~0.5 m 处和水底以上 0.5 m 处
10~50	3	水面下 0.3~0.5 m 处，1/2 水深处和水底以上 0.5 m 处
>50	酌情增加	

中泓垂线应设在除去河流两岸浅滩部分后的中间位置，左、右两条垂线应布设于由中线至岸边的中间部分。

湖泊、水库监测垂线上采样点的布设与河流的相同，但如果存在温度分层现象，应先测定不同水深处的水温、溶解氧等参数，确定分层情况后，再决定垂线上采样点位和数目，一般除在水面下 0.5 m 处和水底以上 0.5 m 处设点外，还要在每一斜温分层 1/2 处设点。

监测断面和采样点位确定后，其所在位置应有固定的天然标志物；如果没有天然标志物，则应设置人工标志物，或采样时用定位仪定位，使每次采集的样品都取自同一位置，保证其代表性和可比性。

4. 采样时间和采样频率的确定

（1）对较大水系干流和中小河流，全年采样不少于 12 次。至少全年采样不少于 6 次，采样时间为丰、枯和平水期，每期采样两次。

（2）流经城市工业区、污染较严重的河流、游览水域、饮用水源地等全年采样不少于 12 次，采样时间为每月一次。

（3）潮汐河流全年采样 3 次，丰、平、枯水期各一次，每次采样两天，分别在大潮期和小潮期进行，每次应采集当天涨、退潮水样分别测定。

（4）湖泊、水库全年采样两次，枯、丰水期各 1 次。若设有专门监测站，全年采样不少于 12 次，每月采样 1 次。

（5）要了解 1 天或几天内水质变化，可以在 1 天（24 h）内按一定时间间隔或 3 天内（72 h）分不同等份时间进行采样。遇到特殊情况时，增加采样次数。

（6）背景断面每年采样 1 次。

（7）遇有特殊自然情况，或发生污染事故时，要随时增加采样频率。

二、地下水监测方案的制定

1. 地下水的特征

地下水即储存在岩石空隙（孔隙、裂隙、溶隙）中和地表之下的水。地下水的采集还应考虑以下几方面。

（1）地下水流动较慢，所以水质参数的变化慢，一旦污染很难恢复，甚至无法恢复。

（2）地下水埋藏深度不同，温度变化规律也不同。近地表地下水的温度受气温影响，具有周期性变化，较深的年常温层中地下水温度比较稳定，水温变化不超过 0.1 ℃；但水样一经取出，其温度即可能有较大的变化。这种变化能改变化学反应速率，从而改变原来的化学平衡，也能改变微生物的生长速度。

（3）地下水所受压力较大，面对的环境条件与地面水不同，一旦取出，可溶性气体的溶入和逃逸，带来一系列化学变化，改变水质状况。例如，地下水富含 H_2S 但溶解氧较低，取出后 H_2S 的逃逸，大气中 O_2 的溶入，会发生一系列的氧化还原变化；水样吸收或放 CO_2 可引起 pH 值变化。

（4）由于采样器的吸附或沾污及某些组分的损失，水样的真实性将受到影响。

2. 调查研究和收集资料

地下水的特性决定了地下水布点的复杂性，因此布点前的调查研究和资料收集尤其重要，内容包括如下方面：

（1）收集、汇总区域内有关水文、地质方面的资料和以往的监测资料，包括地质图、剖面图、现有水井的有关参数（井位、钻井日期、井深、成井方法、含水层位置、抽水实验数据、钻探单位、使用价值、水质资料等）。

（2）收集作为地下水补给水源的江、河、湖、海的地理分布及其水文特征（水位、水深、流速、流量等），以及地下水径流和排泄方向、水质类型，水利工程设施，地表水的利用情况及其水质状况。对泉水出露位置，了解泉的成因类型、补给来源、流量、水温、水质和利用情况。

（3）了解水污染源类型及其分布情况、水质现状和地下水的开发利用情况。含水层和地质阶梯可用开孔钻探和调查的方法进行了解。

（4）调查区域内城市近期、中长期的发展规划，人口密度、工业分布、地下水资源开发和土地利用等情况；了解化肥和农药的施用面积与施用量；查清污水灌溉、排污、纳污及地表水污染现状。

（5）对地下水水位和水深进行实际测量。明确水位和水深即可决定采样器和采水泵的类型以及所需费用与采样程序。

在完成上述调查研究的基础上，确定主要污染源和污染物。根据地区特点及地下水的主要类型，将地下水分为若干个水文地质单元。

3. 地下水采样点的布设

地下水按理论条件分为潜水（浅层地下水）、承压水（深层地下水）和自流水。地下水监测以浅层地下水为主，利用各水分地质单元中原有的监测水井监测。也可以利用机井对深层地下水的各层水质进行监测。

（1）地下水背景值采样点的布设常做对照、比较之用，用一个不受或少受污染的地下水来测得。采样点应设在污染区的外围，若要查明污染状况，可贯穿含水层的整个饱和层，在垂直于地下水流方向的上方设置。若是新开发区，应在引入污染源前设背景值监测井点。

（2）污染地下水采样点的布设，地下水污染可分为点状污染、条状污染、带状污染和块状污染，这些污染是由渗坑、渗井和堆渣区的污染物在含水层渗透性的不同形式而产生的。例如，条带状污染的监测井的布设应沿地下水流向，用平行和垂直的监测断面控制；点状污染的监测井应在与污染源距离最近的地方布设；带状污染的监测井应用网状布点法设置垂直于河渠的监测断面；块状污染的监测井的布点应是平行和垂直于地下水流方向；地下水位下降的漏斗区的监测井采取平行于环境变化最大的方向和平行于地下水流方向。

对供城市饮用的主要地下水、工业用水和农田灌溉用的地下水，均应适当布设监测井，对人为补给的回灌井，要在回灌前后分别采样监测水质的变化情况。一般监测井在液面下 0.3～0.5 m 处采样。若有间温层或多含水层分布，可按具体情况分层采样。

采样井的位置确定后，要进行分区、分类、分级统一编号，利用天然标志或人工标志加以固定。

作为饮用水源的地下水，现有水井常被作为日常监测水质的现成采样点。当地下水受到污染需要研究其受污情况时，则常需设置新的采样点。例如在与河道相邻近地区新建了一个占地面积不大的垃圾堆场的情况，为了监测垃圾中污染物随径流渗入地下，并被地下水挟带转入河流的状况，应如图 3-2 所示设置地下水监测井。如果含水层渗透性较大，污染物会在此水区形成一个条状的污染带，则监测井位置应处在污染带内，并在邻近污染源一侧设点（A），在靠近河道一侧设点（B），而且监测井的进水部位应对准污染带所在位置。显然，在图3-2中C点或D点位置设井或设定的进水位置都是不适宜的。

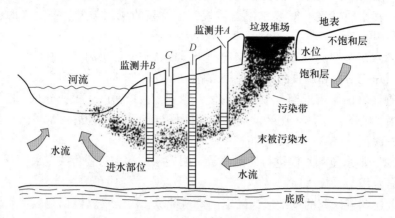

图3-2　地下水井监测采样点

4. 采样时间和采样频率

每年应在丰水期和枯水期分别采样，或按四季采样，有条件的监测站按月采样。每采一次样监测一次，十天后可再采一次样监测。对有异常情况的井点，应适当增加采样监测次数。

三、水污染源及底质监测方案的制定

1. 水污染源监测方案的制定

水污染源有工业污染源、生活污水源、医院污水源等。

（1）收集资料调查研究。

1）工业污染源。工厂名称、地址、企业性质、生产规模等；工艺流程和原理、工艺水平、能源类型、原材料类型、产品和产量；供水类型、水源、供水量、水的重复利用率；污水排放系统、排放规律；污染物种类、排放浓度、排放量；生产布局、排污口数量和位置、排污去向、控制方法、污水处理情况。

2）生活和医院污水源。城镇人口、居民区位置及用水量；医院分布和医疗用水量、排水量；城市污水处理厂运行状况、处理量；城市下水道管网布局；生活垃圾处置状况；农业用化肥、农药情况。

（2）采样点的设置。水污染源一般经管道或沟、渠排放，水的截面积较小，不需要监测断面，直接从确定的采样点采样。

1）车间或车间设备出口处。测定一类污染物。包括汞、镉、砷、铅、六价铬、有机氯和强致癌物质等。

2）工厂总排污口处。测定二类污染物。包括悬浮物、硫化物、挥发酚、氰化物、有机磷、石油类、铜、锌、氟及其他的无机化合物、硝基苯类、苯胺类。

3）污水处理设施出口处。为了解对污水的处理效果，可在进水口和出水口同时布点采样。

4）排污渠较直处。在排污渠道上，采样点应设在渠道较直、水量稳定、上游没有污水汇入处。

5）城市综合排污口。在一个城市的主要排污口或总排污口处；在污水处理厂的污水进出口处；在污水泵站的进水和安全溢流口处；在市政排污管线的入水处。

（3）采样时间和频次。工业废水的污染物含量和排放量常随工艺条件及开工率的不同有很大的差异，故采样时间、周期和频率的选择是一个比较复杂的问题。

1）一般情况下，可在一个生产周期内每隔0.5 h或1 h采样一次，将其混合后测定污染物的平均值。

2）如果取几个生产周期（如3～5个周期）的污水样的监测，可每隔2 h取样1次。

3）对于排污情况复杂、浓度变化大的污水，采样时间间隔要缩短，有时需要5～10 min采样1次，这种情况最好使用连续自动采样装置。

4）对于水质和水量变化比较稳定或排放规律性较好的污水，待找出污染物浓度在生产周期内的变化规律后，采样频率可大大降低，如每月采样两次。

5）城市排污管道大多数受纳10个以上工厂排放的污水，由于管道内污水已进行混合，故在管道出水口，可每隔1 h采样一次，连续采集8 h；也可连续采集24 h，然后将其混合制成混合样，测定各污染组分的平均浓度。

6）《环境监测技术规范》对向国家直接报送数据的污水排放源规定：工业废水每年采样监测2～4次；生活污水每年采样监测两次，春、夏季各一次；医院污水每年采样监测四次，每季度一次。

2. 底质监测方案的制定

底质监测是水环境监测的一部分，作为水环境监测的补充，在水环境监测中占据着特别重要的地位。

（1）通过底质监测，不仅可以了解水系污染现状，还可以追溯水系的污染历史，研究污染物的沉积规律、污染物归宿及其变化规律。

（2）根据各水文因素，能研究并预测水质变化趋势及沉积污染物质对水体的潜在危害。

（3）从底质中可检测出因浓度过低而在水中不易被检测出的污染物质，特别是能检测出因形态、价态及微生物转化而生成的某些新的污染物质，为发现、解释和研究某些特殊的污染现象提供科学依据。

因此，底质监测对于研究水系中各种污染物质的沉积转化规律，确定水系的纳污能力，研究水体污染对水生生物特别是底栖生物的影响，制定污染物质排放标准及环境预测等均具有重要价值。

（4）底质采样点的设置。

1）底质监测断面的设置原则与水质监测断面的相同，其位置尽可能和水质监测断面重合，以便于将沉积物的组成及其物理化学性质与水质监测情况进行比较。

2）底质采样点应尽量与水质采样点一致。底质采样点位通常为水质采样点位垂线的正下方。当正下方无法采样时，如水浅，因船体或采泥器冲击搅动底质，或河床为砂卵石时，应另选采样点重采。采样点不能偏移原来设置的断面（点）太远。采样后，应对偏移位置做好记录。

3）底质采样点应避开河床冲刷、底质沉积不稳定、水草茂盛表层及底质易受搅动处。

4）湖（库）底质采样点一般应设在主要河流及污染源排放口与湖（库）水混合均匀处。

（5）底质采样频率的确定。由于底质比较稳定，受水文、气象条件影响较小，因此采样频率远较水样的低，一般每年枯水期采样 1 次，必要时可在丰水期加采 1 次。

任务二　水样的采集

一、采样容器的选择及清洗

对于天然水体，为了采集具有代表性的水样，就要根据监测目的和现场实际情况来选定采集样品的类型和采样方法；对于工业废水和生活污水，应根据生产工艺、排污规律和监测目的，针对其流量和浓度都随时间变化的非稳态流体特性，科学、合理地设计水样采集的种类和采样方法。归纳起来，水样类型有如下五种。

（1）瞬时水样。瞬时水样是指在某一时间和地点从水中（天然水体或废水排水口）随机采集的分散水样。当监测水体的水质比较稳定，瞬时采集的水样已具有很好的代表性时，瞬时水样才可作为监测水样。

（2）平均混合水样（或等时混合水样）。平均混合水样是指某一时段内（一般为一昼夜或一个生产周期），在同一采样点按照相等时间间隔采集等体积的多个水样，经混合均匀后得到的等时混合水样。此类水样适用于采集排放污水的流量较稳定（变化小于20%），但水体中污染物浓度随时间有变化的废水。

（3）综合水样。综合水样是指在不同采样点同时采集的各个瞬时水样经混合后得到的水样。这类水样在某些情况下更具有实际意义，适用于在河流主流、多个支流和多个排污点处同时采样，或在工业企业内各个车间排放口同时采集水样的情况。以综合水样得到的水质参数作为水处理工艺设计的依据更有价值。

（4）平均比例混合水样。平均比例混合水样也称为流量比例混合水样，分为连续比例混合水样和间隔比例混合水样两种。在水流量不稳定时，连续比例混合水样是在选定采样时段内，根据废水排放流量，按一定比例连续采集的混合水样。间隔比例混合水样是根据一定的排放量间隔，分别采集与排放量有一定比例关系的水样混合而成的。

多支流河流、多个废水排放口的工业、企业等经常需要采集平均比例混合水样。因为平均比例混合水样可以保证监测结果具有代表性，并使工作量不会增加过多，从而节省人力和财力。

（5）单独水样。单独水样是为分析测定某单项指标而单独存放的水样。有些天然水和废水中，某些成分的分布很不均匀，如油类或悬浮固体；某些成分在放置过程中很容易发生变化，如溶解氧或硫化物；某些成分的现场固定方式相互影响，如氯化物或 COD 等综合指标。如果从采样大瓶中取出部分水样进行这些项目的分析测定，其结果往往失去了代表性。这时必须采集单独水样，分别进行现场固定，用于后续分析。

二、盛样容器的选择及清洗

（一）盛样容器的选择

盛装水样的容器有聚四氟乙烯塑料容器、聚乙烯塑料容器、硼硅玻璃容器和石英玻璃容器等。容器的材质对于水样运储期间的稳定性有影响，其与水样之间的相互作用有以下三个方面：

（1）溶解作用。容器材质可溶于水中。例如，从塑料容器中溶解下来的有机质、填料，从玻璃容器中溶解下来的钠、硅和硼等。

（2）吸附作用。容器材质吸附水中的某些组分。例如，玻璃吸附金属元素，塑料吸附有机质和金属元素。

（3）化学作用。水与容器材质发生化学反应。例如，氟化物与玻璃材质反应等。

近年来的研究和实验结果表明，材质本身的稳定性顺序为：聚四氟乙烯>聚乙烯>石英玻璃>硼硅玻璃。其中，高压低密度聚乙烯塑料容器（plastic，P）和玻璃容器（glass，G）都能基本达到盛装水样的材质要求。

塑料容器可用作测定金属、放射性元素和其他无机物的盛样容器；玻璃容器可用作测定有机物和生物等的盛样容器。对每种监测项目要使用的容器材质，我国《地表水水监测技术规范》中都做了具体规定。其总的要求是容器材质不能引起水样的污染。

容器的封口塞材质要尽量与容器材质一致。塑料容器用塑料螺口盖，玻璃容器通常情况下用玻璃磨口塞，在特殊情况下需要用木塞或橡皮塞时，必须用稳定的金属箔包裹。有机物和某些细菌监测样的样品容器不能用橡皮塞。盛放碱性液体样品的容器不能用玻璃塞。禁止用纸和不稳定金属做塞盖。

（二）容器的洗涤

采样前，选择合适的盛样容器和采样器具后，对盛样容器和采样器具要进行清洗。

容器的洗涤是处理容器内壁，以减少其对样品的污染或其他相互作用。容器的洗涤要根据水样测定项目的要求来确定清洗容器的方法。通用的洗涤方法是，玻璃瓶和塑料瓶用自来水和清洗剂清洗，以除去灰尘和油垢，用自来水冲洗干净后再用去离子水充分荡洗3次。对有特殊要求的容器的洗涤方法是，首先用自来水和清洗剂清洗，以除去灰尘和油垢，用自来水冲洗干净后，再分别按特殊要求进行处理。测定金属类的容器，使用前先用洗涤液清洗后，再用自来水冲洗干净，必要时用10%硝酸或盐酸剧烈振荡或浸泡，用自来水冲净后再用蒸馏水清洗干净；测定有机物的玻璃容器，先用洗涤剂清洗，再用自来水冲洗，然后用蒸馏水清洗干净，加盖存放备用；测定铬的容器，不能用铬酸洗液或盐酸洗液，只能用10%硝酸泡洗；测定总汞的采样容器，用1:3硝酸洗后放置数小时，然后用自来水和蒸馏水漂洗干净；测定油类的容器，按通常洗涤方法洗涤后，还要用萃取的洗涤液洗2~3次；细菌检验的采样容器，除进行普通清洗外，还要做灭菌处理，并在14天内使用。对盛样容器的洗涤方法，《水质采样样品的保存和管理技术规定》中进行了统一规定。容器的洗涤方法分为Ⅰ、Ⅱ、Ⅲ、Ⅳ类。

（1）常见监测项目的保存及容器洗涤要求见表3-4。

表 3-4 常见监测项目的保存及容器洗涤要求

序号	监测项目	采样容器	保存方法及保存剂用量	可保存时间	最少采样量/mL	容器洗涤方法	说明
1	pH 值	P 或 G		12 h	250	I	尽量现场测定
2	色度	P 或 G		12 h	250	I	尽量现场测定
3	浊度	P 或 G		12 h	250	I	尽量现场测定
4	气味	G	1~5 ℃冷藏	6 h	500		大量测定可带离现场
5	电导率	P 或 BG		12 h	250	I	尽量现场测定
6	悬浮物	P 或 G	1~5 ℃暗处	14 天	500	I	
7	酸度	P 或 G	1~5 ℃暗处	30 天	500	I	
8	碱度	P 或 G	1~5 ℃暗处	12 h	500	I	
9	二氧化碳	P 或 G	水样充满容器，低于取样温度	24 h	500		最好现场测定
10	溶解性固体			见"总固体"			
11	总固体	P 或 G	1~5 ℃冷藏	24 h	100		
12	化学需氧量	G	用 H_2SO_4酸化，pH≤2	2 天	500	I	
		P	−20 ℃冷冻	1 月	100		最长 6 m
13	高锰酸盐指数	G	1~5 ℃暗处冷藏	12 h	500	I	尽快分析
		P	−20 ℃冷冻	1 月	500		
14	五日生化需氧量	溶解氧瓶	1~5 ℃暗处冷藏	12 h	250	I	冷冻最长可保持 6 个月（浓度<50 mg/L保存1个月）
		P	−20 ℃冷冻	1 月	1000		
15	总有机碳	G	用 H_2SO_4酸化，pH≤2，1~5 ℃	7 天	250	I	
		P	−20 ℃冷冻	1 月	100		
16	溶解氧	溶解氧瓶	加入硫酸锰，碱性碘化钾叠氮化钠溶液，现场固定	24 h	500	I	尽量现场测定
17	总磷	P 或 G	用 H_2SO_4酸化，HCl酸化至 pH≤2	24 h	250	IV	
		P	−20 ℃冷冻	1 月	250		

续表 3-4

序号	监测项目	采样容器	保存方法及保存剂用量	可保存时间	最少采样量/mL	容器洗涤方法	说明
18	溶解性正磷酸盐			见"溶解磷酸盐"			
19	总正磷酸盐			见"总磷"			
20	溶解磷酸盐	P 或 G 或 BG	1~5 ℃冷藏	1 月	250		采样时现场过滤
		P	-20 ℃冷冻	1 月	250		
21	氨氮	P 或 G	加 H₂SO₄酸化至 pH≤2	24 h	250	I	
22	总氮	P 或 G	加 H₂SO₄酸化,pH=1~2	7 天	250	I	
		P	-20 ℃冷冻	1 月	500		
23	硫化物	P 或 G	水样充满容器。1 L 水样加 NaOH 至 pH=9,加入5%抗坏血酸5 mL,饱和 EDTA 3 mL,滴加饱和 Zn(Ac)₂,至胶体产生,常温避光	24 h	250	I	
24	阴离子表面活性剂	P 或 G	1~5 ℃冷藏,用 H₂SO₄酸化,pH=1~2	2 天	500	IV	不能用溶剂清洗
25	六价铬	P 或 G	NaOH,pH=8~9	14 天	250	酸洗III	
26	铜	P	HNO₃,1 L 水样加 HNO₃10 mL	14 天	250	III	
27	锌	P	HNO₃,1 L 水样加 HNO₃10 mL	14 天	250	III	
28	汞	P 或 G	HCl,1%,如水样为中性,1 L 水样中加浓 HCl 10 mL	14 天	250	III	
29	铅	P 或 G	HNO₃,1%,如水样为中性,1 L 水样中加浓 HNO₃ 10 mL	14 天	250	III	如用溶出伏安法测定,可改用 1 L 水样中加浓 HClO₄ 19 mL

序号	监测项目	采样容器	保存方法及保存剂用量	可保存时间	最少采样量/mL	容器洗涤方法	说明
30	砷	P 或 G	1 L 水样中加浓 HNO₃ 10 mL（DDT 法，HCl 2 mL）	14 天	250	Ⅲ	
31	硒	P 或 G	1 L 水样中加浓 HCl 2 mL 酸化	14 天	250	Ⅲ	
32	镉	P 或 G	HNO₃，1 L 水样加 HNO₃ 10 mL	14 天	250	Ⅲ	如用溶出伏安法测定，可改用 1 L 水样中加浓 HClO₄ 19 mL
33	总氰化物	P 或 G	NaOH，pH≥9，1~5 ℃冷藏	7 天，如果硫化物存在，保存 12 h	250	Ⅰ	

注：P 为聚乙烯瓶（桶），G 为硬质玻璃瓶，BG 为硼硅酸盐玻璃瓶。

（2）Ⅰ、Ⅱ、Ⅲ、Ⅳ表示四种洗涤方法。具体如下：

Ⅰ：洗涤剂洗 1 次，自来水洗 3 次，蒸馏水洗 1 次。对于采集微生物和生物的采样容器，须经 160 ℃热灭菌 2 h。经灭菌的微生物和生物采样容器必须在两周内使用，否则应重新灭菌。经 121 ℃高压蒸汽灭菌 15 min 的采样容器，如不立即使用，应于 60 ℃将瓶内冷凝水烘干，两周内使用。细菌检测项目采样时不能用水样冲洗采样容器，不能采混合水样，应单独采样，2 h 后送实验室分析。

Ⅱ：洗涤剂洗 1 次，自来水洗 2 次，（1+3）HNO₃ 荡洗 1 次，自来水洗 3 次，蒸馏水洗 1 次。

Ⅲ：洗涤剂洗 1 次，自来水洗 2 次，（1+3）HNO₃ 荡洗 1 次，自来水洗 3 次，去离子水洗 1 次。

Ⅳ：铬酸洗液洗 1 次，自来水洗 3 次，蒸馏水洗 1 次。如果采集污水样品，可省去用蒸馏水、去离子水清洗的步骤。

三、水样采集

（一）地表水样的采集

（1）采样方法。

1）船只采样。船只采样适用于一般河流和水库采样。利用船只到指定地点，用采样器采集一定深度的水样。此法灵活，但采样地点不易固定，使所得资料可比性较差。

2）桥梁采样。桥梁采样适用于频繁采样，并能横向、纵向准确控制采样点位置，尽量利用现有桥梁，勿影响交通。此法安全、可靠、方便，不受天气和洪水影响。

3）涉水采样。涉水采样适用于较浅的小河和靠近岸边水浅的采样点。采样时，避免搅动沉积物，采样者应站在下游，向上游方向采集水样。

4）索道采样。索道采样适用于地形复杂、险要，地处偏僻处的小河流，可架索道用采样器采集一定深度的水样。

（2）采水器。

1）水桶、瓶子。水桶、瓶子适用于采集表层水样。一般用水样冲洗水桶、瓶子2~3次。将其沉至水面下0.3~0.5 m处采集，去除水面漂浮物。

2）单层采水器。单层采水器适用于采集水流平缓的深层水样。单层采水器是一个装在金属框内用绳索吊起的玻璃瓶，框底有铅块，以增加质量，瓶口配塞，以绳索系牢，绳上标有高度，将采水瓶降落到预定的深度，然后将细绳上提，把瓶塞打开，水样便充满水瓶，如图3-3所示。

3）急流采水器。急流采水器适用于采集水流急、流量较大的水样。采集水样时，打开铁框的铁栏，将采样瓶用橡皮塞塞紧，再把铁栏扣紧，然后沿船身垂直方向伸入水深处，打开钢管上部橡皮管的夹子，水样便从橡皮塞的长玻璃管流入样瓶中，瓶内空气由短玻璃管沿橡皮管排出，如图3-4所示。

4）双层采水器。双层采水器适用于采集测定溶解性气体的水样。将采水器沉入所需的水深后，打开上部的橡胶管夹，水样进入小瓶并将空气驱入大瓶，从连接大瓶短玻璃管排出，直到大瓶中充满水样，提出水面后迅速密封，如图3-5所示。

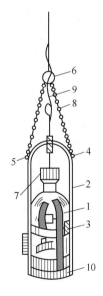

图3-3 单层采水器
1—水样瓶；2，3—采水瓶架；
4，5—平衡控制挂钩；
6—固定采水瓶绳的挂钩；
7—瓶塞；8—采水瓶绳；
9—开瓶塞的软绳；10—铅锤

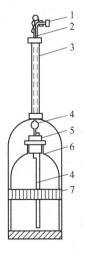

图3-4 急流采水器
1—夹子；2—橡胶管；3—钢管；
4—玻璃管；5—橡胶塞；
6—玻璃取样瓶；7—铁框

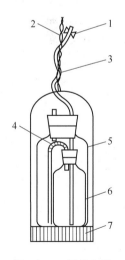

图3-5 双层采水器
1—夹子；2—绳子；3—橡皮管；
4—塑管；5—大瓶；6—小瓶；
7—带重锤的夹子

5）泵式采水装置。泵式采水装置属于机械式的装置。它由抽吸泵（常用的是真空泵）、采样瓶、安全瓶、采水管等部件构成。采水管的进水口固定在带有铅锤的链子或钢丝绳上，到达预定水层后，用泵抽吸水样。泵式采水装置可用于多种监测项目的样品采集，如图 3-6 所示。

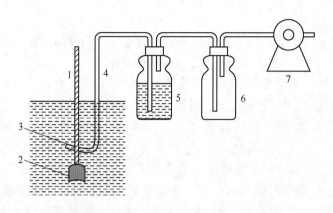

图 3-6　泵式采水装置
1—细绳；2—重锤；3—采样头；4—采样管；5—采样瓶；6—安全瓶；7—泵

6）固定式自动采水装置。这种采水装置是固定在采样点进行采水的自动装置。在一定位置上设置一个水泵，采水通过过滤后输入高位槽，过多的采水通过溢流排水管返回水体。高位槽内的试样水以一定时间间隔注入试样容器。为防止管路系统堵塞，应时常用自来水或超声波清洗器将其洗净。采水装置的整套动作都通过自动程序控制器予以控制，如图 3-7 所示。测定金属、油类、溶解氧、硫化物、pH 值、水生生物等项目的样品不宜用自动采水装置采样。

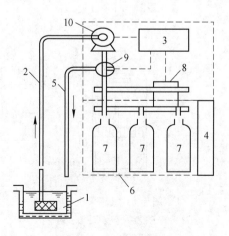

图 3-7　固定式自动采水装置
1—滤网；2—采水管；3—高位槽（自控单元）；4—冷却单元；5—溢流管；6—储样室；
7—水样瓶；8—水流切换器；9—水流切换阀；10—采水泵

7）比例组合式自动采水装置。采水装置在固定采样点、不同时间内，按水的流量比例确定各份水样量，注入采样容器后，得到一份混合水样。

8）直立式采水器。这种采水器主要由采水桶、采水器架和溶解氧瓶构成。采样时将采水桶和溶解氧瓶分别放入采水器架内的相应位置上，固定好，并连接好溶解氧瓶的乳胶管，关好侧门；然后换上带软绳的瓶塞，将直立式采样器慢慢放入水中；当到达预定水层时，分别提拉采水桶和溶解氧瓶瓶塞的软绳，将瓶塞打开，水便从溶解氧瓶灌入，空气从采水桶口排出；待水灌满后迅速提出水面，倒掉采水桶上部一层水。直立式采样器专门用于溶解氧水样的采集。

9）其他采水器。还有塑料手摇泵采水器以及电动采水器、连续自动定时采水器等。

（二）地下水样的采集

（1）采样方法。从监测井采集水样常利用抽水机设备。启动后，先放水数分钟，将积留在管道内的杂质及陈旧水排出，然后用采样容器接取水样。对于无抽水设备的水井，可选择适合的专用采水器采集水样；对于自喷泉水，可以在涌水口处直接采样；对于自来水，也要先将水龙头完全打开，放水数分钟，排出管道中积存的死水后再采样。

地下水的特点决定了地下水质比较稳定，一般采集瞬时水样，就能较好地代表地下水质状况。

（2）采水器。

1）简易采水器。简易采水器由塑料水壶和钢丝架组成，如图3-8所示。将采水器放到预定深度，拉开塑料水壶（洗净晾干的）进水口的软塞，待水灌满后提出水面，即可采集到水样。

2）改良的Kemmerer采水器。改良的Kemmerer采水器由带有软塞的滑动螺杆和水桶等部件组成，如图3-9所示，常用于采集地面水和地下水。

3）深层采水器。深层采水器如图3-10所示。采样时，将采水器下沉一定深度。扯动挂绳，打开瓶塞，待水灌满后，迅速提出水面，弃去上层水样，盖好瓶盖，并同步测定水深。

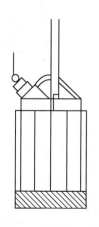

图3-8 简易采水器

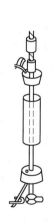

图3-9 改良的Kemmerer采水器

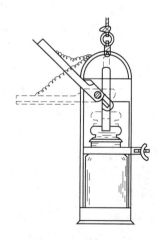

图3-10 深层采水器

（三）废水水样的采集

1. 采样方法和采样器

（1）采样方法。污水一般流量较小，且都有固定的排污口，所处位置也不复杂，因此采样方法和采样器也较简单。

1）浅水采样。水面距地面很近时，可用容器直接灌注，或用聚乙烯塑料长把勺采样，注意手不要接触污水。

2）深水采样。水面距地面较远时，可将聚乙烯塑料样品容器固定于负重架内，沉入一定深度的污水中采样，也可用塑料手摇泵或电动采水泵采样。

3）自动采样。在企业内部监测中，利用自动采水器或连续自动定时采水器采样，有利于为生产部门提供生产情况信息，也为环保提供有价值数据。

（2）采水器。采水器常使用聚乙烯塑料桶、金属（铜、铁等）桶、有机玻璃采水器、泵式采水器和自动采水器等。

2. 污水水样类型。

（1）瞬时污水样。一些工厂生产工艺过程连续、恒定，污水中污染组分及浓度随时间变化不大，采集瞬时水样具有较好的代表性。瞬时水样也适用于某些特定要求，如某些平均浓度合格，而高峰排放浓度超标的污水，可隔一定的时间采集瞬时水样，分别测定，将所得数据绘制成浓度-时间关系曲线，计算其平均浓度和高峰排放时的浓度。

（2）平均污水样。生产的周期性影响排污的规律性，使工业污水的排放量和污染组分的浓度随时间大幅度变化，只有增大采样和测定频率，才能使监测结果具有代表性，此时最好采用不增加采样频次的基础上采集平均混合水样，即在污水流量比较稳定时，每隔相同时间采集等量污水样混合而成的水样；以及采集平均比例混合水样，即在污水流量不稳定时，不同时间依据流量大小按比例采集污水样混合而成的水样。有时需要同时采集几个排污污水样，按比例混合，其监测结果代表采样时的综合排放浓度。

（四）底质（沉积物）的采样方法和采样器

采集底质表层样品采用挖掘方法，研究底质污染物垂直分布时，采用管式采样器采集柱状样品。

（1）挖掘式采样器。挖掘式采样器适用于采样量较大的表层底质样品。挖掘器装有一个斗，上面带有几个张口的爪，内装弹簧，用一根绳将采样器降到河底，采样时爪合上，如图3-11所示。采样量较少时，可用锥式采样器。

（2）管式泥芯采样器。管式泥芯采样器适用于采集柱状样品，以保持底质的分层结构。采样器是一个管，把管降到河底加以钻探，取得圆柱形样品。管上端有一活塞，防止管提起时溢出样品。如水深小于 3 m，可将竹竿粗的一端削成尖头斜面插入底质采样。

（3）其他的采样器。水深小于 0.6 m 时，可用长柄塑料勺直接采集表层底质样品。

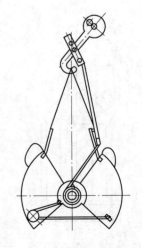

图 3-11　挖掘式底泥采样器

任务三　水样的保存和运输

一、水样变化原因分析

各种水质的水样，从采集到分析这段时间里，由于物理的、化学的、生物的作用会发生不同程度的变化，这些变化使得进行分析时的样品已不再是采样时的样品，为了使这种变化降低到最小的程度，必须在采样时对样品加以保护。

（一）水样变化的原因

（1）物理作用。光照、温度、静置或振动，敞露或密封等保存条件及容器材质都会影响水样的性质。如温度升高或强振动会使一些物质如氧、氰化物及汞等挥发；长期静置会使 $Al(OH)_3$、$CaCO_3$ 及 $Mg_3(PO_4)_2$ 等沉淀。某些容器的内壁能不可逆地吸附或吸收一些有机物或金属化合物等。

（2）化学作用。水样各组分间可能发生化学反应，从而改变了某些组分的含量与性质。例如，溶解氧或空气中的氧能使二价铁、硫化物等氧化，聚合物可能解聚，单体化合物也有可能聚合。

（3）生物作用。细菌、藻类及其他生物体的新陈代谢会消耗水样中的某些组分，产生一些新的组分，改变一些组分的性质，生物作用会对样品中待测的一些项目如溶解氧、二氧化碳、含氮化合物、磷及硅等的含量及浓度产生影响。

（二）水样保存的要求

适当的保护措施虽然能降低水样变化的程度和减缓其变化速度，但并不能完全抑制其变化。有些项目特别容易发生变化，如水温、溶解氧、二氧化碳等必须在采样现场进行测定。有一部分项目可在采样现场对水样进行简单的预处理，使之能够保存一定的时间。水样允许保存的时间与水样的性质、分析的项目、溶液的酸度、储存容器的材质、比表面积及存放的温度等多种因素有关。保存水样的基本要求如下：

（1）抑制微生物作用。
（2）减缓化合物或配合物的水解和氧化还原等化学作用。
（3）减少组分的挥发和吸附损失。

二、水样的保存方法

（一）水样保存意义

水样在储存期内发生变化的程度主要取决于水的类型及水样的化学性质和生物学性质，也取决于保存条件、容器材质、运输气候变化等因素。这些变化往往非常快，样品常在很短的时间内发生明显的变化，因此必须在采样时采取必要的保存措施，并尽快分析。保存措施在降低变化的程度或变化的速度方面是有作用的，但到目前为止，所有的保存措施还不能完全抑制这些变化。另外，不同类型的水，保存的效果也不同，饮用水很容易储存，因其对生物或化学的作用很不敏感，一般的保存措施对地表水和地下水可有效地储存，但对废水则不同。废水性质或废水采样地点不同，其保存的效果也就不同，如采自城市排水管网和污水处理厂的废水其保存效果不同，采自生化处理厂的废水及未经处理的废水其保存效果也不同。

分析项目决定废水样品的保存时间，有的分析项目要求单独取样，有的分析项目要求在现场分析，有的分析项目的样品能保存较长时间。由于采样地点和样品成分的不同，迄今为止还没有找到适用于一切场合和情况的绝对准则。在各种情况下，保存方法应与使用的分析技术相匹配。

（二）水样保存方法

（1）选择适宜的水样储存容器并按要求清洗干净、准备妥当。参见"采样容器的选择及清洗"小节。

（2）将水样充满容器至溢流并密封。

为避免样品在运输途中振荡，以及空气中的氧气、二氧化碳对容器内样品组成和待测项目的干扰，应使水样充满容器至溢流并密封保存。但对准备冷冻保存的样品不能充满容器；否则，水冻冰之后，因体积膨胀易致容器破裂。

（3）冷藏。水样冷藏时的温度应低于采样时水样的温度，水样采集后应立即放在冰箱或冰水浴中，置暗处保存，一般于 2~5 ℃冷藏，但冷藏法不适用于长期保存，对废水的保存时间则更短。

（4）冷冻（-20 ℃）。-20 ℃的冷冻温度一般能延长储存期。分析挥发性物质不适用于冷冻程序。如果样品中包含细胞、细菌或微藻类，在冷冻过程中，会破裂、损失细胞组分，同样不适于冷冻。冷冻需要掌握冻结和熔融的技术，以使样品在融解时能迅速地、均匀地恢复原始状态，用干冰快速冷冻是令人满意的方法。水样结冰时，体积膨胀，一般都选用塑料容器。

（5）加入化学试剂保存法。

1）加入生物抑制剂。为了抑制生物作用，可在样品中加入生物抑制剂。如在测定氨氮、硝酸盐氮、化学需氧量的水样中加入 $HgCl_2$，可抑制生物的氧化还原作用；对测定酚的水样，可用 H_3PO_4 调液的 pH 值，加入 $CuSO_4$，可控制苯酚菌的分解活动。

2）调节 pH 值。测定金属离子的水样常用 HNO_3 酸化至 pH 值为 1~2，既可防止重金属离子水解沉淀又可避免金属被器壁吸附，同时在 pH 值为 1~2 的酸性介质中还能抑制生物的活动；测定氰化物或挥发酚的水样加入 NaOH 调至 pH =12 时，使之生成稳定的酚盐等。测定六价铬的水样应加入 NaOH 调至 pH=8，因为在酸性介质中，六价铬的氧化电位高，易被还原。测定总铬的水样，则应加 HNO_3 酸化至 pH 值为 1~2。

3）加入氧化剂或还原剂。如测定汞的水样需加入 HNO_3（于 pH<1）和 $K_2Cr_2O_7$（0.05%），使汞保持高价态；测定硫化物的水样，加入抗坏血酸，可以防止被氧化；测定溶解氧的水样则需加入少量硫酸锰和碘化钾固定溶解氧等。

应当注意，加入的保存剂不能干扰以后的测定；保存剂的纯度必须达到分析的要求，还应做相应的空白实验，对测定结果进行校正。

（6）水样的过滤或离心分离。如欲测定水样中组分的全量，采样后应立即加入保存剂，分析测定时充分摇匀后再取样。如果测定可滤（溶解）态无机组分的含量，国内外均采用以 0.45 m 微孔滤膜过滤的方法，这样可以有效地除去藻类和细菌，滤后的水样稳定性好，有利于保存。测定不可过滤的无机组分时，应保留过滤水样用的滤膜备用。如没有 0.45 m 微孔滤膜，对泥沙型水样可用离心方法处理。测定有机项目的水样，可用砂芯漏斗或玻璃纤维漏斗过滤。

三、水样的运输

水样采集后必须立即送回实验室，根据采样点的地理位置和每个项目分析前最长可保存时间，选用适当的运输方式，在现场工作开始之前，就要安排好水样的运输工作，以防延误。

（一）水样运输管理

采集的水样，除供一部分监测项目在现场测定使用外，大部分水样要运回到实验室进行分析测试。必须根据采样点的位置和每个项目分析前最长可保存的时间，选用适当的运输方式，在现场工作开始之前，就要安排好水样的运输工作。在水样运输过程中，要保持水样的完整性，使之不受污染、损坏和丢失。

（1）水样运输前，应将容器的外（内）盖盖紧，装有水样的容器必须加以妥善保存和密封，并装在包装箱内固定，以防在运输途中破损。除防振、避免日光照射和低温运输外，还要防止新的污染物进入容器和沾污瓶口使水样变质。

（2）同一采样点的样品应装在同一包装箱内，如需分装在两个或几个箱子中，则需在每个箱内放入相同的现场采样记录表。

（3）运输前，应检查现场记录上的所有水样是否全部装箱。要用醒目的色彩在包装箱顶部和侧面标上"切勿倒置"的标记。

（4）每个水样瓶均需贴上标签，内容有采样点位编号、采样日期和时间、测定项目、保存方法，并写明用何种保存剂。

（5）在水样运送过程中，应有押运人员，每个水样都要附一张管理程序卡。在转交水样时，转交人和接收人都必须清点和检查水样并在登记卡上签字，注明日期。

（6）在运输途中如果水样超过了保质期，管理员应对水样进行检查。如果决定仍然进行分析，那么在出报告时，应明确标出采样时间和分析时间。

（二）运输注意事项

（1）根据采样记录和样品登记表清点样品，防止搞错。

（2）塑料容器要先塞紧内塞、旋紧外盖。

（3）玻璃瓶要先塞紧磨口塞，然后用细绳将瓶塞与瓶颈拴紧或用封口胶、石蜡封口（测油类水样除外）。

（4）防止样品在运输过程中因振动、碰撞而导致损失或玷污，最好将样品装桶运送。装运箱和盖要用泡沫塑料或瓦楞纸板作衬里和隔板。样品按顺序装入箱内，加盖前要先垫一层塑料膜，再在上面放泡沫塑料或干净的纸条，使盖能压住样品瓶。

（5）需冷藏的样品，应配备专门的隔热容器，放入制冷剂，将样品置于其中保存。

（6）冬季应采取保温措施，以免冻裂样品瓶。

（7）防止日光直射。

（三）样品的交接

在水样运送过程中，应有押运人员。水样送至实验室时，首先要检查水样是否冷藏，冷藏温度是否保持在 1 ~ 5 ℃。其次要验明标签、清点样品数量，确认无误时签字验收，交接双方填写好样品交接单。

任务四　水样的预处理

一、水样的消解

环境水样所含组分复杂，且多数污染组分含量低，形态各异，所以在分析测定之前，往往需要进行预处理，以得到欲测组分适合测定方法要求的形态、浓度和消除共存组分干扰的试样体系。在预处理过程中，常因挥发、吸附、污染等原因，造成欲测组分含量的变化，应根据回收率选择合适的预处理方法。下面介绍几种常用的预处理方法。

当测定含有机物水样中的无机元素时，需进行消解处理。消解处理的目的是破坏有机物，溶解悬浮性固体，将各种价态的欲测元素氧化成单一高价态或转变成易于分离的无机化合物。消解后的水样应清澈、透明、无沉淀。消解水样的方法有湿式消解法和干式分解法（干灰化法）。

（一）湿式消解法

（1）硝酸消解法。对于较清洁的水样，可用硝酸消解。其方法要点是：取混匀的水样 50 ~ 200 mL 于烧杯中，加入 5 ~ 10 mL 浓硝酸，在电热板上加热煮沸，蒸发至小体积，试液应清澈透明，呈浅色或无色；否则，应补加硝酸继续消解。蒸至近干，取下烧杯，稍冷后加 2% HNO_3（或 HCl）20 mL，温热溶解可溶盐。若有沉淀，应过滤，滤液冷却至室温后于 50 mL 容量瓶中定容，备用。

（2）硝酸-高氯酸消解法。硝酸、高氯酸都是强氧化性酸，联合使用可消解含难氧化有机物的水样。其方法要点是：取适量水样于烧杯或锥形瓶中，加 5 ~ 10 mL 硝酸，在电热板上加热、消解至大部分有机物被分解。取下烧杯，稍冷，加 2 ~ 5 mL 高氯酸，继续加热至开始冒白烟，如试液呈深色，再补加硝酸，继续加热至冒浓厚白烟将尽（不可蒸至干涸）。取下烧杯冷却，用 2% HNO_3 溶解，如有沉淀，应过滤，滤液冷却至室温定容备用。因为高氯酸能与羟基化合物反应生成不稳定的高氯酸脂，有发生爆炸的危险，因此先加入硝酸，氧化水样中的羟基化合物，稍冷后再加入高氯酸处理。

（3）硝酸-硫酸消解法。硝酸、硫酸都具有较强的氧化能力，其中硝酸沸点低，而硫酸沸点高，两者结合使用，可提高消解温度和消解效果。常用的硝酸与硫酸的比例为 5 : 2。

消解时，先将硝酸加入水样中，加热蒸发至小体积，稍冷，再加入硫酸、硝酸，继续加热蒸发至冒大量白烟，冷却，加适量水，温热溶解可溶盐，若有沉淀，应过滤。为提高消解效果，常加入少量过氧化氢。

该方法不适用于处理测定易生成难溶硫酸盐组分（如铅、钡、锶）的水样。

（4）硫酸-磷酸消解法。硫酸、磷酸的沸点都比较高，其中，硫酸氧化性较强，磷酸能与一些金属离子如 Fe^{3+} 等络合，故两者结合消解水样，有利于测定时消除 Fe^{3+} 等离子的干扰。

（5）硫酸-高锰酸钾消解法。硫酸-高锰酸钾消解法常用于消解测定汞的水样。高锰酸钾是强氧化剂，在中性、碱性、酸性条件下都可以氧化有机物，其氧化产物多为草酸根，但在酸性介质中还可继续氧化。消解要点是：取适量水样，加适量硫酸和5%高锰酸钾，混匀后加热煮沸、冷却，滴加盐酸羟胺溶液破坏过量的高锰酸钾。

（6）多元消解法。为提高消解效果，在某些情况下需要采用三元以上酸或氧化剂消解体系。例如，处理测总铬的水样时，可用硫酸、磷酸和高锰酸钾消解。

（7）碱分解法。当用酸体系消解水样造成易挥发组分损失时，可改用碱分解法，即在水样中加入氢氧化钠和过氧化氢溶液，或者氨水和过氧化氢溶液，加热煮沸至近干，用水或稀碱溶液温热溶解。

（二）干灰化法

干灰化法又称为高温分解法。其处理过程是：取适量水样于白瓷或石英蒸发皿中，置于水浴上蒸干，移入马弗炉内，于450~550℃灼烧到残渣呈灰白色，使有机物完全分解除去。取出蒸发皿，冷却，用适量2%HNO_3（或 HCl）溶解样品灰分，过滤，滤液定容后供测定。

本方法不适用于处理测定易挥发组分（如砷、汞、镉、硒、锡等）的水样。

二、水样的富集与分离

当水样中的欲测组分含量低于分析方法的检测限时，就必须进行富集或浓缩；当有共存干扰组分时，就必须采取分离或掩蔽措施。富集和分离往往是不可分割、同时进行的。常用的方法有过滤、挥发、蒸馏、溶剂萃取、离子交换、吸附、共沉淀、层析、低温浓缩等，要结合具体情况选择使用。

（一）挥发和蒸发浓缩

挥发是利用某些污染组分挥发度大，或者将欲测组分转变成易挥发物质，然后用惰性气体带出而达到分离的目的。例如，用冷原子荧光法测定水样中的汞时，先将汞离子用氯化亚锡还原为原子态汞，再利用汞易挥发的性质，通入惰性气体将其带出并送入仪器测定，该吹气分离装置示于图3-12；用分光光度法测定水中的硫化物时，先使之在磷酸介质中生成硫化氢，再用惰性气体载入乙酸锌-乙酸钠溶液吸收，从而达到与母液分离的目的。测定废水中的砷时，将其转变成砷化氢气体（AsH_3），用吸收液吸收后供分光光度计测定。

蒸发浓缩是指在电热板上或水浴中加热水样，使水分缓慢蒸发，达到缩小水样体积、浓缩欲测组分的目的。该方法无须化学处理，简单易行，尽管存在缓慢、易吸附损失等缺点，但无更适宜的富集方法时仍可采用。据有关资料介绍，用这种方法浓缩饮用水水样，可使铬、锂、钴、铜、锰、铅、铁和钡的浓度提高30倍。

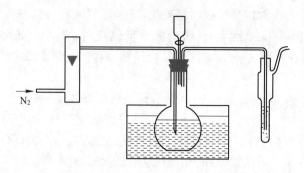

图 3-12　测定硫化物的吹气分离装置

（二）蒸馏法

蒸馏法是利用水样中各污染组分具有不同的沸点而使其彼此分离的方法。测定水样中的挥发酚、氰化物、氟化物时，均需先在酸性介质中进行预蒸馏分离。在此，蒸馏具有消解、富集和分离三种作用。图 3-13 为挥发酚和氰化物的蒸馏装置示意。氟化物既可用直接蒸馏装置，也可用水蒸气蒸馏装置；后者虽然对控温要求较严格，但排除干扰效果好，不易发生暴沸，使用较安全，如图 3-14 所示。

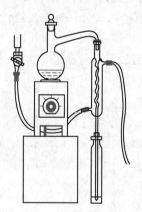

图 3-13　为挥发酚和氰化物的蒸馏装置示意图

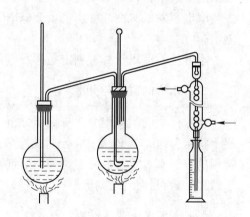

图 3-14　氟化物水蒸气蒸馏装置示意图

（三）溶剂萃取法

1. 原理

溶剂萃取法是基于物质在不同的溶剂相中分配系数不同，而达到组分的富集与分离，在水相-有机相中的分配系数（K）用下式表示：

$$K = \frac{\text{有机相中被萃取物浓度}}{\text{水相中被萃取物浓度}}$$

当溶液中某组分的 K 值大时，则容易进入有机相，而 K 值很小的组分仍留在溶液中。分配系数（K）中所指欲分离组分在两相中的存在形式相同，而实际并非如此，故通常用分配比（D）表示：

$$D = \frac{\sum [A]_{有机相}}{\sum [A]_{水相}}$$

式中　$\sum [A]_{有机相}$——欲分离组分 A 在有机相中各种存在形式的总浓度；

　　　$\sum [A]_{水相}$——组分 A 在水相中各种存在形式的总浓度。

与分配系数不同，分配比不是一个常数，随被萃取物的浓度、溶液的酸度、萃取剂的浓度及萃取温度等条件而变化。只有在简单的萃取体系中，被萃取物质在两相中存在形式相同时，K 才等于 D。分配比反映萃取体系达到平衡时的实际分配情况，具有较大的实用价值。被萃取物质在两相中的分配还可以用萃取率（E）表示，其表达式为：

$$E = \frac{有机相中被萃取物的量}{水相和有机相中被萃取物的总量} \times 100\%$$

分配比（D）和萃取率（E）的关系如下：

$$E = \frac{D}{D + \dfrac{V_{水}}{V_{有机}}} \times 100\%$$

式中　$V_{水}$——水相的体积；

　　　$V_{有机}$——有机相的体积。

当水相和有机相的体积相同时，两者的关系如图 3-15 所示。可见，当 $D = \infty$ 时，$E = 100\%$，一次即可萃取完全；当 $D = 100$ 时，$E = 99\%$，一次萃取不完全；需要萃取几次；当 $D = 10$ 时，$E = 90\%$，需连续萃取才趋于完全；当 $D = 1$ 时，$E = 50\%$，要萃取完全相当困难。

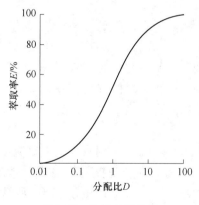

图 3-15　D 与 E 的关系

2. 类型

（1）有机物的萃取。分散在水相中的有机物易被有机溶剂萃取，利用此原理可以富集分散在水样中的有机污染物质。例如，用 4-氨基安替比林光度法测定水样中的挥发酚，当酚含量低于 0.05 mg/L 时，则水样经蒸馏分离后需再用三氯甲烷进行萃取浓缩；用紫外分光光度法测定水中的油和用气相色谱法测定有机农药（六六六、DDT）时，需先用石油醚萃取等。

（2）无机物的萃取。由于有机溶剂只能萃取水相中以非离子状态存在的物质（主要是有机物质），而多数无机物质在水相中均以水合离子状态存在，故无法用有机溶剂直接萃取。为实现用有机溶剂萃取，需先加入一种试剂，使其与水相中的离子态组分相结合，生成一种不带电、易溶于有机溶剂的物质。该试剂与有机相、水相共同构成萃取体系。根据生成可萃取物类型的不同，可分为螯合物萃取体系、离子缔合物萃取体系、三元络合物萃取体系和协同萃取体系等。在环境监测中，螯合物萃取体系用得较多。

螯合物萃取体系是指在水相中加入整合剂，与被测金属离子生成易溶于有机溶剂的中性螯合物，从而被有机相萃取出来。例如，用分光光度法测定水中的 Cd^{2+}、Hg^{2+}、Zn^{2+}、Pb^{2+}、Ni^{2+}、Bi^{2+} 等，双硫腙（整合剂）能使上述离子生成难溶于水的螯合物，可用三氯甲烷（或四氯化碳）从水相中萃取后测定，三者构成双硫腙-三氯甲烷-水萃取体系。

（四）吸附法

吸附法是先利用多孔性的固体吸附剂将水样中一种或数种组分吸附于表面，再用适宜溶剂加热或吹气等方法将欲测组分解吸，达到分离和富集的目的。

按照吸附机制可分为物理吸附和化学吸附。物理吸附的吸附力是范德华引力；化学吸附是在吸附过程中发生了化学反应，如氧化、还原、化合、络合等反应。常用于水样预处理的吸附剂有活性炭、氧化铝、多孔高分子聚合物和巯基棉等。活性炭可用于吸附金属离子或有机物，例如，对含微量 Cu^{2+}、Cd^{2+}、Pb^{2+}、Fe^{3+} 的水样，将 pH 值调节到 4.0~5.5，加入适量活性炭，置于振荡器上振荡一定时间后过滤，取下炭层滤纸，在 60 ℃下烘干，再将其放入烧杯中用少量浓热硝酸处理，蒸干后加入稀硝酸，使被测金属溶解，将所得悬浮液进行离心分离，上清液供原子吸收光谱测定。实验结果表明，该方法的回收率可达93% 以上。

多孔高分子聚合物吸附剂大多是具有多孔，且孔径均一的网状结构树脂，如 CDX（高分子多孔小球）、Tenax、PorapaK、XAD 等。这类吸附剂主要用于吸附有机物。例如，对测定痕量三卤代甲烷等多种卤代烃的水样作预处理时，先用气提法将水样中的卤代烃吹出，送入内装 Tenax 的吸附柱进行富集。此后，将吸附柱加热，使被吸附的卤代烃解吸，并用氦气吹出，经冷冻浓集柱后，转入气相色谱质谱（GC-MS）分析系统。

水样预处理过程是：将 pH 值调至 3~4 的水样以一定流速通过巯基棉管，待吸附完毕加入适量氯化钠盐酸解吸液，把富集在巯基棉上的烷基汞解吸下来，并收集在离心管内。向离心管中加入甲苯，振荡提取后静置分层，离心分离，所得有机相供色谱测定。

（五）离子交换法

离子交换法是利用离子交换剂与溶液中的离子发生交换反应进行分离的方法。离子交换剂分为无机离子交换剂和有机离子交换剂两大类，广泛应用的是有机离子交换剂，即离子交换树脂。

离子交换树脂是一种具有渗透性的三维网状高分子聚合物小球，在网状结构的骨架上含有可电离的活性基团，与水样中的离子发生交换反应。根据官能团不同，可分为阳离子交换树脂、阴离子交换树脂和特殊离子交换树脂。其中，阳离子交换树脂按照所含活性基团酸性强弱，又分为强酸型阳离子交换树脂和弱酸型阳离子交换树脂；阴离子交换树脂按其所含活性基团碱性强弱，又分为强碱型阴离子交换树脂和弱碱型阴离子交换树脂。在水样预处理中，最常用的是强酸型阳离子交换树脂和强碱型阴离子交换树脂。

强酸型阳离子交换树脂含有活性基团—SO_3H、—SO_3Na 等，一般用于富集金属阳离子。强碱型阴离子交换树脂含有—$N^+(CH_3)_3$ 基团，其中 X^- 为 OH^-、Cl^-、NO_3^- 等，能在酸性、碱性和中性溶液中与强酸或弱酸阴离子交换，应用较广泛。

用离子交换树脂进行分离的操作程序如下：

（1）交换柱的制备：如分离阳离子，则选择强酸型阳离子交换树脂。首先将其在稀盐酸中浸泡，以除去杂质并使之溶胀和完全转变成 H 型，然后用蒸馏水洗至中性，装入充满蒸馏水的交换柱中；注意防止气泡进入树脂层。需要其他类型的树脂，均可用相应的溶液处理。如用 NaCl 溶液处理强酸型树脂，可转变成 Na 型；用 NaOH 溶液处理强碱型树脂，可转变成 OH 型。

（2）交换：将试液以适宜的流速倾入交换柱，则欲分离离子从上到下一层层地发生交换过程。交换完毕，用蒸馏水洗涤，洗下残留的溶液及交换过程中形成的酸、碱或盐类等。

（3）洗脱：将洗脱溶液以适宜速度倾入洗净的交换柱，洗下交换在树脂上的离子，达到分离的目的。对阳离子交换树脂，常用盐酸溶液作为洗脱液；对阴离子交换树脂，常用盐酸溶液、氯化钠或氢氧化钠溶液作为洗脱液。对于分配系数相近的离子，可用含有机络合剂或有机溶剂的洗脱液，以提高洗脱过程的选择性。

离子交换技术在富集和分离微量或痕量元素方面得到较广泛的应用。例如，测定天然水中 K^+、Na^+、Ca^{2+}、Mg^{2+}、SO_4^{2-}、Cl^- 等组分，可取数升水样，让其流过阳离子交换再流过阴离子交换柱，则各组分交换在树脂上。用几十毫升至 100 mL 稀盐酸溶液洗脱离子，用稀氨液洗脱阴离子，这些组分的浓度能增加数十倍至百倍。又如，废水中的 Cr(Ⅲ) 以阳离子形式存在，Cr(Ⅵ) 以阴离子形式存在，用阳离子交换树脂分离 Cr(Ⅲ)，而 Cr(Ⅵ) 不能进行交换，留在流出液中，可测定不同形态的铬。

（六）共沉淀法

共沉淀现象是指溶液中一种难溶化合物在形成沉淀的过程中，将共存的某些痕量组分一起沉淀出来的现象。共沉淀现象在常量分离和分析中是力图避免的，但却是种分离富集微量组分的手段。例如，在形成硫酸铜沉淀的过程中，可使水样中浓度低至 0.02 μg/L 的 Hg^{2+} 共沉淀出来。

共沉淀的原理基于表面吸附、形成混晶、异电核胶态物质相互作用及包藏等。

（1）利用吸附作用的共沉淀分离。该方法常用的载体有 $Fe(OH)_3$、$Al(OH)_3$、$Mn(OH)_2$ 及硫化物等。由于它们是表面积大、吸附力强的非晶形胶体沉淀，故吸附和富集效率高。

例如，分离含铜溶液中的微量铝，仅加氨水不能使铝以 $Al(OH)_3$ 沉淀析出，若加入适量 Fe^{3+} 和氨水，则利用生成的 $Fe(OH)_3$，沉淀作载体，吸附 $Al(OH)_3$ 转入沉淀，与溶液中的 $Cu(NH_3)_4^{2+}$ 分离；用吸光光度法测定水样中的 Cr^{6+}，当水样有色、混浊、Fe^{3+} 含量低于 200 mg/L 时，可于 pH=8~9 条件下用氢氧化锌作共沉淀剂吸附分离干扰物质。

（2）利用生成混晶的共沉淀分离。当欲分离微量组分及沉淀剂组分生成沉淀时，如具有相似的晶格，就可能生成混晶而共同析出。

例如，硫酸铅和硫酸锶的晶形相同，如分离水样中的痕量 Pb^{2+}，可加入适量 Sr^{2+} 和过量可溶性硫酸盐，则生成 $PbSO_4$-$SrSO_4$ 的混晶，将 Pb^{2+} 共沉淀出来。有资料介绍，以 $SrSO_4$ 作载体，可以富集海水中 10^{-8} 的 Cd^{2+}。

（3）用有机共沉淀剂进行共沉淀分离。有机共沉淀剂的选择性较无机沉淀剂的高，得到的沉淀也较纯净，并且通过灼烧可除去有机共沉淀剂，留下欲测元素。

例如，在含痕量 Zn^{2+} 的弱酸性溶液中，加入硫氰酸铵和甲基紫，由于甲基紫在溶液中电离成带正电荷的大阳离子 B^+，它们之间发生如下共沉淀反应：

$$Zn^{2+} + 4SCN^- \Longrightarrow Zn(SCN)_4^{2-}$$
$$2B^+ + Zn(SCN)_4^{2-} \Longrightarrow B_2Zn(SCN)_4（形成缔合物）$$
$$B^+ + SCN^- \Longrightarrow BSCN\downarrow（形成载体）$$

$B_2Zn(SCN)_4$ 与 $BSCN$ 发生共沉淀，因而将痕量 Zn^{2+} 富集于沉淀之中。又如，痕量 Ni^{2+} 与丁二酮肟生成螯合物，分散在溶液中，若加入二酮肟二烷脂（难溶于水）的乙醇溶液，则析出固相的丁二酮肟二烷脂，便将丁二酮肟螯合物共沉淀出来。丁二酮肟二烷脂只起载体作用，称为惰性共沉淀剂。

任务五　水样的监测

以校园景观湖为监测对象进行水体监测，景观水体涉及比较广泛，水质要求相对不高，但景观水体大多是封闭型的，水体自净能力较差，常发生富营养化现象。

依据我国地表水水域环境功能和保护目标，按功能高低依次划分为五类：

Ⅰ类主要适用于源头水、国家自然保护区；

Ⅱ类主要适用于集中式生活饮用水地表水源地一级保护区、珍稀水生生物栖息地、鱼虾类产场、仔稚幼鱼的索饵场等；

Ⅲ类主要适用于集中式生活饮用水地表水源地二级保护区、鱼虾类越冬场、洄游通道、水产养殖区等渔业水域及游泳区；

Ⅳ类主要适用于一般工业用水区及人体非直接接触的娱乐用水区；

Ⅴ类主要适用于农业用水区及一般景观要求水域。

其中景观水达到第五类的水质标准，其水质标准按要求分为 A、B、C 三类，通常根据使用功能来确定，对 BOD 和重金属的测定有一定要求，见表 3-5。

表 3-5　景观水质标准

项目	类　别		
	A 类	B 类	C 类
色	颜色无异常变化		不超过 25 色度单位
嗅	不得含有任何已嗅		无明显已嗅

项目	类　别		
	A 类	B 类	C 类
悬浮物	不得含有漂浮的浮膜、油斑和聚集的其他物质		
透明度/m	1.2		0.5
水温	不高于近 10 年当月平均水温 2 ℃		不高于近 10 年当月平均水温 4 ℃
pH 值	6.5~8.5		
BOD_5/mg·L^{-1}	4	4	8
铬（六价）/mg·L^{-1}	0.02	0.02	0.05

具体监测方案的制定为：

（1）对景观湖监测对象进行分析。表观特征：包括水文、面积、水体状态等，校园景观湖形为不规则多边形，面积约 200 m^2，水深约为 1~2 m。水体基本静止，湖底结构不明。

按照行业标准，该湖应该属于 C 类：一般景观用水水体。

该地区雨量较少，光照充足，热量条件较好，年平均气温较高，一年内 7 月、8 月降水最多，12 月、1 月最少。

其他方面的特征如气味、色度、浊度等。

（2）监测目的。对人工湖水体进行监测，判断湖水是否符合娱乐用水标准

（3）分析湖水现状。湖水来源，包括自来水的补充和雨水；湖水功能，塑造校园景观环境，仅用来观赏湖。水内有一定的浑浊，能见度不高，所以主要的污染物有悬浮物和有机污染物，产生污染的原因是水体疏通不畅，造成水质腐败，水中微生物增多。

（4）采集水样。水样采集要先确定水样采集点，采样点一般要根据采样断面布设，所以采样断面先进行设置，只设置控制断面。

采样垂线，湖面宽≤50 m，只设置一条中泓垂线。

水深≤5 m，垂线上设一点采样点（即水面下 0.3~0.5 m 处）。

采样频率，一天三次，具体的采样时间间隔相同，一般为 6∶00、12∶00、18∶00。

（5）监测指标。监测的主要指标根据污染物，即景观水的一般要求确定 10 个监测指标，分别为 pH 值、溶解氧、悬浮物、BOD_5、浊度、嗅味、总氮和总磷，以及电导率、水温、微生物和底质的监测。在具体监测过程中根据所需选择具体监测项目。

任务六　数据的记录及处理

水体监测的成果就是监测数据，数据的准确记录及处理非常重要。采集到的每一个水样都要做好记录，并在每个瓶子做相应的标记。

要记录足够的资料，为日后水样鉴别提供详细依据，同时记述水样采集者的姓名、气候条件等。记录如表 3-6、表 3-7 所示。

表 3-6　水样采样记录表

水体名称		断面名称		经度	度　分　秒	断面周边	
				纬度	度　分　秒	环境描述	
采样日期		天气状况		气温		河宽/m	约	断面水质	
				气压		河深 (湖库)/m	约	表观	

采样位置		采样 时间	样品 编号	监测 项目	样品储存容器			采样 体积	保存剂		保存 方式	样品状态 感观描述	水温	pH 值	电导率
垂线	深度				材质	颜色	容量		名称	添加量					

备注	1. G 为玻璃瓶；P 为塑料瓶。 2. 保存方式：①加硫酸至 pH<2；②加盐酸至 pH<2；③加盐酸 5 mL；④加硝酸 5 mL；⑤加氢氧化钠至 pH＝8~9；⑥加氢氧化钠至 pH>12；⑦加磷酸至 pH＝3~4，再加入五水硫酸铜 0.5 mg；⑧加乙酸锌-乙酸钠 1 mL，再加氢氧化钠至胶体产生；⑨加甲醛 2 mL；⑩低温保存（冷藏）

采样人：　　　　　　　　　　　　　　　　　　　　　　　　　　　年　月　日
送样人：　　　　　　　　　　　　　　　　　　　　　　　　　　　年　月　日
收样人：　　　　　　　　　　　　　　　　　　　　　　　　　　　年　月　日

表 3-7　水样监测记录表

项目名称：		检测人员：	送样日期：	检测日期：
采样点	序列	检测项目	数值	判定标准
采样点 1	1	水温		
	2	透明度		
	3	pH 值		
	4	电导率		

　　数据是通过样品采集、样品保存与运输、样品预处理、分析测试等步骤得来的。错误的数据必然导致错误的判断和错误的决策，它的后果是十分严重的。怎样才能保证数据的正确性，这就涉及水质监测质量保证的问题。

　　水质监测质量保证是确保监测结果准确可靠的基础和前提，贯穿于整个监测过程，是环境监测的重要组成部分，只有取得合乎质量要求的监测结果，才能正确地指导人们认识环境、评价环境、管理环境和治理环境。

　　水质监测质量保证要对数据质量进行评价，目的是确保分析数据达到预定的准确度和精确度，而准确度和精确度是水质监测质量保证中数据处理技术的一部分。

一、数据处理的基本概念

（1）真值。在某一时刻、某一位置或状态下，某量的效应体现出的客观值或实际值称为真值。真值分为理论真值、约定真值和相对真值三种。

1）理论真值。由理论推导或验证所得到的数值即为理论真值。例如三角形内角之和等于 $180°$。

2）约定真值。由国际计量大会定义的国际单位制（包括基本单位、辅助单位和导出单位）所定义的真值称为约定真值。如长度单位米，是光在真空中于 $1/299792458s$ 的时间间隔内的运行距离。

3）相对真值。标准器（包括标准物质）给出的数值为相对真值。高一级标准器的误差为低一级标准器或普通计量仪器误差的 $1/5$（或 $1/20 \sim 1/3$）时，即可认为前者给出的数值对后者是相对真值。

（2）误差。环境监测常使用各种测试方法来完成。由于被测量的数值形式通常不能以有限位数表示，或由于认识能力的不足和科学技术水平的限制，测量值与真值并不完全一致，表现在数值上的这种差异即为误差。任何测量结果都具有误差，误差存在于一切测量的全过程中。

误差按其产生的原因和性质可分为系统误差、随机误差和过失误差。误差有绝对误差和相对误差两种表示方法。

（3）偏差。个别测量值（χ_i）与多次测量平均值（$\bar{\chi}$）的偏离称为偏差。偏差分为绝对偏差、相对偏差、平均偏差、相对平均偏差、标准偏差、相对标准偏差和方差等。

（4）极差。极差为一组测量值内最大值与最小值之差，以 R 表示。

$$R = \chi_{max} - \chi_{min}$$

（5）总体和个体。研究对象的全体称为总体，而其中的某个元素就称为个体。

（6）样本和样本容量。总体中的一部分称为样本，样本中含有个体的数量称为此样本的容量，记作 n。

（7）平均数。平均数代表一组测量值的平均水平。当对样本进行测量时，大多数测量值都靠近平均数。最常用的平均数（简称均数）是算术均数，其定义为

$$样本均数 \bar{\chi} = \frac{\sum \chi_i}{n}$$

$$总体均数 \mu = \frac{\sum \chi_i}{n} \quad (n \to \infty)$$

（8）有效数字。在环境监测工作中需要对大量的数据进行记录、运算、统计、分析。分析实验中实际能测量得到的数字称为有效数字，它包括确定的数字和一位不确定的数字。有效数字不仅表示出数量的大小，同时反映了测量的精确程度。

有效数字的修约规则是"四舍六入五考虑；五后非零则进一，五后皆零视奇偶，五前为偶应舍去，五前为奇则进一"。

二、可疑值的取舍

对于一次测量的数据常会遇到这样一些情况，如一组分析数据，有个别值与其他数据

相差较大；多组分析数据，有个别组数据的平均值与其他组的平均值相差较大，把这种与其他数据有明显差别的数据称为可疑数据。这些可疑数据的存在往往会显著地影响分析结果，当测定数据不多时，影响尤为明显。因为正常数据具有一定的分散性，所以对于这种数据，既不能轻易保留，也不能随意舍弃，应对它进行检验，常用的判别方法有以下两种。

（一）Q 检验法

Q 检验法（Dixon 检验法）常用于检验一组测定值的一致性，剔除可疑值。其具体步骤如下。

（1）将测定结果按从小到大的顺序排列：x_1、x_2、x_3、…、x_n。其中 x_1 和 x_n 分别为最小可疑值和最大可疑值。

（2）根据测定次数 n 计算 Q 值，计算公式见表 3-8。

（3）再在表 3-8 中查得临界值（Q_x）。

（4）将计算值 Q 与临界值 Q_x 比较，若 $Q \leqslant Q_{0.05}$，则可疑值为正常值，应保留；若 $Q_{0.05} < Q \leqslant Q_{0.01}$，则可疑值为偏离值，可以保留；若 $Q > Q_{0.01}$，则可疑值应予剔除。

表 3-8　Q 检验的统计量计算公式与临界值

统计量	n	显著性水平 α		统计量	n	显著性水平 α	
		0.01	0.05			0.01	0.05
$Q = \dfrac{x_n - x_{n-1}}{x_n - x_1}$（检验 x_n） $Q = \dfrac{x_2 - x_1}{x_n - x_1}$（检验 x_1）	3	0.988	0.941		14	0.641	0.546
	4	0.889	0.765		15	0.616	0.525
	5	0.780	0.642		16	0.595	0.507
	6	0.698	0.560		17	0.577	0.490
	7	0.637	0.507	$Q = \dfrac{x_n - x_{n-2}}{x_n - x_3}$（检验 x_n） $Q = \dfrac{x_3 - x_1}{x_{n-2} - x_1}$（检验 x_1）	18	0.561	0.475
$Q = \dfrac{x_2 - x_1}{x_{n-1} - x_1}$（检验 x_1） $Q = \dfrac{x_n - x_{n-1}}{x_n - x_2}$（检验 x_n）	8	0.683	0.554		19	0.547	0.462
	9	0.635	0.512		20	0.535	0.450
	10	0.597	0.477		21	0.524	0.440
$Q = \dfrac{x_n - x_{n-2}}{x_n - x_2}$（检验 x_n） $Q = \dfrac{x_3 - x_1}{x_{n-1} - x_1}$（检验 x_1）	11	0.679	0.576		22	0.514	0.430
	12	0.642	0.546		23	0.505	0.421
	13	0.615	0.521		24	0.497	0.413
					25	0.489	0.406

【例题 3-1】　某一试验的 5 次测量值分别为 2.50、2.63、2.65、2.63、2.65，试用 Q 检验法检验测定值 2.50 是否为离群值。

解：从表 3-8 中可知，当 $n = 5$ 时，用下式计算。

$$Q = \frac{x_2 - x_1}{x_n - x_1} = \frac{2.63 - 2.50}{2.65 - 2.50} = 0.867$$

查表 3-8，当 $n=5$，$\alpha=0.01$ 时，$Q_{(5,0.01)}=0.780$，$Q>Q_{(5,0.01)}$，故 2.50 可予以舍去。

Q 检验的缺点是没有充分利用测定数据，仅将可疑值与相邻数据比较，可靠性差。在测定次数少时，如 3~5 次测定，误将可疑值判为正常值的可能性较大。Q 检验可以重复检验至无其他可疑值为止。但要注意 Q 检验法检验公式，随 n 不同略有差异，在使用时应予注意。

（二）T 检验法

T 检验法（Grubbs 检验法）常用于检验多组测定值的平均值的一致性，也可以用它来检验同组测定中各测定值的一致性。以同一组测定值中数据一致性的检验为例，来介绍它的检验步骤。

（1）将各数据按大小顺序排列：x_1、x_2、x_3、$\cdots$、x_n。求出算术平均值 $\bar{x}$ 和标准偏差 s。将最大值记为 x_{max}，最小值记为 x_{min}，这两个值是否可疑，则需计算 T 值。

（2）计算 T 值可以使用下式。

$$T = \frac{\bar{x} - x_{min}}{s} \quad 或 \quad T = \frac{x_{max} - \bar{x}}{s}$$

（3）T 检验临界值见表 3-9（不做特别说明时，α 取 0.05），查该表得 T 的临界值 $T_{(\alpha,n)}$。

表 3-9　T 检验临界值

次数 n 组数 l	自由度 $n-l$	置信度 α		次数 n 组数 l	自由度 $n-l$	置信度 α	
		0.05	0.01			0.05	0.01
3	2	1.153	1.155	14	13	2.371	2.659
4	3	1.463	1.492	15	14	2.409	2.705
5	4	1.672	1.749	16	15	2.443	2.747
6	5	1.822	1.944	17	16	2.475	2.785
7	6	1.938	2.097	18	17	2.504	2.821
8	7	2.032	2.221	19	18	2.532	2.854
9	8	2.110	2.323	20	19	2.557	2.884
10	9	2.176	2.410	21	20	2.580	2.912
11	10	2.234	2.485	31	30	2.759	3.119
12	11	2.285	2.550	51	50	2.963	3.344
13	12	2.331	2.607	101	100	3.211	3.604

（4）如果 $T \geq T_{(\alpha,n)}$，则所怀疑的数据 x_1 或 x_n 是异常的，应予剔除；反之应予保留。新计算 $\bar{x}$ 和 s，求出新的 T 值，再次检验，依次类推，直到无异常的数据为止。

【例题 3-2】 10 个实验室分析同一样品，各实验室测定的平均值按大小顺序为 4.41、4.49、4.50、4.51、4.64、4.75、4.81、4.95、5.01、5.39，用 T 检验法检验最大均值 5.39 是否应该被删除。

解：

$$\bar{\bar{x}} = \frac{1}{10} \sum_{i=1}^{10} \bar{x}_i = 4.746$$

$$s_{\bar{x}} = \sqrt{\frac{1}{10-1} \sum_{i=1}^{10} (\bar{x}_i - \bar{\bar{x}})^2} = 0.305$$

$$\bar{x}_{\max} = 5.39$$

所以

$$T = \frac{\bar{x}_{\max} - \bar{\bar{x}}}{s_{\bar{x}}} = \frac{5.39 - 4.746}{0.305} = 2.11$$

当 $l = 10$，显著性水平 $\alpha = 0.05$ 时，临界值 $T_{0.05} = 2.176$，因 $T < T_{0.05}$，故 5.39 为正常均值，即均值为 5.39 的一组测定数据为正常数据。

习 题

一、单选题

1. 水体对照断面的设置是为了解（　　）。
   A. 作为监测的背景值应用　　　　　　　B. 受污染水体污染减缓程度
   C. 受污染水体的混合程度　　　　　　　D. 未受污染的水体现状

2. 下列对于水样采集说法不正确的是（　　）。
   A. 有废水排入、污染较重的湖、库，应酌情增加采样次数
   B. 地下水监测井一般在液面下 0.3~0.5 m 处采样
   C. 水污染源一般经管道或渠、沟排放，不需设置断面，可直接确定采样点位
   D. 在车间或车间设备出口处应布点采样测定二类污染物，如硫化物

3. 具有判断水体污染程度的参比和对照作用或提供本底的断面是（　　）。
   A. 背景断面　　　　B. 削减断面　　　　C. 控制断面　　　　D. 对照断面

4. 对照断面一般设（　　）条。
   A. 3　　　　　　　B. 0　　　　　　　C. 2　　　　　　　D. 1

5. 消减断面一般在最后一个排污口下游（　　）m 设置。
   A. 2000　　　　　B. 500　　　　　　C. 1500　　　　　D. 1000

6. 测定乳化状态和溶解性油类，在采水点直接灌装，现场用（　　）萃取。
   A. 水　　　　　　B. 石油醚　　　　　C. 甲醛　　　　　D. 乙醇

7. 对需要测酚的水样，为阻止苯酚菌的分解作用常加入（　　）。
   A. 硫酸铜　　　　B. 氯化汞　　　　　C. 三氯甲烷　　　　D. 氢氧化钠

8. 蒸馏提取水中的氨氮时用（　　）来做吸收液。
   A. 盐酸　　　　　B. 氢氧化钠　　　　C. 硼酸　　　　　D. 硼砂

9. 干灰化法处理样品不可用来测定（　　）。
   A. 铜　　　　　　B. 铅　　　　　　　C. 锌　　　　　　D. 汞

10. 要测定水中的有机物含量，预处理的方法可选择（　　　）。

　　A. 有机溶剂萃取　　　B. 碱熔融　　　　　　C. 多元酸消解　　　　　D. 氧化提取

二、多选题

1. 一条河流要设置的断面有（　　　）。

　　A. 对照断面　　　　　B. 控制断面　　　　　C. 消减断面　　　　　　D. 背景断面

2. 水污染源有（　　　）。

　　A. 工业污染　　　　　B. 生活污染　　　　　C. 医院污染　　　　　　D. 交通污染

3. 污染源一类污染物的有（　　　）。

　　A. 甲基汞　　　　　　B. 氰　　　　　　　　C. COD　　　　　　　　D. 铬

4. 要求使用双层采样器采集水样的项目有（　　　）。

　　A. 甲基汞　　　　　　B. BOD　　　　　　　C. DO　　　　　　　　　D. COD

5. 地下水常规采样的时间是（　　　）。

　　A. 丰水期　　　　　　B. 枯水期　　　　　　C. 平水期　　　　　　　D. 每月

三、判断题

1. 对自来水的微生物样品采集时，直接打开水龙头用采样瓶即可。　　　　　　　　　（　　　）

2. 水污染源监测主要是对生活污水的监测。　　　　　　　　　　　　　　　　　　（　　　）

3. 一般重度污染水样保存不超过 72 h。　　　　　　　　　　　　　　　　　　　（　　　）

4. 测定溶解氧的水样，要带回实验室后再加固定剂。　　　　　　　　　　　　　　（　　　）

5. 瞬时水样指在某一时间和地点从水体中随机采集的分散水样。　　　　　　　　　（　　　）

6. 要测定水中的金属元素总量，预处理的方法可选择多元酸消解。　　　　　　　　（　　　）

7. 在水样中加入盐酸可防止金属沉淀。　　　　　　　　　　　　　　　　　　　　（　　　）

8. 用硫酸-磷酸二元酸消解法处理水样时，因磷酸能与一些金属离子如二价铁等络合，故有利于测定时消
   除二价铁等离子的干扰。　　　　　　　　　　　　　　　　　　　　　　　　　（　　　）

9. 水样消解可以将待测元素转化为单一高价态或易于分离的无机化合物。　　　　　（　　　）

10. 冷藏与冷冻对水样的保存时间是相同的。　　　　　　　　　　　　　　　　　（　　　）

第二部分

水处理设施安装与运维

项目四　污水处理厂运行与维护

任务一　水处理工程图识读及绘制

一、水处理工程图的识读

一项废水处理工程图集，其图纸图号按如下规定编排：

（1）一般按照污水处理流程图、总平面图、高程图、单位构筑物工艺图及主要设备设计图的顺序进行排序；

（2）单体构筑物按平面图、剖面图、大样图及详图顺序排序；

（3）主要设备按系统原理图在前，平面图、剖面图、放大图、轴测图、详图依次在后顺序排序；

（4）主要管道按总平面图在前，管道节点图、阀门井示意图、管道纵断面图或管道高程表、详图依次在后顺序排序；

（5）平面图中应地下各层在前，地上各层依次在后顺序排序；

（6）对于小型污水处理系统，水处理流程图在前，平面图、剖面图、放大图、详图依次在后。

根据上述编排规则，在进行图纸识读时，也应有主有次，前后结合进行识读。识图的步骤为：项目技术说明→废水处理工程总图→废水处理构筑物工艺图→土建结构图→建筑给排水图等。这里主要介绍废水处理工程总平面图和废水处理构筑物工艺图的识读。

（一）废水处理工程总图的识读

废水处理工程总体布置应包括平面布置和高程布置两方面内容。为确切表达废水处理工程的空间布局，必要时不但要绘制工程的平面图和高程图，还要增绘相应剖面图，此外应有设计和施工要求等说明文字。这里主要介绍废水处理工程总平面图、高程图的阅读，图示特点等。

识读废水处理工程总图，一般先粗读总平面图后，再逐一对照总平面图和高程图进行详细阅读。

1. 粗读总平面图

粗读总平面图，了解整个废水处理工程的概况。

（1）仔细阅读首页图和设计说明，了解工程项目的概况、位置标高、材料要求、质量标准、施工注意事项以及一些特殊的技术要求，形成一个初步印象。

（2）阅读标题栏。标题栏中的信息非常重要，因此，开始读图之前需首先阅读标题栏。标题栏的主要信息除包含绘图单位和绘图人对应信息外，还包括工程名称、图纸名称、图纸编号、图纸比例、出图日期、版本等。

（3）确定该工程所采用的坐标。如该工程施工坐标系统或者主要构、建筑群轴线与测量坐标系统的关系。平面图绘制时，均需首先规定该图的建筑坐标原点，而建筑坐标的实际位置与项目建设地点的测量坐标系统可建立对应关系。测量坐标系统是以我国规定的大地原点为基点得到的。大地原点，亦称大地基准点，是国家地理坐标—经纬度的起算点和基准点。大地原点是人为界定的一个点，是利用高斯平面直角坐标的方法建立的全国统一坐标系，使用的"1980 国家大地坐标系"，简称"80 系"。我国的大地原点坐标为陕西省西安市泾阳县永乐镇石际寺村的一座八角形塔楼，具体位置在北纬 $34°32'27.00''$ 和东经 $108°55'25.00''$。除此之外，高程的绘制也需事先建立高程基准，我国采用 1985 国家高基准。工程施工坐标系统一般在总平面布置图面的说明部分有相应说明。图纸中会标出坐标原点，采用自设的坐标系时，坐标数字前采用 AB 标识，采用国家坐标系时，坐标数字前采用 X-Y 标识。一般采用相对坐标进行标注。标原点一般选在污水处理厂围墙左下角，这样可使标注尺寸不出现负值。

（4）识读风玫瑰图。当地常年的主导风向用风玫瑰图表示，一般标示于平面图右上方。风玫瑰图一般为风向玫瑰图。风向玫瑰图表示风向和风向的频率。风向频率是在一定时间内各种风向（已统计到 16 个风向）出现的次数占所有观察次数的百分比。根据各方向风的出现频率，以相应的比例长度（即极坐标系中的半径）表示，按风向从外向中心吹，描在用 8 个或 16 个方位所表示的极坐标图上，然后将各相邻方向的端点用直线连接起来，绘成一形式宛如玫瑰的闭合折线，就是风向玫瑰图。风玫瑰折线上的点离圆心的远近，表示从此点向圆心方向刮风的频率的大小。离中心越远此风向频率越大。通常风向玫瑰图与指北针结合在一起，即风向玫瑰图的纵轴方向为北方。利用风玫瑰图可确定建筑物位置及其与当地常年的主导风向的关系。

（5）阅读图例。图例是集中于图纸一角或一侧的图纸上各种符号和颜色所代表内容与指标的说明，读图纸前阅读图例有助于更好地认识地图。它具有双重任务，在绘图时作为图解表示图纸内容的准绳，用图时作为必不可少的阅读指南。要看懂图纸，必须先认识图例。图例有图纸语言的功能，要从图纸上获得更多的信息，熟悉常用图例是十分必要的，在工程设计中，管道上需要用细实线画出全部的阀门和部分管件（如阻火器盲板等）的符号，有关规定可参阅国家标准《管路系统的图形符号、阀门和控制元件》（GB 6567.4—2008）对应图例。图纸一般按照规定的图例绘制各类管道、阀门井、消火栓井、洒水栓井、检查井、跌水井、水封井、雨水口、化粪池、隔油池、降温池、水表井等，并进行编号。

（6）识读工程所在区域的地形图及其范围。平面图所在区域的地形图采用等高线表示。等高线指的是地形图上高程相等的相邻各点所连成的闭合曲线。把地面上海拔高度相同的点连成的闭合曲线，并垂直投影到一个水平面上，并按比例缩绘在图纸上，就得到等高线。等高线也可以看作是不同海拔高度的水平面与实际地面的交线，所以等高线是闭合曲线。在等高线上标注的数字为该等高线的海拔。用地红线是围起某个地块的一些坐标点连成的线，红线内土地面积就是取得使用权的用地范围，是各类建筑工程项目用地的使用权属范围的边界线。

（7）进水管渠和出水管渠位置与工程所在地的地形地貌的关系。排水干管一般布置在排水区域内地势较低或便于雨污水汇集的地带。排水管一般沿城镇道路敷设，并与路中心线平行，并一般设在快车道以外。截流干管一般沿受纳水体岸边布置。管渠高程设计除考虑地形坡度外，还应考虑与其他地下设施的关系以及接户管的连接方便。

2. 详细阅读总平面图与高程图（和相应剖面图）

对照阅读总平面图与高程图（和相应剖面图），了解该工程的处理流程的详细情况，废水处理系统在水平方向和高度方向上的具体布置，以及各构、建筑物的相应位置等。

（1）阅读废水处理工程总平面图。污水厂总平面图一般需反映的内容有厂区用地红线、建筑红线，厂区周围道路、厂区内部道路及其定位；建（构）筑物的定位、各种管线及其定位、绿化；总图技术指标。总图一般分图分项制图；管道布置图可单独采用一种管线绘制，也可多种管线绘制在一幅图中，根据管线的数量及是否标示清楚确定。图纸要求以准确、清楚、易懂为原则。

阅读总图，应先确定厂区用地红线、建筑红线，厂区周围道路、厂区内部道路及其定位。阅读工程所处地形等高线，地貌（如河流、湖泊等），周围环境（如主要公路、铁路等）以及该地区风玫瑰图、指北针。

然后确定建（构）筑物的定位。污水处理厂总图一般表现厂区内各单体子项的相对位置及相互关系，对单体不做详细的表现。阅读总图时，应先确定单体的尺寸及其主要轮廓。如污水厂内生物池为矩形或其他形状，二沉池及初沉池一般为圆形。构（建）筑物在总图中的定位和之间的相互距离，由总图标注进行定位。总图标注主要有构（建）筑物的坐标标注、构（建）筑物之间距离标注、道路宽度及转弯半径标注。一般地说，构筑物、建筑物位置坐标宜标注其两个角的坐标，但对回转体构筑物却宜标注其回转中心的坐标。

总图中各主要构筑物与建筑物均用带圈的数字进行编号表示，图纸中含有构筑物一览表和主要设备一览表，将图中序号所指代的主要构筑物和建筑物一一列举，并列出相对应的名称、外形尺寸、单位、数量等。

（2）管网布置图的识读。污水处理厂中有各种管线，主要指联系各处理构筑物的污水、污泥管渠以及与污水处理流程相关的其他管线。废水处理工程中的主要管线有：原水（即未经处理的水，包括给水或污水）水管，污泥（回流污泥、剩余污泥）管，雨水管（渠），曝气管，沼气管，药剂投加管，构筑物事故排水管及放空管，该处理工程自身所需的饮用水管和排水管（渠）等。阅读图纸时，需根据管网布置图，结合管道图例了解水处理工程所涉及的所有管线类型，确定管线走向、管径、水流方向和处理构筑物的衔接情况等。

图纸中的各类管道、阀门井、消火栓井、洒水栓井、检查井、水表井等，均按照一定顺序进行编号并汇总在设备材料及附属构筑物一览表中。

图纸中已注明管道类别（由图例可得知不同的管道类别）、管径（管道图线上方标示

出如 $de300$）、走向（管线上方的单箭头标示管路走向）、管道转弯点（井）等处坐标、定位控制尺寸、节点编号；绘出各建筑物、构筑物的引入管、排出管，并标注出位置尺寸。在不绘制管道纵断面图的给水管道平面图上，应将各种管道的管径、坡度、管道长度、标高等标注清楚。

（3）废水处理高程图的识读。

1）高程图的表达方式。采用沿最主要、最长流程上的废水处理构筑物、设备用房的正剖面简图和单线管道图（渠道用双细线）共同表达废水处理流程及流程的高程变化。

2）比例。按照《建筑给水排水制图标准》（GB/T 50106—2010），废水处理高图和流程图均无比例。但在实际中，高程图仍然按比例绘制，只不过纵横向采用不同的组合比例。通常横向比例与总平面图相同，纵向比例为（1∶50）~（1∶100）。若某些部位按比例无法画清楚时，亦可不按比例绘制。

3）图面布置。废水处理流程的起点居图左部，自左往右即为该处理流程的水流方向，顺次将沿程的处理构筑物、设备用房的名称注写在相应正剖面简图下方，并习惯在各名称文字下加粗短线。

若处理流程复杂，除主流程外，还需图示重要的支流程，如污水的预处理流程等，一般将局部高程图脱离出来画在图面适当位置。但是在被连接的主、支流程的两个高程图上，则按规定清楚地图示出连接部位和连接编号。

4）图线。无论是重力管还是压力管均用单粗线绘制，废水处理构筑物正剖面简图（将构筑物平行于正立或侧立投影面的剖面图加简化的图样）、设计地面及各种图例（如水面表示、土壤等）都用细实线画出。

5）标注。

① 标注标高。废水处理高程图中通常注写绝对标高。一般主要标注管渠、水体、处理构筑物和某些设备用房（如泵房）内的水面标高，该流程中主要构筑物的顶标高、底标高以及流程沿途设计地面标高。

② 标注管道类别代号及编号。

③ 必要的说明文字，例如投料的名称等。

（二）废水处理构筑物工艺图的识读

废水处理构筑物工艺图是指各处理构筑物，如澄清池、沉淀池、曝气池以及消化池等构筑物本身及其相关设备、管渠的整体布置图。这些构筑物虽然随其功能不同而异，但图示特点、阅读及绘制的方法大体相似，以微曝氧化沟、细格栅为例说明废水处理构筑物工艺图的阅读方法。

1. 废水处理构筑物工艺图的阅读

阅读废水处理构筑物工艺图，一般先粗读全图，包括管件、设备表及说明。着重了解构筑物的形状、位置、各主要组成部分的名称及其材料等概况。然后仔细阅读平面图，弄清工艺流程的平面布置，如进水（进泥）、出水、放空等管道、渠道的平面位置及其走向。

废水处理构筑物工艺图中，根据平面图中的剖面剖切符号，对照平面图，阅读相应剖面图，再确定工艺流程的高度方向上的布置，即进水、出水等管道、渠道的空间走向，构筑物各组成部分及其设备的位置、标高等。对注有索引符号、标准图号的不详局部，再按照详图编号、标准图代号和编号，找到相应的详图，对照阅读。构筑物工艺图上的详图也与其他工程图一样分为两种：一种详图是因原图比例比较小，无法表达清楚的部位，设计者采用较大比例画出该部分（有时还加画剖面图），并将尺寸标注齐全，用文字说明详尽；另一种详图是已设计绘制并装订成册的标准图，使用者只需注写标准图号。最后根据平面图、剖面图及其详图的阅读，综合想象该构筑物及其工艺流程布置的空间状况。

2. 废水处理构筑物工艺图的图示特点

由于废水处理构筑物一般半埋或全埋在土中，外形比较简单，而内部构造较复杂，所以其工艺图既遵循《房屋建筑制图统一标准》（GB/T 50001—2017）的若干规定，又具有如下特点。

A 比例与布图方向

废水处理构筑物平、剖面图的常用比例可以是《房屋建筑制图统一标准》（GB/T 50001—2017）中的比例，也可以是一些可用比例，如1∶30、1∶40、1∶60。废水处理构筑物平、剖面图一般根据能清楚明了地反映构筑物处理工艺流程及构筑物本身的形状、位置的原则决定其布图方向。当其布图方向与它在总平面图上的布图方向不一致时，必须标明方位。

B 投影图选择的一般原则

（1）投影图数量的选择。在满足能够清晰地图示构筑物处理的工艺流程，并能准确地表达出由处理工艺所决定的构筑物各部分形状及相对位置的条件下，投影图的数量越少越好。

通常由平面图和合适的剖面图以及若干必要的详图组成。剖面图是废水处理构筑物工艺图中非常重要的部分。剖面图又称剖切图，是通过对有关的图形按照一定剖切方向所展示的内部构造图例。剖面图是假想用一个剖切平面将物体剖开，移去介于观察者和剖切平面之间的部分，对于剩余的部分向投影面所作的正投影图。剖面图一般用于工程的施工图和机械零部件的设计中，补充和完善设计文件，是工程施工图和机械零部件设计中的详细设计。用于指导工程施工作业和机械加工，在环境工程图中用剖切符号表示剖切平面的位置及其剖切开以后的投影方向。《房国建筑制图统一标准》（GH/T 5001—2017）中规定剖切符号由剖切位置线及剖视方向组成，均以粗实线绘制。在剖切符号上应用阿拉伯数字或字母加以编号，数字或字母应写在剖视方向一边。

（2）剖切位置的选择。考虑处理构筑物的工艺流程，沿构筑物最复杂的部位剖切，注意遵守建筑制图标准的若干规定。

（3）剖切类型的选择。回转体构筑物宜采用两个或两个以上相交的剖切面剖切。用此种方法剖切时，应在剖面图的图名后加注"展开"字样，这就是习惯上所说的"旋转剖"。

而对于平面形状为多边形的平面体构筑物，经常采用两个或两个以上平等的剖切面剖切，即习惯上常说的"阶梯剖"。

当然对于上述两类构筑物也可采用一个剖切面剖切，一半画外形，一半画剖面图。

（4）特殊表达法。废水处理构筑物常在顶部布置走道、盖板等，是为操作、维修以及安全保护而设置的辅助结构，构筑物工艺图为突出其流程等主要内容，经常使用拆卸和折断的画法，假想把挡住处理构筑物主要组成部分的次要部分如栏杆、走道等拆除或折断。必要时也可将在其他地方已表达清楚的个别主要组成部分拆除或折断，以图示构筑物更需要表达的内容。工艺图中的盖板、走道板常常只画几块表示其形状、大小及位置。

构筑物工艺图中的管道应该用三线管道图绘制，必要时也可画成单线管道图。注意当剖切面通过管道轴线时即管道被纵向剖切时，管道及其附、配件如法兰盘等均按不剖切绘制。

构筑物工艺图中设备、管道及配件应该编号，并列出管件、材料、设备表，以便统计而且还有利于明确它在构筑物中相应的位置。编号用 $\phi6$ mm 的细实线圆表示。

3. 标注

构筑物工艺图上一般只注写构筑物各部分的内壁尺寸、中心距、构筑物净空高度、总高度以及其控制标高，还有管道及其附件、配件位置的安装尺寸等由工艺要求决定的尺寸。技术设计和施工图设计阶段的工艺图应标注与结构等工种有关的尺寸。在简单构筑物的工艺图中亦可将其结构尺寸及要求一并注明。

在构筑物工艺图中，为读图方便，易于了解其工艺流程，习惯上还要注写构筑物主要部分设备及管道的名称，一般直接书写在相应部位或附近、如细格栅及沉砂池平面布置图中的放空管。必要时也可编号，一起列入管件表中，如细格栅及沉砂池剖面图中的主要管路附件等。

4. 图线

管道轮廓线采用粗实线 (b)，管中心线用细点画线 ($0.35b$) 画出，构筑物被剖切到的断面轮廓线宜用中实线 ($0.5b$)，剖面图中其余可见轮廓线以及构筑物平面图中可见轮廓均用细实线 ($0.35b$) 绘制；假想轮廓线宜用细双点画线画出；表格线型及其图线如尺寸线、中心线等均同前 ($0.35b$)。

二、水处理工艺流程图的绘制

污水厂工艺流程图主要反映各处理构（建）筑物之间的工艺衔接关系、水头损失及相对的液面关系，对图中的单体及管道尺寸无确切的要求。但各单体的示意必须能够准确表达所采用的处理工艺、设备形式等。工艺流程图中主要标注 3 种标高：每个处理构筑物中的液面标高、构筑物顶标高和底标高（或建筑物的室内地坪标高）；主要标示的管道有：工艺管道、污泥管道、空气管道、放空管道、超越管道、污水管道、给水管道等，见图 4-1。工艺流程图绘制步骤如下。

（1）建立图层。工艺流程图中，一般建立的图层有构（建）筑物层、各管道层、设备层、液面层、标注层。

（2）绘制单体示意图。根据单体的工艺形式绘制简易的构筑物单体示意图（不作比例要求），以图面表示清楚为原则。

（3）绘制流程图。根据工艺处理顺序在图纸中布置各单体示意图。布置完成后，绘制各构筑物之间的连接工艺管道、污泥管道等。用各种管道将相互之间有关系的构筑物连接。然后在各构筑物内标示液面，并标注液面标高、池顶标高、池底标高及各种管道管径。按上述要求绘制污水处理厂工艺流程图，如图 4-1 所示。

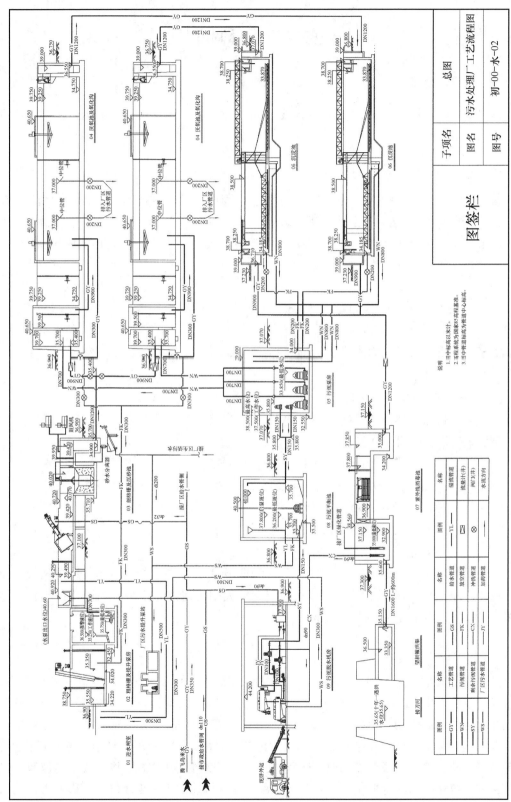

图 4-1 污水处理厂工艺流程图

任务二　运行调度

一、运行调度概述

污水厂内的运行调度主要由运行部通过中心控制室来实现。中控室的运行控制参数主要包括以下内容。

(一) 污泥龄的调整

其主要依据是氧化沟中污泥浓度，进水悬浮固体浓度 (SS) 与污泥沉降性能指数 (SVI)，主要调控手段为调节剩余污泥排放量。剩余污泥排放是活性污泥工艺控制中最主要的一项操作，它控制混合液浓度，控制污泥污泥龄，改变活性污泥中微生物种类和增长速度，改变曝气池需氧量以及改变污泥的沉降性能。

污泥龄计算：

$$Q_S = (MLSS \cdot V_a) / (Q \cdot SS_i)$$

式中　Q_S——污泥龄，d；

　　MLSS——混合液悬浮固体浓度，mg/L；

　　V_a——氧化沟体积，m^3；

　　　Q——进水流量，m^3/d；

　　SS_i——进水悬浮固体浓度，mg/L。

细胞平均停留时间计算公式：

$$MCRT = (MLSS \cdot V_a) / (Q_w \cdot SS_r + Q \cdot SS_e)$$

式中　MLSS——混合液悬浮固体浓度，mg/L；

　　　Q_w——日排泥量，m^3/d；

　　　SS_r——回流污泥浓度，mg/L；

　　　SS_e——出水悬浮固体浓度，mg/L。

活性污泥 Q_S 在 15 天左右，MCRT 一般应稍低于 Q_S，并在运行的过程中逐步调低。回流污泥浓度 SS_r 主要由回流比进行控制，回流比加大则污泥浓度下降，回流比减小，则污泥浓度增加，污泥浓度用来计算 F/M。

(二) 溶解氧量的调整

其主要依据是氧化沟中溶解氧 (DO) 浓度，主要手段是曝气强度控制；氧化沟中，污水混合液在氧化沟内循环流动，以转刷、转碟或表曝机推动和充氧，在曝气装置下游溶解氧浓度从高向低变动，由好氧段逐步过渡到缺氧段，好氧段溶解氧浓度 DO 宜控制在 1~3 mg/L，缺氧段 DO 宜控制 0.2~0.5 mg/L。转刷 (转碟) 曝可以调节出水堰的高度，使转刷 (转碟) 改变淹没浮度而改变曝气量，若没有变频调速装置，则可改变转速调节曝气量，也可增开或减少转刷 (转碟) 数量来调节曝气量。如果减少曝气量而影响水在池内的流速 (应控制在 0.25 m/s 以上)，则应增开水下推流器，以保证池内流速，不致淤积。

(三) 回流污泥量的调整

其主要依据是污泥沉降指数与二沉池污泥厚度，主要调控手段是回流比。在氧化沟工艺中，剩余污泥合理排放后的二沉池污泥必须全部回流到氧化沟中，才能保证曝气池中的污泥浓度，从而保证其处理能力，回流污泥量的控制就是基于这个要求，其方法有：按二沉池泥位控制，即按设计要求确定的泥位，或使泥层厚度控制在 0.3~0.9 m 之间，同时使泥层厚度小于泥位以上水深的 1/3。如果实际泥位超过设定的泥位，应增大回流量，如果泥位低于设定值应减少回流量，使逐步控制泥位在设定值上，但调节量不宜超过 10%，待下一次巡检时检查泥位的变化，再给予适当的调整，当二沉池泥位稳定在一个值的时候，说明所有的污泥已回流到曝气池，达到了工艺要求，这个回流量与进水量直接有关，进水量增加（或减少），带出曝气池的污泥量成比例增加（或减少），回流量也应成比例地增加（或减少）。因此习惯上用回流比（R），即回流污泥量与进水量之比来控制。

(四) 运行状态的纠偏

运行状态不理想，通常是由于上述三种调整不能及时引起，水力负荷（F/M）不适当也可能是原因之一，也有可能是机械或水力故障和进水水质突变（如非计划性工业污水的冲击负荷）引起。及时地调整须在运行中长期对季节性水质（含水温）水量的趋势分析后得以总结。运行参数的调整具有滞后效应，故应小心调整（单次调整量应小于 10%）并耐心观察。

在运行状态纠偏的过程中，其中关键的过程控制参数为 F/M，即 BOD_5 污泥负荷，F/M 计算公式如下：

$$F/M = (Q \cdot BOD_5) / (MLVSS \cdot V_a)$$
$$MLVSS = f \cdot MLSS$$

式中　Q——进水量，m^3/d；

　　BOD_5——五天生化需氧量，mg/L；

　MLVSS——混合液挥发性悬浮固体浓度，mg/L；

　　V_a——氧化沟有效容积，m^3；

　　f——常数，对市政污水一般取 0.75。

由于 BOD_5 需要五日才能取得结果，因此又采用测定 COD 来推 BOD_5，对氧化沟的 F/M 值应控制在 0.05 到 0.15 之间。

(五) 故障调度

污水厂紧急状态包括：（1）停电或断电；（2）厂内重大故障；（3）管线泵站故障；（4）暴雨洪水。

暴雨时进厂污水的调度由厂部在中控室协助下与排水管理处及提升泵站进行必要的协调。

二、操作规程

（一）每班巡检及运行调整

中控调度员在日班时应对厂内的关键工段巡检，并查看上班仪表记录以及时对运行进行调整。每班巡检应包括：

（1）查看仪表数据记录。

1）运行控制参数是否正常。

2）回流泵与排泥泵运行是否正常。

3）氧化沟中 DO 是否在 1.0~3.0 mg/L 的幅度内。

4）加氯是否正常。

（2）感官巡检。氧化沟中混合液的颜色能够作为不良污泥或健康污泥的指标，一个健康的好氧活性污泥的颜色应是类似巧克力的棕色。二沉池是否正常，表面水是否清澈，池中出现气泡，上浮污泥，泥层是否太厚。如泥层太厚，应该加大污泥回流比。出水是否清澈，可直接反映运行状况，反映污泥的沉降性能。

（3）查看化验数据记录。污泥指数（SVI）与微生物镜检，SVI 通常应在 70~100。如 SVI 太高，则可能发生污泥膨胀，若 SVI 太低，则可能是污泥老化。如镜检中发现丝状菌应考虑在回流污泥中加氯。

空气用量（适用于鼓风曝气），在氧化沟中应维持 DO 在 1~3 mg/L，可假设空气用量是与进水 BOD_5 直接关联的。BOD_5 要在取样后五天才有结果。空气用量的跟踪（结合 COD 值）是进水 BOD_5 的参考指标。

（二）故障调度

对于主要设备突发性故障，中控值班人员在收到此信息后及时调整设备的投运组合，并督促水区值班人员或动力设备部值班人员查明并反馈故障设备的原因，并及时填报设备故障报修通知单，经运行部转设备动力部实施。设备故障处理后应由设备动力部门维修人员及时填报故障设备修复通知单，反馈到运行部，以便安排该设备的正常投运。

对于全厂计划性停电（由于设备、电气维护、检修以及接到变配电所停电通知），事先设备动力部门必须以书面形式向运行管理部门通报此次停电原因、时间、范围，运行管理部门根据此报告要求下发停电调度令（调度令经分管厂长签发后方可有效），各单位接到停电调度令后做好停电前的准备工作，以免造成相应损失。

（三）开机及关机程序

由于新建污水处理厂的自动化水平均比较高，正常的运行操作一般均通过远程控制来完成。操作站是自控系统远程遥测、遥控的上位主体设备，运行着用组态软件开发的人机界面。具有远程监视、手动开/停现场设备，整定自动控制的相关参数的功能，运行着日常报表生成程序，同时也担负着向数据服务器或上层管理网络传递现场生产运行情况的实时数据。图 4-2 为一个典型的可编程序控制器 PLC、MMC 和计算机工作站组成的具有集中管理与分散控制功能的监控系统。

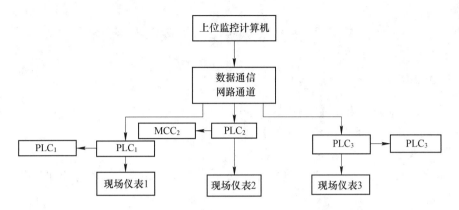

图 4-2　可编程序控制器 PLC、MMC 和计算机工作站组成的
具有集中管理与分散控制功能的监控系统

（1）开机。

1）开启现场的 PLC 分站。

首先开启 UPS 电源，待 UPS 电源转到在线状态；

开启 PLC 电源开关，如 PLC 没有通过自检，可用硬跳线插入 restet 并保持 5 s 以上，强迫 PLC 复位并加载运行程序。

2）上位操作站 PC 机开启操作如下。

在开机前应检查电源是否正常，主机与显示屏是否已正确连接。PC 机应与 PLC 通信脱开。

3）启动 PC 机。

PC 机启动正常后，连接 PLC 与 PC 机间的通信电缆应复查，确保连接可靠；

启动 T800、DDE 程序；

启动 INTOUCH Windows Viewer；

登录操作者姓名及键入关键字（即密码）；

进入界面，检查网络通信情况。

（2）关机。

1）上位机退出系统/关机。脱开 PC 机与 PLC 之间的通信电缆（注：关键）；退出 T800、DDE 系统；退出 INTOUCH Windows Viewer 系统；退出 Windows 平台关机；

2）关闭现场的 PLC 分站。上位机退出操作系统；关闭 PLC 电源；关闭 UPS 电源。

三、记录

记录表分为两种，即每日进行和每月进行。每日进行的维护记录与中心控制室巡检记录与交接班记录合一，每日关键运行参数应及时登录填表，以产生月运行汇总表。每月进行一次表格中应包括对系统可能的偏差趋势进行分析，以便总结规律并适当作出调整。

每月进行的记录表及运行状态汇总表见附表 1。

四、技术指标

出水水质达标率不低于 95%，未处理水溢流率不高于 5%。

任务三　进出水泵站（以潜水泵为例）

一、操作规程

（1）启动前检查。启动前检查工作包括：

1）吸水池水位，是否在允许开机水位以上。

2）水中有无可能影响水泵运行的杂物。

3）检查泵机是否安装正确，紧固件无松动，电缆、接线盒正常，出水闸门（若有）是否关闭。

4）检查控制台（柜）开关位置，切换成手动控制状态，检查三相电源电压应在规定幅度内，拟开电机传感器湿度、温度正常，后续工艺段是否允许进水。

（2）开机操作。启动前检查完毕后，启动格栅除污机和栅渣输送机待运行正常后，可以启动水泵电机，监听泵机声音，监视电压、电流表，若声音正常，电流回跌后，缓慢开启出水闸阀，按工艺需要调节闸阀开启量，监视电压与电流是否处在合理幅度以内，若开机过程发现有任何不正常现象，不得开机或已开机应立即停机，检查原因，排除故障后才能重新开机，但重新开机必须在出水闸阀关死、电机完全停止 5 min 后，才可重新启动。重复启动仍然不成功，则应按设备故障报告。

（3）巡检。吸水池水位、吸水池有无杂物，逐台工作机泵的运转声音、三相电压、电流、传感器湿度、温度、水泵出口压力、流量，检查控制柜，切换开关是否设定在设定的自控或手控位置，机泵管道附属设备及机房、门窗是否正常。巡检频率为接班、交班各一次（增加交接班内容），其余时间每 2 h 巡检一次，交班巡检还包括设备、仪表、泵房及泵房周边生责任区的卫生与维护工作。

巡检过程中发现问题应立即调整，并记录在记录表中，例如水位低于设定值，应立即停机，检查水位继电器，使恢复正常，若水位高于设定值，应通知中控室增开水泵，在泵运转正常后检查水位继电器，使恢复正常；如吸水池有杂物应立即清理，若必须下池清理，则应按"狭小空间内的安全操作要求"操作并通知中控室调人支援与监护，并应检查杂物来源，采取必要措施，防止再发生类似情况；如机泵运转声音不正常，要寻找原因，使其恢复正常；如机泵运行参数不正常则应调整与维护使其正常。

当天气突变，例如暴雨即将来临，则应增加巡检，检查门、窗及采取必要的防水防雷措施。设备初次使用，设备经过检查、改造或长期停用后投入系统运行要增加巡检次数，即增加 30 min、75 min 各一次，若一切正常即转入正常巡检每 120 min 一次。巡检记录表见附录表 2。

（4）停机操作。手动控制：检查吸水池水位是否达到停机水位，检查电机的湿度、温度是否在安全标准内，记录停机时的各项参数，关闭出水闸门，将切换开关切换至手动位置，按停机按钮，告中控室停机时间，与中控室校核有关参数，当确认正确无误后，可以转入自动控制运行（如果水泵样本说明书对水泵操作规定与上述规程不同的应按样本说明书调整，下同）。

（5）潜水泵的停用和起吊。凡预计在 3 月之内不会使用的潜水泵应起吊存放。

起吊操作：将切换开关转入手动态、断开潜水泵电源，移动电动葫芦至泵位并对准，放下吊钩，钩上潜水泵的吊环，检验吊钩位置，确保不会松脱，试起吊，当潜水电机与固定管接口松开后起吊，当潜水泵底部高于操作地坪20 cm以上时停止起吊，平移至存放位置，加填块，放下、擦净加罩后存放，该机电源开关挂牌停止用。

恢复使用时，吊装复位，由检修人操作。

二、维护保养

泵房的维护保养任务分两部分，工艺设备、泵房及泵房周边的卫生责任区由操作人员负责，供电、控制设备及其线网由电工班负责，本节仅指操作人员责任内容。

（1）维护保养内容和频率。闸阀：每月一次由长白班负责。检查阀杆密封情况，必要时更换填料，润滑点的润滑剂加注，若为电动闸阀则应检查限位开关、手动与电动的联锁装置；若长期不动的闸阀应每月做启闭试验。

缓闭止回阀，每月一次调试缓闭机构、加注润滑油。

桁车或电动葫芦等起重设备每月做移位和起吊试验，检查起吊用钢丝绳，防止锈蚀并检测其磨损量，若磨损大于原直径的10%或发现有断裂的股线，则应报告检修组更换。

每班一次检查管道、闸阀、潜水泵吊装孔盖板、护栏、爬梯、支架等金属构件是否紧固、稳固和采取稳固措施，若开始锈蚀则应采取除锈与防腐措施。及时更换损坏的照明灯具。交班前要对管道、闸阀及其附属设备、电器控制柜柜面、泵房门窗、墙面、地坪和周围卫生责任区做一次卫生工作。并对电器控制柜的禁用挂牌复核，并保持位置准确。

（2）集水井的清理和频率。每隔一年应对集水井进行清理和检查池体有无裂缝和腐蚀情况，若结构已经稳定，积泥和腐蚀并不严重可以适当延长清理周期。

宜选择污水量较小的时段组织清理，估算清理时间和估算溢流污水量，确定时间后报告排水公司，获批准后组织实施，清理前必须做好充分的人力、物力、照明、通风和安全措施的准备，尽量缩短停水时间和确保安全，做好后续工艺生产变化的安排，才能开始工作。

当主机将集水池降至最低水位后，切断所有主机电源，逐一起吊潜水泵，放入小型移动式潜水泵继续抽水，同时用高压水枪冲淤和清洗池壁，需下池作业时必须严格按照"狭小空间内的安全操作要求"进行，要点是进行强制通风，在通风最不利点检测有毒气体的浓度及亏氧量，达到要求后才可下人，同时必须继续通风，强度可以适当减小，但不能停止，因为池内污物仍将释放有毒气体，要有人监护，下池工作时间不宜超过30 min。检查水池裂缝和腐蚀情况、检查管道、导轨和水泵接口腐蚀情况，若有必要则进行防腐处理，检查管道稳固情况和水位检测仪表，作出详细记录后恢复生产。清池的同时机电检修工人应对起吊的潜水电机清理检查维护，清池完成后吊装复位、放水运行。

三、维护保养记录表

维护记录表分为两种，即每班进行和每月以上进行。每班进行的维护记录与泵房巡检记录与交接班记录合一，每月进行一次的用彩色纸制表（包括大于每月进行一次的）。

维护记录表见附表3。维护记录表按月装订成册，每月进行一次的表放在首页，以利记录与查询。

任务四　粗、细格栅运行与维护

一、操作规程

启动新的或重新投入使用的格栅前应检查：

（1）格栅内无杂物；

（2）润滑油及润滑油位；

（3）格栅具备运行条件；

（4）栅渣输送机和压渣机具备运行条件；

（5）进出水闸门启闭灵活，密闭性满足要求；

（6）电动和监控系统良好；

（7）自动控制仪器、仪表正常，信息传输准确；手动控制柜具备操作条件，自动控制与手动控制装置切换正常。

完成以上检查工作并确认无误后即可启动格栅投入运行，格栅启动步骤为：

（1）点动电机，确定电机工作正常。

（2）启动进水闸门开始进水。

（3）启动格栅和除污机。

（4）启动栅渣输送机。

详细操作步骤由供应商或项目城市依据实际情况进行调整和补充。

格栅投入运行后的 1 h 内，应密切关注整机的工作状况，如发现任何异常的振动或噪声应立即停机检查，排除故障后方可投入运行。

二、巡检

日常运行过程中的巡检工作包括：机械设备润滑状况和润滑油油位；电机变速器、传动构件的异常噪声、振动和紧固情况；栅渣输送机和压榨机的运行状况；格栅、除污机和栅渣输送器上有无死渣并清除；栅前浮渣情况；栅前栅后水位差；机械除污机和栅渣输送机的工作频率调整；依据实际情况对运行参数进行核对，如需投入新的格栅运行或减少格栅运行数量应与中心控制室联系。

巡检线路应依据各自实际情况确定，巡检频率每 2 h 进行一次，交接班过程中的巡检工作按交接班制度执行。进水水质波动较大、设备运行不太正常和检修完成后，要适当增加巡检次数，巡检工作应按要求填写巡检记录表（见附表 4）。

三、清（运）渣程序

格栅除污机清理下来的栅渣经栅渣输送机输送到渣斗中。渣斗中栅渣达到 80% 设计容量时应及时清运，同时每班至少应清运一次，清运至污水处理厂指定地点统一处理。

四、维护保养

（1）维护内容。格栅的日常维护内容有：格栅间及机械设备表面清洁工作；格栅及栅渣输送器上死渣清除；机械设备和电机润滑油的更换；设备的紧固；池底积泥清理；渣斗的除锈和防腐；栅渣输送机维护；其他设备操作维护手册要求进行的内容；

（2）维护记录表。操作人员在日常维护过程中应按要求填写维护记录表（见附表5）。

五、技术指标

污水通过格栅前后的水位差应小于0.3 m。

任务五　沉砂池（以旋流沉砂池为例）

一、操作程序

启动新的或重新投入运行的旋流沉砂池前应检查：清理进出水管路和池内砂石等杂物；搅拌器及传动装置具备运行条件；空压机具备运行条件；空气管线及其支撑稳固；提砂系统及排砂管线具备运行条件；洗砂器具备运行条件；全部阀门和闸门启闭状态符合设计要求；水面以下机械设备和池壁及池底的防腐和紧固完成；电动系统、监控系统和保护系统完好；控制系统现场手动控制柜具备操作条件，自动控制仪器、仪表和信息传输准确与正常，自动控制与手动控制切换功能正常。

旋流沉砂池的启动程序为：（1）启动进水闸门开始进水；（2）启动搅拌装置；（3）设定提砂系统运行参数；（4）启动洗砂器；（5）砂斗装满后的清运。

启动操作步骤由供应商或项目城市依据实际情况进行调整和补充。

启动系统时应调节各池流量至流量均衡，并尽可能接近设计要求。除砂与洗砂自动控制参数，应根据污水含砂率的情况进行调整。但每日至少复核一次，在沉砂池负荷发生变化时要对出水中的含砂量进行检测并应满足工艺要求。

经洗砂器清洗后的砂收集到砂斗中或卡车上，并及时清运，清洗后的砂应运到指定地点。要定期对排除的砂的有机物含量进行检测，要求有机物含量小于10%。

当关闭进水闸阀停止沉砂池运行后，应进行提砂操作，确定沉砂池清砂工作完成后停止提砂系统运行。

二、巡检

日常巡检工作包括：（1）进水流量均衡性；（2）出水含砂率测定；（3）搅拌器工作状况及润滑；（4）搅拌器传动装置振动、噪声和电机电流；（5）空气压缩机及噪声、振动和风压；（6）压缩空气管线是否泄漏；（7）输砂管道是否泄漏；（8）洗砂器运行情况；（9）砂斗中砂量情况；（10）现场控制柜是否有异常；（11）除砂与洗砂运行参数调整。

巡检线路依据实际情况确定，巡检频率为2 h进行一次，当进水水质变动幅度较大、设备运行不太正常和设备检修后要增加巡检次数。交接班过程中的巡检工作按交接班制度执行。巡检过程中应填写巡检记录表（见附表6）。

三、维护保养

（1）维护内容。日常维护内容及频率如下：1）设备及构筑物日常清洁工作；2）机械设备润滑；3）机械设备紧固；4）管线系统防腐和油漆；5）提砂参数调整；6）洗砂器调整；7）清洗后砂清运；8）其他设备操作维护手册要求进行的内容。

（2）维护记录表。操作人员在日常维护过程中应按要求填写维护记录表（见附表7）。

四、技术指标

各类沉砂池正常运行参数应符合表4-1规定。

砂粒中的有机物的含量宜小于10%。

表 4-1　各类沉砂池正常运行参数

序号	池型	停留时间/s	流速/m·s^{-1}	曝气量（$V_{气}/V_{水}$）/m^3·m^{-3}
1	平流沉砂池	30~60	0.15~0.30	—
2	竖流沉砂池	30~60	0.05~0.10	—
3	漩流沉砂池	30~60	0.30~0.40	—
4	曝气沉砂池	120~240	0.25~0.30	0.2

任务六　生物处理单元（以氧化沟为例）

一、操作规程

（1）开机前检查。因停电或设备检修等原因短时间停止运行，活性污泥仍具有活性的情况重新启动应按下列步骤操作。启动前检查内容包括：1）垃圾清理：清理氧化沟中的浮渣杂物。清理走道上的垃圾杂物；2）曝气系统检查。

若采用鼓风曝气系统检查：1）曝气头无堵塞；2）空气管线无漏气；3）空气管线上阀门启闭状态。

若采用转刷和表曝机曝气系统检查内容如下：1）转刷和表曝机检查；2）减速机润滑油油量；3）轴承润滑情况；4）设备紧固情况；5）电机及减速箱周围杂物清理情况；6）碟片、转刷、叶片紧固情况及其完整性。

水下推流器检查：安置方向与设备紧固情况完好并具备运行条件。

出口堰门检查：堰口调节装置无锈死，密闭性满足要求，出口堰门高度符合要求。

管道系统、闸门和阀门检查：外露管道无渗漏，支撑稳固、油漆和防腐良好；闸门启闭灵活启闭状态符合设计要求。

（2）开机操作。对重新投入使用的氧化沟系统的操作顺序为：1）启动进水闸门开始进水；2）启动水下推流器；3）曝气；4）详细启动操作步骤按供应商或项目城市依据实际情况进行调整和补充。

（3）巡检。氧化沟系统日常巡检包括以下内容：1）氧化沟表面浮渣和泡沫的清除；2）按散发的气味判断运行是否正常；3）溶解氧浓度现场检测与在线仪表数据的复核；4）pH值现场检测与在线仪表数据的复核；5）混合液的颜色；6）厌氧池混合液泥水分离情况的清澈性；7）电机及变速器运行情况（噪声、振动、电流和电压等）；8）机械设备润滑油油位；9）转蝶、转刷噪声和振动；10）转蝶和转刷轴承润滑；11）污泥沉降比

（每班一次）；12）出水堰口调整；13）水下推流器运行状况及水流流速情况。

巡检过程中应重点观察混合液的颜色、氧化沟现场气味、厌氧池中泥水分离的清澈性，发现异常应及时通知中心控制室进行调整。

泥水混合物颜色：运行状况良好的氧化沟系统中混合液颜色为黑褐到深黑褐色，若污泥浓度减小，泥水混合物的颜色则由深黑褐色变为浅黑褐色。若充氧量不够，泥水混合物将变为黑色。

气味：正常运行的氧化沟系统气味应有较轻微的霉烂味。若系统运行不正常则可能导致产生有刺激性气味气体。当出现臭鸡蛋味气体时，系统有可能正在发生厌氧反应。应采取的措施提高充氧量。

缺氧段混合液上层清澈性：在正常运行的氧化沟系统中，氧化沟缺氧段泥水混合物上层可以观察到1~2 cm深的清澈层。清澈水层的具体深度取决于氧化沟的流速和活性污泥的可沉淀性。

氧化沟表面泡沫：氧化沟表面有白色泡沫的产生，通常情况下是由于污泥浓度不够引起的。在系统启动的过程中氧化沟表面产生白色泡沫的情况比较普遍，随着污泥浓度的增加出现泡沫的现象可以逐步消失。

氧化沟系统的巡检线路应根据实际情况自行确定；巡检频率应每2 h进行一次，在交接班时应由交班人员和接班人员对系统进行一次巡视和检查，巡检频率宜可依据实际情况进行调整。

操作人员在日常巡检过程中应按要求填写巡检记录表（见附表8）。

（4）停机操作。在短期进行设备检修或设备更换而停机时，停机时间不宜超过24 h，如有可能应保持持续曝气。

停机操作的步骤为：1）关闭进水阀门停止进水；2）停止推流器工作；3）将相关电源断路器置于off位置；4）在主电源控制柜设立醒目标志确保停机期间不合闸；详细停机操作步骤按供应商或项目城市依据实际情况进行调整和补充。

二、维护保养

氧化沟系统的日常维护工作主要包括以下几个方面的内容：（1）每白班对设备及构筑物的表面进行清洁工作；（2）曝气器，活动堰板润滑油油位及油质；（3）曝气器，推流器等设备的紧固；（4）栏杆、支架等金属构件的除锈和防腐；（5）其他设备操作维护手册要求进行的工作。

操作人员在日常维护过程中应按要求填写维护记录表（见附表9）。

三、技术指标

生物处理单元技术指标见表4-2。

表4-2　生物处理单元技术指标

技术指标	DO/mg·L^{-1}		MLSS /g·L^{-1}	SV（30 min） /%	pH值	BOD$_5$：N：P
	好氧段	缺氧段				
范围	2	0.5	2~4	15~30	6~9	100：5：1

任务七　二沉池

一、操作规程

二沉池启动分为空池启动和满池启动，下列启动操作步骤均为空池启动，若为满池启动，其水下检查部分可以省略。

（1）启动操作。在启动检修后重新投入运行的二沉池系统前，应进行启动前检查：1）控制闸门启闭性能良好；2）池内无砂或其他残渣；3）机械设备润滑和油位合适；4）动力、开关柜、控制系统、齿轮、传动齿轮、行走轮子、超载保护装置和轮道具备运行条件；5）桥架刮泥机运行数圈以检查刮泥机上的橡胶刷的位置是否合适，若位置太高或太低应及时调整。同时机械的运行应稳定匀速旋转且无颠簸或上下跳跃的现象发生，渣斗能收集浮渣；6）若刮泥机系统装配有超载报警装置时，应测试机械设备在超载的情况下是否会自动报警和停机；7）水面以下设备的紧固与防腐；8）配水池和回流污泥管线无残渣或堵塞情况；9）沉淀池结构防腐良好、无开裂和其他潜在故障；10）集水堰板水平、无缺陷。

启动操作。沉淀池启动操作程序为：1）启动进水闸门开始进水；2）启动刮泥装置；3）污泥回流和剩余污泥排放。

详细启动操作步骤由供应商或项目城市依据实际情况进行调整和补充。

启动进水闸门进水到沉淀池中，进水时操作人员应使各池均匀进水。当沉淀池进水2 h时，启动刮泥机。

在启动操作阶段应测定刮泥机完成一个工作周期的各种运行参数，并与设计值和设备验收记录对照，判断是否在正常范围内。

在启动运行后要增加巡检频率，第一次间隔30 min，第二次间隔45 min，如果没有问题出现，系统即可转入正常巡检。

（2）巡检。二沉池日常巡检工作包括：沉淀池出水浊度检测；沉淀池中泥位高度；出水堰口出水均匀情况；刮泥机运行情况；刮泥机驱动电机异常噪声和振动；浮渣刮除情况；浮渣收集口排渣情况。

二沉池巡检频率为每2 h进行一次，实际巡检频率应根据实际情况进行调整。操作人员在日常巡检过程中应按要求填写巡检记录表（见附表10）。

（3）停机操作。停机操作程序如下：1）将进水引入到其他的沉淀池并关闭该沉淀池的进水和出水控制闸门；2）将池中积泥清除；3）除泥后停止刮泥机工作。

详细停机操作步骤由供应商或项目城市依据实际情况进行调整和补充。

二、日常维护

日常维护内容及频率如下：（1）刮泥机及桥架、沉淀池进行清洁工作；（2）沉淀池表面刮渣机无法刮除的浮渣清捞；（3）机械设备润滑；（4）机械设备紧固；（5）系统防腐和油漆；（6）其他设备操作维护手册要求进行的内容。

操作人员在日常维护过程中应按要求填写维护记录表（见附表11）。

三、安全技术

（1）启动操作过程中，当在池底工作时应戴安全帽以防止从上部掉下的物体对身体造成伤害。

（2）非操作人员未经允许不得上刮泥机，同时不准多人同时上刮泥机。

（3）设备检修中应在设备电路上设置严禁合闸标志以防止其他人员在不知情的情况下合闸造成设备和人身伤害。

四、技术指标

二沉池技术指标见表4-3。

表4-3　二沉池技术指标

表面负荷/$m^3 \cdot (m^2 \cdot h)^{-1}$	出水浊度合格率/%
按设计值	98

任务八　消　毒

按现行《城镇污水处理厂污染物排放标准》（GB 18918—2002）对排放水质要求中新增粪大肠菌群数控制指标，因此，污水处理厂都要消毒，才有可能使处理水质达标（消毒可采用加氯、加二氧化氯、次氯酸钠和紫外线杀菌，目前我国广泛采用加注液氯、也有采用就地生产次氯酸钠加注，这已是一个趋势，安全、可靠）。

一、操作规程

（一）确定加氯量

消毒可以杀死排放污水中的病菌，防止病疫传播与扩散，但加氯与有机物反应后，会生成致癌物质，因此既要消灭病菌，又要尽量减少加氯量，国标要求控制粪大肠菌群数（易测，又可反映病菌杀灭情况的一种间接指标），因此应通过实验来确定加氯指标，再按排水量计算加氯量，步骤为：（1）测定出水中的大肠菌群数；（2）将该水样分为6个100 mL的杯样；（3）在每个杯样中加0.5 mg、0.6 mg、0.7 mg、0.8 mg、0.9 mg、1.0 mg氯，则每个杯样的加氯指标分别为5 mg/L、6 mg/L、7 mg/L、8 mg/L、9 mg/L、10 mg/L；（4）搅拌水样，模拟实际运行中，污水在接触池中停留时间；（5）达到停留时间后，分别测定大肠菌群数；（6）取大肠菌群数达标所需的最小投氯量；（7）按日平均进水量求加氯量。加氯量（kg/h）=［$Q_{平均}$（m^3/h）×试验求得的加氯指标（mg/L）］/1000。

（二）开机步骤

（1）将准备使用的氯并移到加氯位置，测定重量，确定氯瓶中有氯。

（2）若为500 kg以上氯瓶则将出氯阀旋转至上下垂直，将氯瓶的出氯阀一端稍微垫高，并严格使用上出氯阀，挂上"使用"牌。

（3）清除出氯总阀阀口杂物，垫上专用垫片，安装氯气连接管。

（4）在正常加氯前，应先开启加压泵，使水射器正常工作。在停止加氯后，加压泵应持续工作 2～3 min 后，方可停止运行。

（5）稍许开启出氯总阀，用 10% 的氨水检查联结点是否漏氯，氯阀是否出氯，如果气温较低，开启喷淋加温，并应严格防止出氯总阀淋水受腐蚀。并按上节实验要求的加氯量加注。

（6）加氯机的使用，请按照所使用的加氯机使用说明编写。

（7）氯瓶中的液氯不得用尽，当氯瓶压力下降到 0.05～0.10 MPa 时或者剩余氯量为 10～20 kg 时应关闭出氯总阀，更换氯瓶。用尽的氯瓶挂上"空瓶"牌。若因操作不当，氯瓶进水要作为设备事故处理，并立即报告厂长。

（三）巡检

检查氯瓶剩余氯量，检查氯瓶是否结霜，喷淋是否正常，出氯总阀是否受到保护未被淋湿，检测是否漏氯，加氯机加氯量是否在控制指标内，校核污水量及 pH 值是否变化，按其变化调整加氯量，检查水射器是否正常，加氯机其余需要巡检内容，按产品使用说明书编写。

交班前一次巡检还应增加对氯瓶、加氯机、加氯间室内和室外卫生责任区进行保洁，对氯瓶挂牌，安全防护用品、工具、消防用品、照明及保洁用品进行检查与就位，为交接班巡检做好准备。

巡检中应将巡检内容，发现的问题及其处理情况，详细填写在巡检记录表（见附表 12）。

二、维护保养

操作人员在日常维护过程中应按要求填写维护记录表。

三、技术指标

粪大肠菌群数指标合格率（每周检测一次）和余氯检出率。

任务九　化学除磷

一、操作规程

（1）化学药剂溶解和配制。化学试剂溶解和配制程序为：溶解槽中进水至一定量→同时将定量化学药剂加入溶解槽中→开始搅拌至完全溶解→溶药槽→持续进水至要求的药液浓度。化学药剂的配制浓度应根据实际运行情况进行调整。在运行的过程中应经常注意液位控制系统的工作状态，复核溶解槽中化学药剂液位，以避免计量泵空转和无化学药剂投加。

（2）开机操作。化学除磷系统开机前应对系统进行检查，检查内容如下：1）加药管线无泄露；2）计量泵具备运行条件；3）加药管线阀门启闭状态符合设计要求；4）反应池具备运行条件。

系统检查完成后，即可进行启动操作，启动操作的程序为：1）反应池进水（若为机械反应池，应同时启动搅拌装置启动）；2）启动计量泵投加化学药剂。

详细启动操作步骤由供应商或项目城市依据实际情况进行调整和补充。

（3）巡检。日常巡检工作内容包括：1）溶液槽中化学药剂液位并根据实际情况来配置化学药剂；2）反应池搅拌器工作状况；3）电机润滑油；4）计量泵工作状况；5）加药管线是否有泄漏现象；6）加药管线支撑及固定情况；7）根据出水含磷量和水量变化调节化学药剂的投加量。

化学除磷系统巡检线路，根据实际情况自行确定，巡检频率为每2 h进行一次，出水含磷量不稳定时，应增加巡检频率。操作人员在日常巡检过程中应按要求填写巡检记录表（见附表13）。

（4）停机操作。化学除磷系统停机操作步骤如下：1）停止计量泵工作；2）停止反应池进水；3）停止反应搅拌。

详细停机操作步骤由供应商或项目城市依据实际情况进行调整和补充。

二、维护保养

日常维护内容及频率如下：（1）每白班对机械设备和加药间清洁工作；（2）机械设备润滑；（3）机械设备紧固；（4）系统防腐和油漆；（5）其他设备操作维护手册要求进行的内容。

操作人员在日常维护过程中应按要求填写维护记录表（见附表14）。

三、技术指标

系统出水总磷浓度合格率：99%。

任务十　鼓风机房的操作运行

一、操作规程

（1）开机操作。启动前检查包括：1）供电系统检查；2）空气过滤系统检查；3）冷却系统检查；4）风机检查；5）润滑系统检查；6）自控系统检查；7）保护系统检查；8）管路闸门检查；9）减振隔音系统检查。

启动操作：1）按生物池要求的空气量或中控室的指令选择风机和开机数量；2）启动风机；3）立即执行巡检任务。

具体启动操作步骤由供应商或项目城市依据实际情况进行调整和补充。

（2）巡检。日常巡检工作包括：1）进风口和空气过滤器；2）风机振动和噪声；3）电机振动和噪声；4）风机的油温、油压、风压、风量；电机电流、电压和轴承温度等参数；5）冷却和润滑系统是否畅通、压力和流量等参数；6）根据曝气池的需要量调节风机的风量；7）定期测量压缩空气中的含尘量等参数；8）压缩空气管线是否有泄漏情况；9）压缩空气管线支撑稳固情况。

风机房巡检线路根据实际情况编写，巡检频率为每2 h进行一次，当风量不正常或检修后应增加巡检频率。操作人员在日常巡检过程中应按要求填写巡检记录表（见附表15）。

（3）停机操作。详细启动操作步骤由供应商或项目城市依据实际情况进行调整和补充。

二、维护保养

日常维护内容如下：（1）机械设备和鼓风机房清洁工作；（2）通风廊道清洁；（3）清扫、调换空气过滤器的滤网和滤袋；（4）机械设备润滑；（5）机械设备和管道支撑的紧固；（6）系统防腐和油漆；（7）其他设备操作维护手册要求进行的内容。

操作人员在日常维护过程中应按要求填写维护记录表（见附表16）。

三、技术指标

采用微孔曝气器时，空气含尘量应小于 15 mg/1000 m³，采用其他曝气器时，应按设计说明或设备样本要求的空气含尘量控制。

任务十一　回流污泥泵房

回流污泥泵房中设置回流污泥泵和剩余污泥泵（本节按潜水泵编写，若项目单位选用其他泵型则应按所选泵型编写）。

一、操作规程

泵的开启和停机受工艺要求控制。

剩余污泥和回流污泥量的控制，主要由中控室按检测仪表传回的信息进行自动控制，在初次投入使用时和在用其他方法校核或作进一步调试时，可用手动控制操作，调试完成后再转入自控程序。

当需要手动操作剩余污泥泵或回流污泥泵时，首先检查污泥池泥位，检查泥泵是否安装正确，紧固件无松动，电缆接线盒正常，出水闸门是否关闭（设计另有规定除外），流量计是否正常，然后将切换开关切换至手动位置，检查三相电源电压，拟开电机温度、湿度是否正常，启动电机，监听泵机声音，监视电压、电流表，若声音正常，电流回跌后，缓慢开启出水闸阀，按工艺对流量的要求控制闸阀开启度，监视电压与电流是否处在合理幅度内，报告中控室开机时间并与中控室核对各运行参数，并可转入自控运行，若开机过程中发现有任何不正常现象不得开机，或已开机的应立即停机检查原因，排除故障后，才能重新开机，但重新开机必须在关死闸阀，电机完全停止 5 min 后才可重新启动，重复启动仍然不成功的应按设备故障报修。

当需要手动停机操作时，应通知中控室检查电机温度、湿度是否正常，关闭出水闸门，将切换开关切至手动位置，并关闭电机。

二、巡检

污泥泵房的巡检主要应对每台工作机泵的运转声音、三相电压、电流、传感器、湿度、温度、机泵出口压力以及切换开关是否在设定的自控或手动位置。

巡检频率为 2 h 一次，每班四次，最后一次与接班人共同进行，并增加卫生及消防、劳保及工具等检查内容，巡检记录表见附表 17。

三、维护保养

吸泥池的清理应与进水泵房的吸水池同步清理和检查池体有无裂缝和腐蚀情况，若结构已经稳定，积泥和腐蚀并不严重，也可与进水泵房一样延长清理周期。

清理前必须做好充分的人力、物力、照明、通风和安全的准备，关闭进泥闸门，将切换开关切换至手动，开主机，将泥位降至最低后关闭泵出口闸门，停机，切断所有主机电源，逐一起吊潜污泵，放入小型移动式潜水泵继续排空泥池，同时用高压水枪冲淤和清洗池壁，需下池作业时，必须严格"狭小空间内的安全操作要求"进行作业，要点是进行强制通风，在最不利点检测有毒气体的浓度和亏氧量，达到要求后才可下人，同时必须继续通风，强度可以适当减弱，但不能停止，要有人监护，下池工作时间不宜超过 30 min。检查水池裂缝和腐蚀情况，检查管道、导轨和接口腐蚀及稳固情况，检查泥位检测污泥浓度计等仪表，若有问题加以处理，做出记录，清池的同时机电检修工人应对起吊的潜污泵清洗检查和维护。然后恢复机泵的安装，检验合格后可恢复生产，必要时应同时清洗与检查配泥井。

巡检人员应及时填写巡检记录表。

任务十二 污泥脱水间运行操作与维护（以带式压滤机为例）

一、操作规程

（1）混凝剂的配制。混凝剂配制程序为：溶解槽中进水至一定量→同时将定量化学药剂加入溶解槽中→开始搅拌至完全溶解→溶药槽→持续进水至要求的药液浓度。（详细混凝剂配置操作步骤由供应商或项目城市依据实际情况进行补充。）

混凝剂的投加量应根据污泥的性质、硝化程度、污泥含水量等因素进行调整。应根据混凝剂的种类、允许的储存有效期和储存条件等来确定储备量，混凝剂应同时遵循先存先用的原则。

（2）开机操作。启动前检查包括：1）混凝剂投加系统（包括计量泵、混凝剂配置情况、液位控制系统、管道系统和溶药罐等）具备工作条件；2）带式压滤机（包括滤带、滤带纠偏装置、驱动装置、反冲洗系统、污泥投加装置、皮带运输机运泥车辆及排水系统等）具备工作条件，启动带式压滤机空转数分钟确定无故障；3）污泥配料泵具备工作条件；4）动力和自动控制系统具备运行条件。

确保以上检查工作完成以后，即可启动污泥脱水系统，启动步骤为：1）根据储泥池泥量或根据剩余污泥排放量进行污泥脱水操作；2）混凝剂投加；3）启动带式压滤机（包括反冲洗系统和皮带输送机和调配污泥运输车辆）；4）启动污泥投配泵，观察脱水机运行情况和调整投配污泥量，相应调节混凝剂投加量，直到出口污泥达到含水率标准。

详细启动操作步骤由供应商或项目城市依据实际情况进行调整和补充。

系统投入运行后应确保污泥脱水间的通风。

（3）巡检。日常巡检工作包括：1）检测出水污泥含水率；2）根据污泥含水率调整加药量和带机运行参数；3）计量泵振动和噪声；4）投加管线泄漏情况；5）混凝剂溶液液位，并根据需要配制混凝剂溶液；6）带式压滤机振动和噪声；7）反冲洗装置运行状况，反冲洗水若需要加压，则应检查加压泵的工作状况；8）滤带纠偏装置工作状况，若用压缩空气进行纠偏，则应检查空压机的工作状况；9）污泥投加泵出口压力、振动和噪声；10）污泥投加情况（是否有污泥投加等情况）；11）皮带运输机工作状况；12）脱水后污泥装车情况；13）机械设备润滑油及润滑油油位；14）其他巡检工作。

污泥脱水系统日常巡检路线应根据实际情况确定。巡检频率为每 2 h 进行一次，出口污泥含水率不稳定或设备不太正常以及设备检修后应增加巡检频率直到正常为止。操作人员在日常巡检过程中应按要求填写巡检记录表（见附表18）。

（4）停机操作。污泥脱水装置停机操作顺序为：1）停止污泥投配泵运行；2）停止混凝剂投加；3）停止带式压滤机运行（包括反冲洗系统和皮带运输机）；4）用清水将压滤机、皮带运输机和滤布等冲洗干净；5）若停机时间较长，则应将计量泵和加药管线、污泥泵和污泥管线用清水冲洗干净。

详细停机操作步骤由供应商或项目城市依据实际情况进行调整和补充。

二、维护保养

日常维护内容及频率如下：（1）每日班对计量泵、加药间、药室、机械设备和污泥脱水间及污泥堆积场进行清洁工作；（2）药剂溶解搅拌机维护工作；（3）计量泵维护和校准工作；（4）皮带输送机维护工作；（5）压滤机机械设备润滑油投加；（6）压滤机机械设备和管道支撑等的紧固；（7）系统防腐和油漆；（8）其他设备操作维护手册要求进行的内容。

操作人员在日常维护过程中应按要求填写维护记录表。

三、技术指标

污泥脱水技术指标见表4-4。

表 4-4　污泥脱水技术指标

脱水后污泥含水率	混凝剂占污泥干重比率	小时处理污泥量
<80%	0.2%~0.4%	120~350 kg 干泥/（m² · h）

四、脱水后污泥的处置

脱水后污泥通过皮带运输机收集到卡车或其他收集装置后，运送到指定地点进行处置。

习　题

一、单选题

1. 污水处理中不需要加的药品是（　　）。
   A. 氯化钙　　　　　　B. 灭藻剂　　　　　　C. 聚合氯化铝　　　　D. 聚丙烯酰胺

2. 在城市污水处理厂，常设置在泵站、沉淀池之前的处理设备有（　　）。
   A. 格栅　　　　　　　B. 筛网　　　　　　　C. 沉砂池　　　　　　D. 上述三种

3. 活性污泥处理系统的主体是（　　）。
   A. 曝气池　　　　　　B. 厌氧池　　　　　　C. 二沉池　　　　　　D. 污泥浓缩池

4. 微生物将废水中的有机氮转化为 NH_4^+ 的过程称为（　　）。
   A. 氨化　　　　　　　B. 氯化　　　　　　　C. 氮化　　　　　　　D. 铝化

5. 下列哪项不是水质控制的指标（　　）。
   A. pH 值　　　　　　B. 悬浮物　　　　　　C. 水温　　　　　　　D. BOD_5

6. 下列哪一项不是配水池日常检测项目（　　）。
   A. COD　　　　　　　B. pH 值　　　　　　C. SV　　　　　　　　D. NH_3-N

7. 下列各项中，不属污水深度处理的是（　　）。
   A. 去除水中的漂浮物　　　　　　　　　　B. 进一步降低 COD、BOD、TOC 等指标
   C. 脱氮、除磷　　　　　　　　　　　　　D. 去除水中有毒、有害物质

8. 水中杂质的种类很多，按其性质可分为（　　）。
   A. 无机物和有机物　　　　　　　　　　　B. 有机物和微生物
   C. 无机物、有机物和微生物　　　　　　　D. 无机物、有机物、悬浮物

9. 耗氧物质的污染指标为（　　）。
   A. BOD、SS、TOD　　　　　　　　　　　B. SS、COD、BOD
   C. COD、BOD、TOD　　　　　　　　　　D. TOD、SS、BOD

10. 污水中含氮化合物有四种形态，是指（　　）。
    A. 总氮、有机氮、亚硝酸盐氮、硝酸盐氮
    B. 有机氮、氨氮、亚硝酸盐氮、硝酸盐氮
    C. 有机氮、凯氏氮、氨氮、硝酸盐氮
    D. 总氮、氨氮、凯氏氮、硝酸盐氮

11. 污水处理系统或水泵前必须设置格栅，格栅栅条间隙宽度在污水处理系统前，采用机械清除时为
    （　　）mm。
    A. 16～25　　　　　B. 25～40　　　　　C. 40～50　　　　　D. 50～60

12. 活性污泥微生物的增殖量是（　　）。
    A. 微生物合成反应和内源代谢反应两项活动的差值
    B. 微生物合成反应的量
    C. 微生物内源代谢反应的量
    D. 回流污泥的量

13. 以下关于曝气系统的描述正确的是（　　）。
    A. 曝气装置一般采用空气扩散曝气和机械表面曝气等方式
    B. 曝气装置在曝气池中可提供微生物生长所需的溶解氧

  C. 曝气装置有搅拌曝气池中混合液的作用

  D. 以上描述均正确

14. 污泥龄的含义是（　　）。

  A. 曝气池内活性污泥总量与每日排放污泥量之比

  B. 曝气池内活性污泥总量与每日回流泥量之比

  C. 曝气池内活性污泥中有机固体物质的量与每日排放污泥量之比

  D. 每日排放污泥量与每日回流污泥量之比

15. A/A/O（A^2O）法中，第一个 A 段是指（　　），其作用是（　　），第二个 A 段是指（　　），其作用是（　　），应选（　　）。

  A. 厌氧段，释磷，缺氧段，脱氮　　　　　B. 缺氧段，释磷，厌氧段，脱氮

  C. 厌氧段，脱氮，缺氧段，释磷　　　　　D. 缺氧段，脱氮，厌氧段，释磷

16. 污泥回流的主要目的是保持曝气池中的（　　）。

  A. DO   B. MLSS   C. 微生物   D. 污泥量

17. 厌氧消化后的污泥含水率（　　），还需进行脱水、干化等处理，否则不宜长途输送和使用。

  A. 60%   B. 80%   C. 很高   D. 很低

18. 如果二沉池大量翻泥说明（　　）大量繁殖。

  A. 好氧菌   B. 厌氧菌   C. 活性污泥   D. 有机物

19. 好氧微生物处理适用于（　　）。

  A. 高浓度有机工业废水   B. 低浓度工业废水和城市污水

  C. 酸性废水   D. 雨水

20. 活性污泥净化废水主要阶段是（　　）。

  A. 黏附   B. 有机物分解和有机物合

  C. 吸附   D. 有机物分解

21. 液氯消毒过程中起消毒作用的是（　　）。

  A. Cl_2 B. HClO   C. ClO^- D. Cl^-

22. 污水处理厂内设置调节池的目的是调节（　　）。

  A. 水温   B. 水量和水质   C. 酸碱性   D. 水量

23. 沉砂池的功能是从污水中分离（　　）较大的无机颗粒。

  A. 比重   B. 重量   C. 颗粒直径   D. 体积

24. 城市污水一般用（　　）法来进行处理。

  A. 物理法   B. 化学法   C. 生物法   D. 物化法

25. 关于有机负荷 F/M 的说法错误的是（　　）。

  A. 氧化沟及 A^2/O^+ 氧化沟工艺的宜保持在 0.05~0.10 kgBOD/（kgMLSS·d）

  B. A（缺氧）/O（好氧）生物脱氮工艺的宜保持在 0.05~0.15 kgBOD/（kgMLSS·d）

  C. A（厌氧）/O（好氧）生物除磷工艺的宜保持在 0.1~0.4 kgBOD/（kgMLSS·d）

  D. 氧化沟及 A^2/O^+ 氧化沟工艺的宜保持在 0.1~0.10 kgBOD/（kgMLSS·d）（MLVSS 核算）

二、判断题

1. COD 是衡量水里有机物含量的指标，COD 越小，说明水受有机物污染越严重。   （　　）

2. 当 BOD_5/COD 比值大于 0.3 时，污水的可生化性差，污水不可采用生物方法处理。 （　　）

3. 格栅的作用是用来截阻大块的呈悬浮或漂浮状态的污染物。   （　　）

4. 当生物处理装置内液体的 pH 值明显大于或小于中性值时，处理水的水质将会恶化，标准的 pH 值应控制在 1~14 范围内。   （　　）

5. 在活性污泥法中，曝气池混合液如果溶解氧浓度过低，易于滋生丝状菌，产生污泥膨胀，影响出水水质。 （　　）

6. 混合液中的 DO 浓度越高，ORP 值越高。当混合液中存在 NO_3^--N 时，其浓度越高，ORP 值也越高，厌氧段混合液的 ORP 应小于 -100 mV。 （　　）

7. 水体中耗氧的物质主要是还原性的无机物质。 （　　）

8. 水中的溶解物越多，一般所含的盐类也越多。 （　　）

9. 污泥浓度大小间接地反映混合液中所含无机物的量。 （　　）

10. 在污水处理中利用沉淀法来处理污水，其作用主要是起到预处理的目的。 （　　）

11. 按污水在池中的流型和混合特征，活性污泥法可分为生物吸附法和完全混合法。 （　　）

12. 生化需氧量是反映污水微量污染物的浓度。 （　　）

13. 对城市污水处理厂运行的好坏，常用一系列的技术经济指标来衡量。 （　　）

14. 阶段曝气法的进水点设在池子前段数处，为多点进水。 （　　）

15. 选择鼓风机的两个原则：（1）机型根据风压和供风量等选择；（2）采用在长期连续运行的条件下不发生故障的结构。 （　　）

项目五　自动化控制

任务一　电机与电气控制

一、三相异步电动机的结构及工作原理

（一）三相异步电动机的结构

三相异步电动机由定子和转子两大基本部分构成，常见三角系列三相异步电动机的外形及结构如图 5-1 所示。

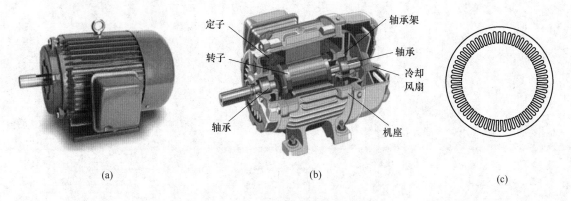

图 5-1　三相异步电动机的结构
（a）外形；（b）内部结构；（c）定子铁芯冲片

1. 定子

定子主要由定子铁芯、定子绕组和机座 3 个部分组成。定子的作用是通入三相对称交流电后产生旋转磁场以驱动转子旋转。

定子铁芯是电动机磁路的一部分，如图 5-1（c）所示，一般由导磁性能较好的硅钢片叠成圆筒形状，安装在机座内。定子绕组是电动机的电路部分，它嵌放在定子铁芯的内圆槽内。定子绕组分单层和双层两种。一般小型异步电动机采用单层绕组，中、大型异步电动机绕组采用双层绕组。

机座是电动机的外壳和支架，用来固定和支撑定子铁芯和端盖。机座一般用铸铁制成。

电动机的定子绕组一般采用漆包线绕制而成，分 3 组分布在定子铁芯槽内，构成对称的三相绕组。三相绕组有 6 个出线端，分别用 U_1、U_2，V_1、V_2，W_1、W_2 标示，连接在电动机机壳上的接线盒中，其中 U_1、V_1、W_1 是三相绕组的首端，U_2、V_2、W_2 是三相绕组

的末端。三相定子绕组可以连接成星形接法或三角形接法，如图5-2所示。

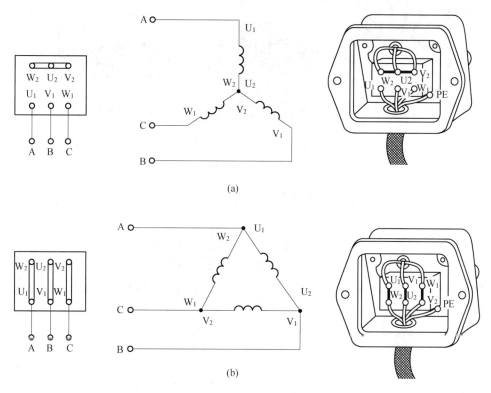

图5-2　三相异步电动机定子绕组的接线

（a）星形接法；（b）三角形接法

　　使用者应根据电动机铭牌上规定的接法进行正确接线。若使电动机反转时，可将任意两相电源线头调换一次位置（即改变电源相序一次来改变电动机的转向）。

　　2. 转子

　　转子主要由转子铁芯、转子绕组和转轴3个部分组成。转子的作用是产生感应电动势和感应电流，形成电磁转矩，实现机电能量的转换，从而带动负载机械转动。

　　转子铁芯和定子铁芯、气隙一起构成电动机的磁路部分。转子铁芯也用硅钢片叠压而成，压装在转轴上。异步电动机的转子绕组按结构形式不同可分为笼型转子和绕线式转子两种。

　　（1）笼型转子。笼型转子绕组由嵌在转子铁芯槽内的裸导条（铜条或铝条）组成。导条两端分别焊接在两个短接的端环上，形成一个整体。中、小型电动机的笼型转子一般都采用铸铝转子，即把熔化了的铝浇铸在转子槽内，形成笼型。大型电动机采用铜导条，三相异步电动机的转子结构如图5-3所示。

　　（2）绕线式转子。绕线式转子绕组与定子绕组相似，由嵌放在转子铁芯槽内的三相对称绕组构成，绕组作星形连接，3个绕组的尾端连接在一起，3个首端分别接在固定在转轴上彼此绝缘的3个铜制滑环上，通过电刷与外电路的可变电阻相连，用于启动或调速，如图5-3（d）所示。

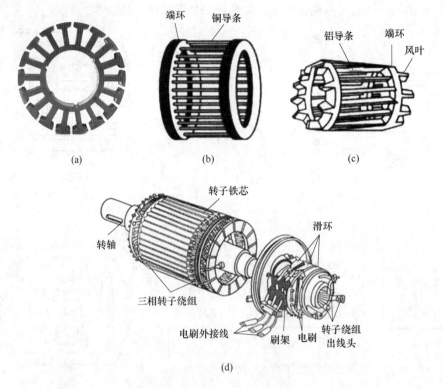

图 5-3　三相异步电动机的转子结构

（a）转子铁芯冲片；（b）笼型铜条转子；（c）笼型铸铝转子；（d）绕线式转子

（二）三相异步电动机的旋转原理

如图 5-4（a）所示，假设三相异步电动机每相绕组由一个线圈组成，3 个线圈在空间彼此相隔 120°。图 5-4（b）中的三相绕组作星形连接，由于三相绕组是对称的，因此接通三相对称电源后，定子绕组中便流过三相对称电流：

$$i_U = I_m \sin\omega t$$

$$i_V = I_m \sin\left(\omega t - \frac{2}{3}\pi\right)$$

$$i_W = I_m \sin\left(\omega t - \frac{4}{3}\pi\right)$$

三相定子绕组电流的波形如图 5-5 所示，规定电流的正方向是由线圈的首端进，尾端出。

当 $\omega t = 0$ 时，$i_U = 0$，即 U 相绕组（U_1、U_2绕组）内没有电流，i_V 是负值，V 相绕组（V_1、V_2绕组）中的电流方向与正方向相反，此时电流由 V_2 流进，由 V_1 流出，i_W 是正值，W 相绕组（W_1、W_2绕组）内的电流方向与正方向相同，此时电流由 W_1 流进，由 W_2 流出。运用右手螺旋定则，可判定这一瞬间的合成磁场方向，三相两极旋转磁场如图 5-5 所示。

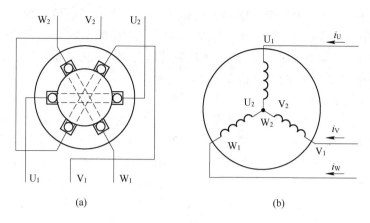

图 5-4　定子三相绕组和绕组中流过的电流

（a）定子三相绕组；（b）绕组中流过的电流

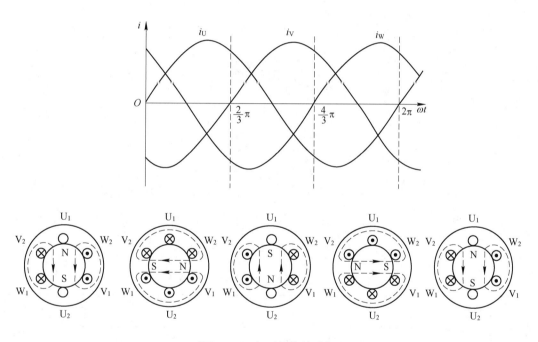

图 5-5　三相两极旋转磁场

　　当 $\omega t = \pi/2$ 时，i_U 是正值，电流由 U_1 流进，由 U_2 流出，i_V 是负值，电流由 V_2 流进，由 V_1 流出，i_W 是负值，电流由 W_2 流进，由 W_1 流出。如图 5-5 所示，合成磁场的方向在空间按顺时针方向旋转了 90°。

　　当 $\omega t = \pi$ 时，合成磁场的方向在空间按顺时针方向继续旋转了 90°；当 $\omega t = 3\pi/2$ 时，合成磁场的方向在空间按顺时针方向又旋转了 90°；当 $\omega t = 2\pi$ 时，合成磁场的方向与 $\omega t = 0$ 时的方向一致。由此可见，随着定子绕组中的三相电流不断地变化，它所产生的合成磁场也在空间不断地旋转。

　　由以上分析可知，当交流电变化一周时，旋转磁场在空间正好转过一周。所产生的旋转磁场由于只有一对 N、S 磁极，故称为三相两极旋转磁场（磁极对数为一对，$P=1$）。当交流电的频率为 50 Hz 时，两极旋转磁场每秒钟将在空间旋转 50 周，其转速为：$n_1 = 60 f_1 = 60 \times 50$ r/min $= 3000$ r/min。旋转磁场的旋转速度也可称为同步转速。

因此，旋转磁场的产生必须具备 2 个条件：

（1）三相绕组必须对称，在定子铁芯空间上互差 120°电角度。

（2）通入三相对称绕组的电流也必须对称，大小、频率相同，相位相差 120°。

要想获得四极旋转磁场，每相绕组应设置 2 个线圈，分别放置在 12 个定子铁芯槽内，其空间排列如图 5-6 所示。图中各相绕组均分别由两只相隔 180°的线圈串联组成（如 U 相由线圈 U_1、U_2 和 U_1'、U_2' 串联组成）。当三相交变电流通过这些线圈时，便能产生四极旋转磁场（两对磁极，$P=2$）。当交流电变化一周时，旋转磁场在空间转过 1/2 周。由此类推，当旋转磁场具有 P 对磁极时，交流电每变化一周，其旋转磁场就在空间转过 $1/P$ 周。因此，旋转磁场的转速力同定子绕组的电流频率 f_1 及磁极对数 P 之间的关系为：$n_1 = \dfrac{60 f_1}{P}$。

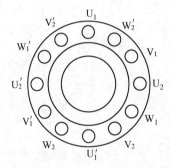

图 5-6　三相四极旋转磁场定子绕组的空间排列

$f_1 = 50$ Hz 时，不同磁极对数对应的同步转速值如表 5-1 所示。

表 5-1　不同磁极对数对应的同步转速值

磁极对数 P	1	2	3	4	5
同步转速/r·min^{-1}	3000	1500	1000	750	600

异步电动机转子导体上的电流是感应产生的，所以异步电动机也可称为感应电动机。感应电动机的转速总是小于旋转磁场的转速（同步转速），故称为异步电动机。

（三）三相异步电动机的转动原理

1. 转子感生电流的产生

以两极电动机为例说明感生电流的产生，图 5-7 所示为电动机的剖面图，转子上画的是转子绕组有效边的截面，转子绕组有效边也称为转子导体。假定旋转磁场以转速 n_1 做顺时针旋转，而转子开始时是静止的，故转子导体将被旋转磁场切割而产生感应电动势。

感应电动势的方向用右手定则判定：由于运动是相对的，可以假定磁场不动而转子导体作逆时针旋转，又因转子导体两端被短路环短接，导体已构成闭合回路，导体中感生电流从上部流入，下部流出。

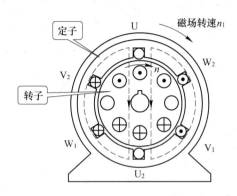

图 5-7　异步电动机的工作原理

2. 转子电磁力矩的产生

有感生电流的转子导体在旋转磁场中会受电磁力的作用，力的方向用左手定则判定，如图 5-7 所示。转子导体受到电磁力的作用，形成一个顺时针方向的电磁转矩，驱动转子顺时针旋转，与定子的旋转磁场方向相同。

由图 5-8 （a） 可知，磁场旋转的方向与通入定子绕组的电流相序一致。电流相序为 U—V—W 时，磁场的旋转方向由 U 相—V 相—W 相，按顺时针方向旋转。如欲使旋转磁场反转，只要把接在定子绕组上的 3 根电源线中的任意 2 根对调，改变通入三相绕组中的电流相序即可。如图 5-8 （b） 中，V 相电流入 W 相绕组，W 相电流入 V 相绕组，则电动机反转。

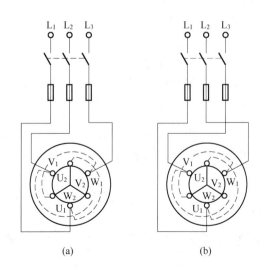

图 5-8　异步电动机的正转与反转

（a）顺时针旋转；（b）逆时针旋转

二、低压断路器

低压断路器也称为自动空气开关，可用来接通和分断负载电路，也可用来控制不频繁启动的电动机。它功能相当于闸刀开关、过电流继电器、失压继电器、热继电器及漏电保护器等电器部分或全部功能的总和，是低压配电网中一种重要的保护电器。

低压断路用具有多种保护功能（过载、短路、欠电压保护等）、动作值可调、分断能力高、操纵方便、安全等优点，所以目前被广泛应用。

低压断路器由操纵机构、触点、保护装置（各种脱扣器）、灭弧系统等组成。低压断路器工作原理图如图 5-9 所示。

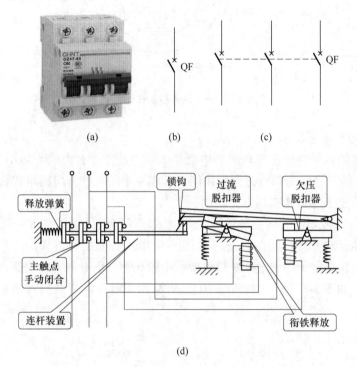

图 5-9　低压断路器工作原理图
（a）低压断路器外形图；（b）单相低压断路器符号；
（c）三相低压断路器符号；（d）低压断路器结构图

低压断路器的主触点是靠手动操作或电动合闸的。主触点闭合后，自由脱扣机构将主触点锁在合闸位置上。过电流脱扣器的线圈和热脱扣器的热元件与主电路串联，欠电压脱扣器的线圈和电源并联。

当电路发生短路或严重过载时，过电流脱扣器的衔铁吸合，使自由脱扣机构动作，主触点断开主电路。

当电路过载时，热脱扣器的热元件发热使双金属片上弯曲，推动自由脱扣机构动作，主触点断开主电路。

当电路欠电压时，欠电压脱扣器的衔铁释放，也使自由脱扣机构动作，主触点断开主电路。

三、接触器

接触器是一种通用性很强的自动电磁式开关电器，是电力拖动与自动控制系统中一种重要的低压电器。它可以频繁地接通和分断交、直流主电路及大容量控制电路。其主要控制对象是电动机，也可用于控制其他设备，如电焊机、电阻炉和照明器具等电力负载。

交流接触器由电磁机构、触点系统和灭弧系统 3 部分组成。电磁系统是接触器的重要组成部分，由线圈、铁芯（静触头）和衔铁（动触头）3 部分组成，图 5-10 为 CJX2 接触器电磁系统结构图。其作用是利用电磁线圈的通电或断电，使衔铁和铁芯吸合或释放，从而带动动触点与静触点接通或断开，实现接通或断开电路的目的。

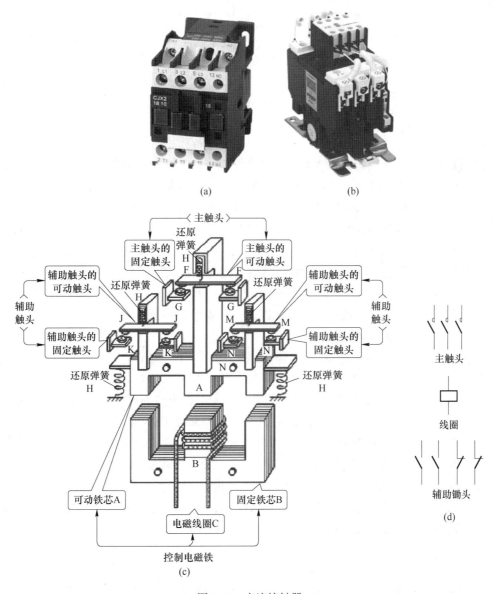

图 5-10 交流接触器
（a）交流接触器外形图；（b）带辅助触点的交流接触器；（c）交流接触器内部结构；（d）交流接触器符号

交流接触器的线圈是由漆包线绕制而成的，以减少铁芯中的涡流损耗，避免铁芯过热。交流接触器的铁芯和衔铁一般用 E 形硅钢片叠压铆成。同时交流接触器为了减少吸合时的振动和噪声，在铁芯上装有一个短路的铜环作为减震器，使铁芯中产生了不同相位的磁通量 Φ_1、Φ_2，以减少交流接触器吸合时的振动和噪声，其材料一般为铜、康铜或镍铬合金。短路环如图 5-11 所示。

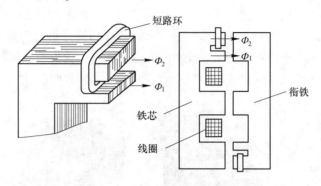

图 5-11　交流接触器的短路环

触点系统用来直接接通和分断所控制的电路，根据用途不同，接触器的触头分主触头和辅助触头 2 种。主触头通常为 3 对，构成 3 个常开触头，用于通断主电路。通过的电流较大。接在电动机主电路中。辅助触头一般有常开、常闭各 2 对，用在控制电路中起电气自锁各互锁作用。辅助触头通过的电流较小，通常接在控制回路中。

当接触器触点断开电路时，若电路中动、静触点之间的电压超过 10~12 V，电流超过 80~100 mA，则动、静触点之间将出现强烈火花，这实际上是一种空气放电现象，通常称为"电弧"。随着两触点间距离的增大，电弧也相应地拉长，不能迅速切断。由于电弧的温度高达 3000 ℃或更高，导致触点被严重烧灼，缩短了电器的寿命，给电气设备的运行安全和人身安全等都造成了极大的威胁。因此，必须采取有效方法，尽可能消灭电弧。常采用的灭弧方法和灭弧装置有：

（1）电动力灭弧：电弧在触点回路电流磁场的作用下，受到电动力作用拉长，并迅速离开触点而熄灭，如图 5-12（a）所示。

（2）纵缝灭弧：电弧在电动力的作用下，进入由陶土或石棉水泥制成的灭弧室窄缝中，电弧与室壁紧密接触，被迅速冷却而熄灭，如图 5-12（b）所示。

（3）栅片灭弧：电弧在电动力的作用下，进入由许多定间隔的金属片所组成的灭弧栅之中，电弧被栅片分割成若干段短弧，使每段短弧上的电压达不到燃弧电压，同时栅片具有强烈的冷却作用，致使电弧迅速降温而熄灭，如图 5-12（c）所示。

（4）磁吹灭弧：灭弧装置设有与触点串联的磁吹线圈，电弧在吹弧磁场的作用下受力拉长，吹离触点，加速冷却而熄灭，如图 5-12（d）所示。

四、中间继电器

中间继电器实质上是电压继电器的一种，它的触点数多，触点电流容量大，动作灵敏。中间继电器的主要用途是当其他继电器的触点数或触点容量不够时，可借助中间继电

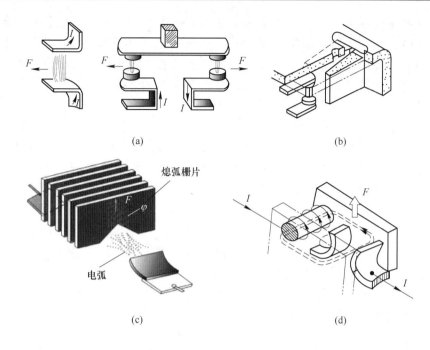

图 5-12　接触器的灭弧示意图

（a）电动力灭弧；（b）纵缝灭弧；（c）栅片灭弧；（d）磁吹灭弧

器来扩大它们的触点数或触点容量，从而起到中间转换的作用。中间继电器的结构及工作原理与接触器基本相同，因而中间继电器又称为接触器式继电器。但中间继电器的触头对数多，且没有主辅之分，各对触头允许通过的电流大小相同，多数为 5 A。因此，对于工作电流小于 5 A 的电气控制电路，可用中间继电器代替接触器实施控制。中间继电器如图 5-13 所示。

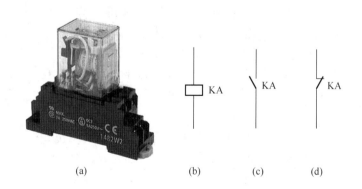

图 5-13　中间继电器

（a）外形图；（b）线圈；（c）常开触头；（d）常闭触头

中间继电器的主要用途有以下几点：

（1）增加接点数量。这是中间继电器最常见的用法，例如，在电路控制系统中一个接触器的接点需要控制多个接触器或其他元件时，可在线路中增加一个中间继电器。

（2）增加接点容量。中间继电器的接点容量虽然不是很大，但也具有一定的带负载能力，同时其驱动所需要的电流又很小，因此可以用中间继电器来扩大接点容量。比如一般不能直接用感应开关、三极管的输出去控制负载比较大的电器元件。而是在控制线路中使用中间继电器，通过中间继电器来控制其他负载，达到扩大控制容量的目的。

（3）转换接点类型。在工业控制线路中，常常会出现这样的情况，控制要求需要使用接触器的常闭接点才能达到控制目的，但是接触器本身所带的常闭接点已经用完，无法完成控制任务。这时可以将一个中间继电器与原来的接触器线圈并联，用中间继电器的常闭接点去控制相应的元件，转换一下接点类型，达到所需要的控制目的。

（4）用作开关。在一些控制线路中，一些电器元件的通断常常使用中间继电器接点的开闭来控制，例如彩电或显示器中常见的自动消磁电路，由三极管控制中间继电器的通断，从而达到控制消磁线圈通断的作用。

（5）转换电压。

（6）消除电路中的干扰。

五、热继电器

热继电器是专门用来对连续运行的电动机进行过载及断相保护，以防止电动机过热而烧毁的保护电器。

常用的热继电器有由 2 个热元件组成的两相结构和由 3 个热元件组成的三相结构 2 种形式。两相结构的热继电器主要由加热元件、主双金属片动作机构、触点系统、电流整定装置、复位机构和温度补偿元件等组成。如图 5-14 所示。

（1）热元件：是热继电器接收过载信号的部分，它由双金属片及绕在双金属片外面的绝缘电阻丝组成。双金属片由两种热膨胀系数不同的金属片复合而成，如铁-镍-铬合金和铁-镍合金。电阻丝用康铜和镍铬合金等材料制成，使用时串联在被保护的电路中。当电流通过热元件时，热元件对双金属片进行加热，使双金属片受热弯曲。热元件对双金属片加热的方式有 3 种：直接加热、间接加热和复式加热，如图 5-15 所示。

（2）触点系统：一般配有 1 组切换触点，可形成 1 个动合触点和 1 个动断触点。

（3）动作机构：由导板、补偿双金属片、推杆、杠杆及拉簧等组成，用来补偿环境温度的影响。

（4）复位按钮：热继电器动作后的复位有手动复位和自动复位 2 种，手动复位的功能由复位按钮来完成，自动复位功能由双金属片冷却自动完成，但需要一定的时间。

（5）整定电流装置：由旋钮和偏心轮组成，用来调节整定电流的数值。热继电器的整定电流是指热继电器长期不动作的最大电流值，超过整流电流此值就要动作。

由热继电器结构原理图可知，它主要由双金属片、加热元件、动作机构、触点系统、整定调整装置及手动复位装置等组成。双金属片作为温度检测元件，由 2 种膨胀系数不同的金属片压焊而成，它被加热元件加热后，因 2 层金属片伸长率不同而弯曲。

将热继电器的三相热元件分别串接在电动机三相主电路中，当电动机正常运行时，热元件产生的热量不会使触点系统动作；当电动机过载时，流过热元件的电流加

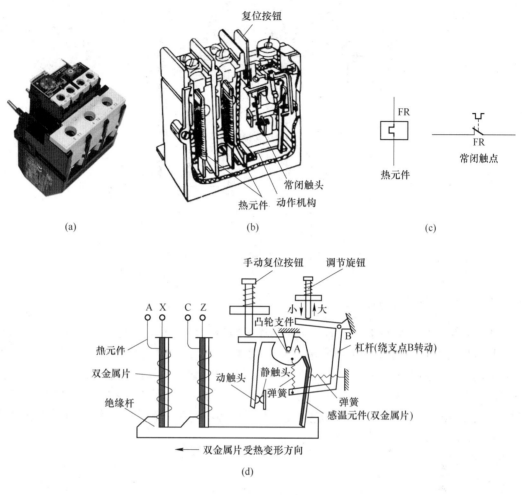

图 5-14　热继电器

（a）外形图；（b）结构图；（c）符号；（d）热继电器工作原理图

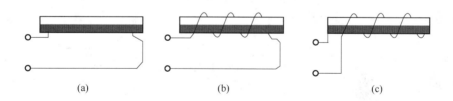

图 5-15　热继电器双金属片加热方式示意图

（a）直接加热；（b）间接加热；（c）复式加热

大，经过一定的时间，热元件产生的热量使双金属片的弯曲程度超过一定值，通过导板推动热继电器的触点动作（常开触点闭合，常闭触点断开）。通常用热继电器串接在接触器线圈电路的常闭触点来切断线圈电流，使电动机主电路失电。故障排除后，按手动复位按钮，热继电器触点复位，可以重新接通控制电路。三相热继电器如图5-16 所示。

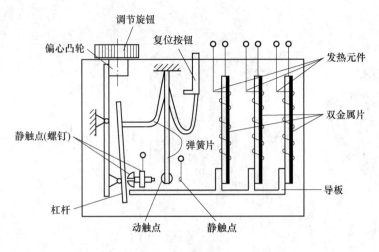

图 5-16　三相热继电器示意图

六、电动机自锁控制电路

在实际生产中，有些电动机需要长时间连续地运行，使用点动控制是不现实的，这就需要具有接触器自锁能力的控制电路。

因电动机是连续工作，必须加装热继电器以实现过载保护。具有过载保护的自锁控制电路的电气原理如图 5-17 所示，它与点动控制电路的不同之处在于控制电路中增加了一个停止按钮 SB_1，在起动按钮的两端并联了一对接触器的常开触头，增加了过载保护装置（热继电器 FR_1）。

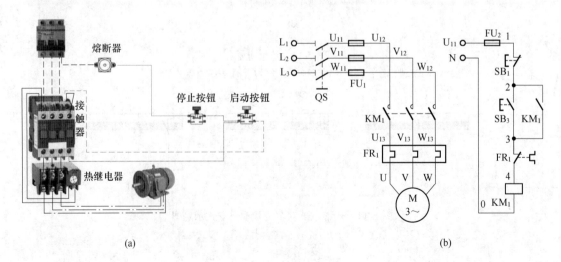

图 5-17　自锁控制电路

（a）自锁控制电路实物接线图；（b）自锁控制电路原理图

工作过程：当按下启动按钮 SB_3 时，接触器 KM_1 线圈通电，主触头闭合，电动机 M 启动旋转，当松开按钮时，电动机不会停转。因为这时，接触器 KM_1 线圈可以通过辅助触点继续维持通电，保证主触点 KM₁ 仍处在接通状态，电动机 M 就不会失电停转。这种松开按钮仍然自行保持线圈通电的控制电路叫作具有自锁（或自保）的接触器控制电路，简称自锁控制电路。与 SB₃ 并联的接触器常开触头称自锁触头。

（1）欠电压保护。"欠电压"是指电路电压低于电动机应加的额定电压。这样的后果是电动机转矩要降低，转速随之下降，会影响电动机的正常运行，欠电压严重时会损坏电动机，发生事故。在具有接触器自锁的控制电路中，当电动机运转时，电源电压降低到一定值时（一般降低到 85% 额定电压以下），由于接触器线圈磁通减弱，电磁吸力克服不了反作用弹簧的压力，动铁芯因而释放，从而使接触器主触头分开，自动切断主电路，电动机停转，达到欠电压保护的作用。

（2）失电压保护。当生产设备运行时，由于其他设备发生故障，引起瞬时断电，而使生产机械停转。当故障排除后，恢复供电时，由于电动机的重新启动，很可能引起设备与人身事故的发生。采用具有接触器自锁的控制电路时，即使电源恢复供电，由于自锁触头仍然保持断开，接触器线圈不会通电，所以电动机不会自行启动，从而避免了可能出现的事故。这种保护称为失电压保护或零电压保护。

（3）过载保护。具有自锁的控制电路虽然有短路保护、欠电压保护和失电压保护的作用，但实际使用中还不够完善。因为电动机在运行过程中，若长期负载过大或操作频繁，或三相电路断掉一相运行等原因，都可能使电动机的电流超过它的额定值，有时熔断器在这种情况下尚不会熔断，这将会引起电动机绕组过热，损坏电动机绝缘，因此，应对电动机设置过载保护，通常由三相热继电器来完成过载保护。

七、电动机正、反转控制电路

生产机械需要前进、后退，上升、下降等，这就要求拖动生产机械的电动机能够改变旋转方向，也就是对电动机要实现正、反转控制。正、反转控制线路是指采用某一方式使电动机实现正、反转向调换的控制。在工厂动力设备中，通常采用改变接入三相异步电动机绕组的电源相序来实现。如图 5-18 所示。

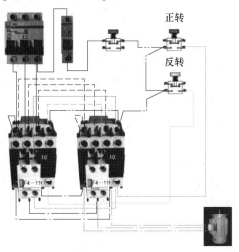

图 5-18 正、反转电气控制接线图

（一）控制线路

接触器、按钮双重互锁（联锁）的正、反转控制线路安全可靠、操作方便。常用接触器、按钮双重互锁（联锁）的正、反转控制如图 5-19 所示。

线路要求接触器 KM_1 和 KM_2 不能同时通电，否则它们的主触头同时闭合，将造成 L_1、L_3 两相电源短路，为此在 KM_1 和 KM_2 线圈各自的支路中相互串接了对方的一副常闭辅助触头，以保证 KM_1 和 KM_2 不会同时通电。KM_1 和 KM_2 这两副常闭辅助触头在线路中所起的作用称为互锁（联锁）作用。另一个互锁是按钮互锁，SB_1 动作时 KM_2 线圈不能通电，SB_2 动作时 KM_1 线圈不能通电。

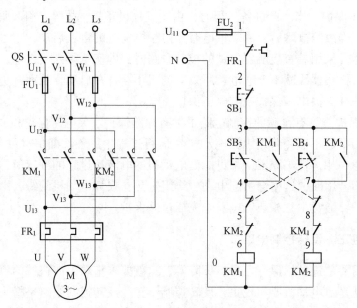

图 5-19　按钮、接触器双重互锁控制线路

（二）控制过程

线路的动作过程：先合上电源开关 QS。正转控制、反转控制和停止的工作过程如下。

（1）正转控制。按下按钮 SB_3→SB_3 常闭触点先分断对 KM_2 联锁（切断反转控制电路）→SB_3 常开触点后闭合→KM_1 线圈得电→KM_1 主触点闭合→电动机 M 启动连续正转。KM_1 联锁触点分断对 KM_2 联锁（切断反转控制电路）。

（2）反转控制。按下按钮 SB_4→SB_4 常闭触点先分断→KM_1 线圈失电→KM_1 主触点分断→电动机 M 失电→SB_4 常开触点后闭合→KM_2 线圈得电→KM_2 主触点闭合→电动机 M 启动连续反转。KM_2 联锁触点分断对 KM_1 联锁（切断正转控制电路）。

（3）停止。按停止按钮 SB_1→整个控制电路失电→KM_1（或 KM_2）主触点分断→电动机 M 失电停转。

八、电动机星三角降压启动

电动机星三角降压启动是指把正常工作时电动机三相定子绕组作三角联结的电动机，

启动时换接成按星形联结，待电动机启动好之后，再将电动机三相定子绕组按三角形联结，使电动机在额定电压下工作。采用星三角降压启动，可以减少启动电流，其启动电流仅为直接启动时的 1/3，启动转矩也为直接启动时的 1/3。大多数功率较大三角接法的三相异步电动机降压启动都采用这种方法。星三角降压启动控制电路一般分为 3 种，第一种是利用星三角降压转换器手动实现；第二种是利用按钮、接触器控制的星三角降压启动电路；第三种是利用时间继电器来控制的星三角降压启动电路。下面介绍一种星三角降压启动电路（时间继电器自动控制的星三角降压启动电路）的工作原理和工作过程。

（1）时间继电器自动控制的星三角降压启动电路工作原理。常见的星-三角降压启动自动控制线路如图 5-20 所示。图中主电路由 3 只接触器 KM_1、KM_2、KM_3 主触点的通断配合，分别将电动机的定子绕组接成星形或三角形。当 KM_1、KM_3 线圈通电吸合时，其主触点闭合，定子绕组接成星形；当 KM_1、KM_2 线圈通电吸合时，其主触点闭合，定子绕组接成三角形。两种接线方式的切换由控制电路中的时间继电器定时自动完成。

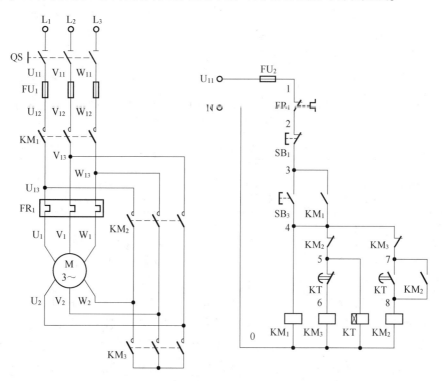

图 5-20　时间继电器自动控制的星-三角降压启动电路原理图

（2）动作过程。闭合电源开关 QS。星形启动三角运行。按下按钮 $SB_3 \rightarrow KM_1$ 和 KM_3 线圈得电 $\rightarrow KM_1$ 常开辅助触点闭合、KM_3 常闭辅助触点断开、KM_1 和 KM_3 主触点闭合、KT 线圈得电 $\rightarrow$ 电动机 M 降压启动 $\rightarrow$ 当电动机 M 达到设定、KT 整定时间到 $\rightarrow$ KT 延时常开触点闭合、延时常闭触点断开 $\rightarrow KM_3$ 线圈失电 $\rightarrow KM_3$ 触点恢复、KM_2 常开触点闭合 $\rightarrow KM_2$ 线圈得电 $\rightarrow KM_2$ 常开触点闭合，实现三角形全压稳定运行。

（3）停止。按下 $SB_1 \rightarrow$ 控制电路断电 $\rightarrow KM_1$ 和 KM_2 线圈断电释放 $\rightarrow$ 电动机 M 断电停止。

九、电气原理图的特点

（1）电气原理图的表示方法——简图。电气原理图是一种简图，并不是按照几何尺寸和绝对位置绘制的，而是根据生产机械运动形式对电气控制系统的要求，采用国家统一规定的电气图形符号和文字符号，按照电气设备和电器的工作顺序，详细表示电路、设备和成套装置的全部基本组成和连接关系，而不考虑其实际位置的一种简图。

（2）电气原理图主要表示对象——元件和连接线。电气原理图的主要对象是电气元件和连接线。连接线可用单线法和多线法表示，两种表示方法可以在同一图纸上同时使用。电气元件在图幅上可以采用集中表示法、半集中表示法、分开表示法来表示。集中表示法是把一个元件的各个组成部分的图形符号绘制在一起的方法；分开表示法是将同一元件的各个组成部分分开布置，有些画在主电路，有些画在辅助控制电路；半集中表示法介于上述两种方法之间，在图幅上将一个元件的某些部分的图形符号分开绘制，并用虚线表示其相互关系。

绘制电气原理图一般采用 4 种线条，如表 5-2 所示。

表 5-2　图线及其应用

序号	名称	应用
1	实线	基本线、主要用线、可见轮廓线、可见导线
2	虚线	辅助线、屏蔽线、连接线、不可见轮廓线、不可见导线、计划扩展线
3	点画线	分界线、结构围框线、分组围框线
4	双点画线	辅助围框线

图线采用两种宽度，粗与细之比应不小于 2：1，线宽从以下范围选择：0.18 mm、0.25 mm、0.35 mm、0.5 mm、0.7 mm、1.0 mm、1.4 mm、2.0 mm，平行线之间的最小距离不小于粗线宽度的 2 倍，建议不小于 0.7 mm。

（3）电气原理图的主要组成部分——图形符号和文字符号。一个电气系统或一种电气装置总是由各种元器件组成的，在主要以简图形式表达的电气图中，无论是表示构成、功能或电器接线等，都没有必要也不可能一一画出各种元器件的外形结构，通常是用一种简单的图形符号表示的。但是在大多数情况下，在同一系统中，或者说在同一个图上有两个以上作用不同的同一类型电器（例如在某一系统中使用了两个接触器），显然此时在一个图上用一个符号来表示是不严格的，还必须在符号旁标注不同的文字符号以区别其名称、功能、状态、特征及安装位置等。这样图形符号和文字符号的结合，就能使人们一看就知道它是不同用途的电器。

十、电气原理图的图形符号

电气技术的发展日新月异，新技术、新产品不断更新，在世界贸易组织这个大家庭里，为了加强与各国科学技术领域中的交流与借鉴，促进我国电气技术的发展，参照 IEC（国际电工委员会）、TC3（图形符号委员会）等国际组织颁布的技术标准，我国先后制定了多个电气制图新标准，以利于在电工技术方面与国际接轨。其中包括视图和用图的主要技术标准。

电气图样是进行电气技术交流的主要媒介，而电气图形符号是绘制各类电气图的依据，是电技术的工程语言。表5-3为电气图中的图形符号及文字符号。

表5-3　电气图中的图形符号及文字符号表

类别	名称	图形符号	文字符号	类别	名称	图形符号	文字符号
开关	单极控制开关	 或	SA	接触器	线圈操作器件	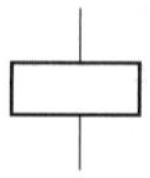	KM
	手动开关一般符号	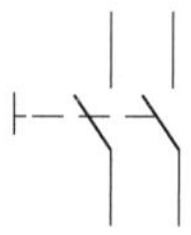	SA		常开主触头	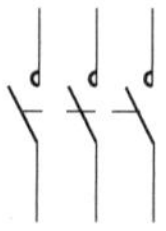	KM
	三极控制开关	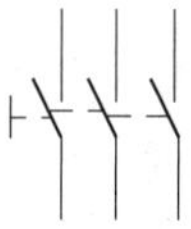	QS		常开辅助触头		KM
	三极隔离开关	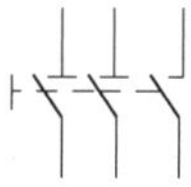	QS		常闭辅助触头		KM
	三极负荷开关	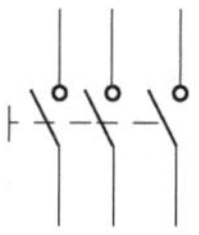	QS	时间继电器	通电延时（缓吸）线圈	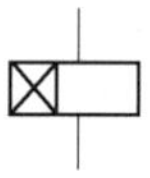	KT
	组合旋钮开关	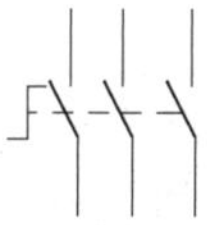	QS		断电延时（缓放）线圈	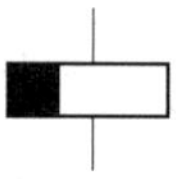	KT
	低压断路器	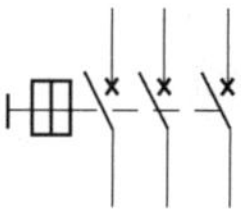	QF		瞬时闭合的常开触头		KT
	控制器或操作开关	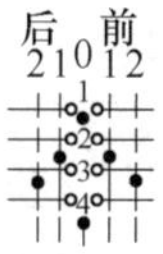 后　前 2 1 0 1 2	SA		瞬时断开的常闭触头		KT

类别	名称	图形符号	文字符号	类别	名称	图形符号	文字符号
时间继电器	延时闭合的常开触头	或	KT	非电量控制的继电器	速度继电器常开触头	n	KS
	延时断开的常闭触头	或	KT		压力继电器常开触头	p	KP
	延时闭合的常闭触头	或	KT	发电机	发电机	G	G
	延时断开的常开触头	或	KT		直流测速发电机	TG	TG
电磁操作器	电磁铁的一般符号	或	YA	灯	信号灯（指示灯）	⊗	HL
	电磁吸盘		YH		照明灯	⊗	EL
	电磁离合器		YC	接插器	插头和插座	或	X 插头 XP 插座 XS
	电磁制动器		YB	位置开关	常开触头		SQ
	电磁阀		YV		常闭触头		SQ
					复合触头		SQ

类别	名称	图形符号	文字符号	类别	名称	图形符号	文字符号
按钮	常开按钮		SB	电流继电器	过电流线圈	$I>$	KA
	常闭按钮		SB		欠电流线圈	$I<$	KA
	复合按钮		SB		常开触头		KA
	急停按钮		SB		常闭触头		KA
	钥匙操作式按钮		SB	电压继电器	过电压线圈	$U>$	KV
热继电器	热元件		FR		欠电压线圈	$U<$	KV
	常闭触头		FR		常开触头		KV
中间继电器	线圈		KA		常闭触头		KV
	常开触头		KA	电动机	三相笼型异步电动机	M 3~	M
	常闭触头		KA		三相绕线转子异步电动机	M 3~	M

类别	名称	图形符号	文字符号	类别	名称	图形符号	文字符号
电动机	他励直流电动机		M	变压器	单相变压器		TC
	并励直流电动机		M		三相变压器		TM
	串励直流电动机		M	互感器	电压互感器		TV
熔断器	熔断器		FU		电流互感器		TA
电抗器	电抗器		L				

　　通常用于图样或其他文件以表示一个设备或概念的图形、标记或字符，统称为图形符号。它们由一般符号、符号要素、限定符号等组成。

　　（1）一般符号。用以表示一类产品或此类产品特征的一种通常很简单的符号，称为一般符号。如电动机的一般符号为"⊛"，"＊"号用 M 代替可以表示电动机，用 G 代替可以表示发电机。

　　（2）符号要素。一种具有确定意义的简单图形，必须同其他图形组合以构成一个设备或概念的完整符号。

　　（3）限定符号。用以提供附加信息的一种加在其他符号上的符号，称为限定符号。限定符号一般不能单独使用，但它可以使图形符号更具多样性。例如，在电阻器一般符号的基础上分别加上不同的限定符号，则可得到可变电阻器、压敏电阻器、热敏电阻器等。

十一、电气原理图的绘制规则

　　系统图和框图，对于从整体上理解系统或装置的组成和主要特征无疑是十分重要的。然而要达到详细理解电气作用原理，进行电气接线，分析和计算电路特性，还必须有另外一种图，这就是电气原理图。下面以图 5-21 所示的电气原理图为例介绍电气原理图的绘制原则、方法以及注意事项。

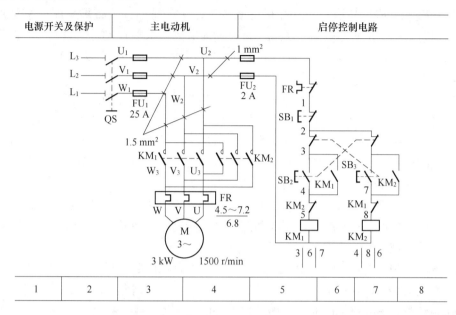

图 5-21　三相异步电动机正、反转控制电气原理图

（一）电气原理图的绘制原则和识读

（1）原理图一般分主电路和辅助电路两部分：主电路就是从电源到电动机大电流通过的路径。辅助电路包括控制电路、照明电路、信号电路及保护电路等，由继电器和接触器的线圈、继电器的触点、接触器的辅助触点、按钮、照明灯、信号灯、控制变压器等电气元件组成。这些电路通过的电流都较小。一般主电路用粗实线表示，画在左边（或上部），电源电路画成水平线，三相交流电源相序 L_1、L_2、L_3 由上而下依次排列画出，经电源开关后用 U、V、W 或 U、V、W 后加数字标志。中线 N 和保护地线 PE 画在相线之下，直流电源则正端在上、负端在下画出；辅助电路用细实线表示，画在右边（或下部）。

（2）控制系统内的全部电机、电器和其他器械的带电部件，都应在原理图中表示出来。

（3）原理图中各电气元件不画实际的外形图，而采用国家规定的统一标准图形符号，文字符号也要符合国家标准规定。

（4）原理图中，各个电气元件和部件在控制线路中的位置，应根据便于阅读的原则安排。同一电气元件的各个部件可以不画在一起。例如，接触器、继电器的线圈和触点可以不画在一起。

（5）图中元件、器件和设备的可动部分，都按没有通电和没有外力作用时的开闭状态画出。例如，继电器、接触器的触点，按吸引线圈不通电状态画；主令控制器、万能转换开关按手柄处于零位时的状态绘制；按钮、行程开关的触点按不受外力作用时的状态绘制等。

（6）原理图的绘制应布局合理、排列均匀，为了便于看图，可以水平布置，也可以垂直布置。

（7）电气元件应按功能布置，并尽可能按工作顺序排列，其布局顺序应该是从上到下，从左到右。电路垂直布置时，类似项目宜横向对齐；水平布置时，类似项目应纵向对齐，例如，图中线圈属于类似项目，由于线路采用垂直布置，所以接触器线圈应横向对齐。

（8）电气原理图中，有直接联系的交叉导线连接点，要用黑圆点表示；无直接联系的交叉导线连接点不画黑圆点。为了查线方便，在原理图中两条以上导线的电气连接处要打一圆点，且每个接点要标一个编号，编号的原则是：靠近左边电源线的用单数标注，靠近右边电源线的用双数标注，通常都是以电器的线圈或电阻作为单、双数的分界线，故电器的线圈或电阻应尽量放在各行的一边（左边或右边）。

在识读电气原理图以前，必须对控制对象有所了解，尤其对于机、液（或气）、电配合得比较密切的生产机械，单凭电气线路图往往不能完全看懂其控制原理，只有了解了有关的机械传动和液（气）压传动后，才能搞清全部控制过程。

识读电气原理图的步骤：一般先看主电路，再看控制电路，最后看信号及照明等辅助电路。先看主电路有几台电动机，各有什么特点，例如是否有正、反转，采用什么方法启动，有无制动等；看控制电路时，一般从主电路的接触器入手，按动作的先后次序（通常自上而下）一个一个分析，搞清楚它们的动作条件和作用。控制电路一般都由一些基本环节组成，阅读时可把它们分解出来，便于分析。此外还要看有哪些保护环节。

（二）图幅分区及符号位置索引

为了便于确定图上的内容，也为了在用图时查找图中各项目的位置，往往需要将图幅分区。图幅分区的方法是：在图的边框处，竖边方向用大写拉丁字母，横边方向用阿拉伯数字，编号顺序应从左上角开始，分格数应是偶数，并应按照图的复杂程度选取分区个数，建议组成分区的长方形的任何边长都应不小于 25 mm、不大于 75 mm。图幅分区式样如图 5-22 所示。

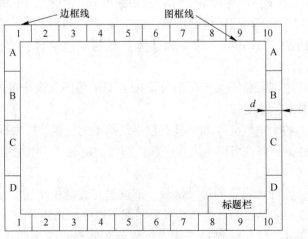

图 5-22　图幅分区式样

图幅分区以后，相当于在图上建立了一个坐标。图中的 d 表示图框线与边框线的距离，A0、A1 号图纸为 20 mm。A2~A4 号图纸为 10 mm。项目和连接线的位置可用如下方式表示：

（1）用行的代号（拉丁字母）表示。

（2）用列的代号（阿拉伯数字）表示。

（3）用区的代号表示。区的代号为字母和数字的组合，且字母在左、数字在右。

（三）电气原理图中技术数据的标注

电气元件的数据和型号，一般用小号字体注在电器代号下面。

任务二　PLC 控制

一、可编程序控制器的产生

国际电工委员会（IEC）在 1987 年颁布了 PLC 的标准草案（第三稿），草案对 PLC 作了如下定义："可编程控制器是一种数字运算操作的电子系统，专为在工业环境下应用而设计。它采用可编程的存储器，用来在其内部存储执行逻辑运算、顺序控制、定时、计数和算术运算等操作指令，并通过数字式或模拟式的输入和输出，控制各种类型的机械动作过程。可编程控制器及其相关设备，都应按易于与工业控制系统形成一个整体，易于扩展其功能的原则设计。"总之，可编程控制器是专为工业环境应用而设计制造的计算机，具有丰富的输入、输出接口，并且具有较强的驱动能力。但可编程控制器并不针对某一具体工业应用，在实际应用时，其硬件需根据实际需要进行选用配置，其软件需根据控制要求进行设计编制。

二、可编程序控制器（PLC）的特点

PLC 是专为在工业环境下应用而设计的，具有以下主要特点：

（1）可靠性高、抗干扰能力强。PLC 在恶劣的工业环境下能可靠地工作，具有很强的抗干扰能力。PLC 在设计、生产过程中，除了对元器件进行严格的筛选外，硬件和软件还采用屏蔽、滤波、光隔离和故障诊断、自动恢复等措施，有的还采用了冗余技术等，进一步增强了 PLC 的可靠性。

（2）通用性强、灵活性好、功能齐全。PLC 是通过软件实现控制的，其控制程序编在软件中，实现程序软件化，因而对于不同的控制对象都可采用相同的硬件进行配置。

（3）编程简单、使用方便。PLC 在基本控制方面采用梯形图语言进行编程，其电路符号和表达式与继电器电路原理图相似，形式简练、直观，出错率比汇编语言低，容易被广大电气工程人员所接受。

（4）模块化结构。PLC 的各个部件，包括 CPU、电源、I/O（包括特殊功能 I/O）等均采用模块化设计，由机架和电缆将各模块连接起来。系统的功能和规模可根据用户的实际需求自行配置，从而实现最佳性能价格比，由于配置灵活，使扩展、维护更方便。

（5）安装简便、调试方便。PLC 安装简便，只要把现场的 I/O 设备与 PLC 相应的 I/O 端子相连就完成了全部的接线任务，缩短了安装时间。

（6）维修工作量小、维护方便。PLC 的故障率很低，且有完善的自诊断和显示功能。

（7）体积小、能耗低。对于复杂的控制系统，使用 PLC 后，可以减少大量的中间继电器和时间继电器，小型 PLC 的体积仅相当于几个继电器的大小，极大地减小了开关柜的体积。

三、可编程序控制器（PLC）系统的组成

PLC 生产厂家很多，产品的结构也各不相同，但系统的组成是相同的，都是由硬件系统和软件系统两大部分组成，如图 5-23 所示。

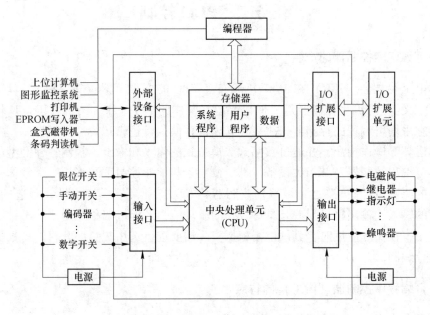

图 5-23　PLC 的组成

（一）PLC 系统的硬件组成

（1）中央处理单元（CPU）。中央处理单元（CPU）相当于人的大脑，它不断地采集输入信号，执行用户程序，刷新系统的输出。CPU 一般由运算器、控制器和寄存器组成，这些电路都集成在一个芯片内。CPU 通过数据总线、地址总线和控制总线与存储单元、输入/输出接口电路相连接，它主要完成的任务包括以下几个方面：

1）检查编程中的语法错误，诊断电源、内部电路故障。

2）用扫描方式接收输入设备的状态和数据，存入输入映像寄存器或数据寄存器中。

3）运行时，从存储器中逐条读取并执行用户程序，完成用户程序中规定的逻辑运算、算术运算和数据处理等操作。

4）根据运算结果更新标志位数据寄存器，刷新输出映像寄存器内容，由输出寄存器的位状态或寄存器的有关内容实现输出控制。

5）响应外部设备的工作请求，如打印机、上位机、条形码判读器和图形监控系统等的请求。

（2）存储器单元。可编程控制器的存储器分为系统程序存储器和用户程序存储器。存放系统软件的存储器称为系统程序存储器，监控程序、模块化应用功能子程序、命令解释程序、故障诊断程序及其各种管理程序等均存放在系统程序存储器中。存放用户程序的存储器称为用户程序存储器，用户程序包括用户程序存储和数据存储两部分，所以用户程序存储器又分为用户存储器和数据存储器两部分。

PLC 常用的存储器类型如下：

1）RAM：是一种读/写存储器（随机存储器），其存取速度最快，由锂电池支持。

2）EPROM：是一种可擦除的只读存储器。在断电情况下，存储器内的所有内容保持不变。但在紫外线连续照射下可擦除存储器内容。

3）EEPROM：是一种电可擦除的只读存储器。只要使用编程器就能很容易地对其所存储的内容进行修改。

（3）电源单元。电源是整机的能源供给中心，PLC 系统的电源分内部电源和外部电源。PLC 内部配有开关式稳压电源模块，用来将 220 V 交流电源转换成 PLC 内部各模块所需的直流稳压电源。小型 PLC 的内部电源往往和 CPU 单元合为一体，大中型 PLC 都有专用的电源模块。外部电源又叫用户电源，用于传送现场信号或驱动现场负载，通常由用户另备。内部电源具有很高的抗干扰能力，性能稳定、安全可靠。有些 PLC 的内部电源还能向外提供 24 V 直流稳压，用于外部传感器供电。

（4）输入/输出单元。输入/输出接口（I/O 单元）是 PLC 系统联系外部现场的桥梁。PLC 的输入/输出信号类型可以是开关量，也可以是模拟量。输入信号通过输入接口电路进入 PLC，输出信号则通过输出接口电路控制外部设备。接口电路的功能还包括电平变换、速度匹配、驱动功率放大、信号隔离等。输入/输出单元是 PLC 的重要组成部分。一般对接口电路的两个主要要求是：接口有良好的抗干扰能力；接口能满足工业现场各类信号的匹配要求。

PLC 生产厂家根据不同的接口需求设计了不同的接口单元。主要有以下几种：

1）数字量输入/输出接口。

①数字量输入接口。数字量输入接口的任务是把现场的数字量信号变成 PLC 内部处理的标准信号。输入接口电路通常有两类：一类为直流输入型，如图 5-24 所示；另一类为交流输入型，如图 5-25 所示。输入接口中都有滤波电路及光耦合电路，滤波有抗干扰的作用，光耦合电路的关键器件是由发光二极管和光电三极管组成的光耦合器，具有抗干扰及产生标准信号的作用。

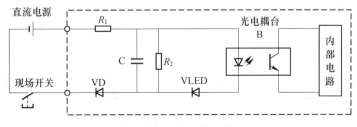

图 5-24　数字量直流输入接口电路

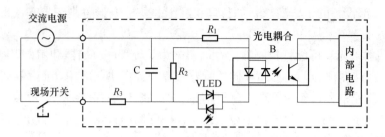

图 5-25　数字量交流输入接口电路

②数字量输出接口。数字量输出接口的任务是把 PLC 内部的标准信号转换成现场执行机构所需的数字量信号。输出接口电路通常有 3 种类型：继电器输出型（如图 5-26 所示）、晶体管输出型（如图 5-27 所示）、晶闸管输出型（如图 5-28 所示）。每一种输出电路都采用了电气隔离技术，电源都是由外部提供，输出电流一般为 0.5~2 A，这样的负载容量一般可以直接驱动一个常用的接触器线圈或电磁阀。

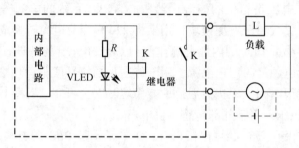

图 5-26　继电器输出型

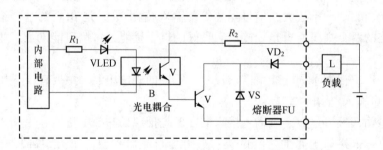

图 5-27　晶体管输出型

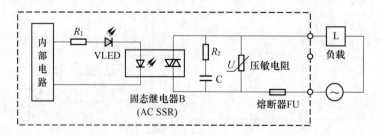

图 5-28　晶闸管输出型

对于输出接口电路应当注意：各类输出接口中都具有隔离耦合电路。输出接口本身都不带电源，而且在考虑外驱动电源时，需考虑输出器件的类型。其中继电器型的输出接口可用于交流及直流两种电源，但接通与断开的频率低；晶体管型的输出接口有较高的接通、断开频率，但只适用于直流驱动的场合；晶闸管型的输出接口仅适用于交流驱动场合。

2）模拟量输入/输出接口。

①模拟量输入单元：模拟量输入在过程控制中的应用很广，模拟量输入信号多是通过传感器变换后得到的，模拟的输入信号为电流信号或者是电压信号。输入模块接收到这种模拟信号之后，把它转换成二进制数字信号，送给中央处理器进行处理，因此模拟量输入模块又称为 A/D 转换输入模块。

②模拟量输出单元：将 PLC 运算处理后的若干位数字量信号转换成相应的模拟量信号输出，以满足生产过程中现场设备对连续信号的控制要求。模拟量输出单元一般由光电耦合电路、D/A 转换器和信号转换等环节组成。

3）智能输入输出单元。

为了使 PLC 在复杂工业生产过程中的应用更广泛，PLC 除了提供上述基本的开关量和模拟量输入输出单元外，还提供了智能输入输出单元，以便适应生产过程控制的要求。智能输入输出单元通过内部系统总线将其中央处理单元、存储器、输入输出单元和外部设备接口单元等部分连接起来。在自身系统程序的管理下，对工业生产过程中现场的信号进行检测、处理和控制，并通过外部设备接口单元与 PLC 主机的输入输出扩展模块的连接来实现与主机的通信。在运行的每个扫描周期，PLC 主机与智能输入输出单元进行一次信息交换，以便能对现场信号进行综合处理。智能输入输出单元能够独立运行，一方面使 PLC 能够处理快速变换的现场信号，另一方面也使 PLC 能够处理完成更多的任务。

（5）接口单元。接口单元包括扩展接口、编程器接口、存储器接口和通信接口。

1）扩展接口是用于扩展输入输出单元。使 PLC 的控制规模配置得更加灵活。这种扩展接口实际上为总线形式，可以配置开关量的 I/O 单元，它也可以配置模拟量、高速计数等特殊 I/O 单元及通信适配器等。

2）编程器接口用于连接编程器，PLC 本机通常是不带编程器的。为了能对 PLC 进行编程和监控，PLC 上专门设置了编程器接口。通过这个接口可以接入各种形式的编程设备，此接口还可以用作通信、监控工作。

3）存储器接口用于扩展用户程序存储区和用户数据存储区，可以根据使用的需要对存储器进行扩展。

4）通信接口用于在微机与 PLC、PLC 与 PLC 之间建立通信网络而设立的接口。

（6）外部设备。PLC 的外部设备主要有编程器、文本显示器、操作面板、打印机等。编程器是编制、调试 PLC 用户程序的外部设备，是人机对话的窗口，用编程器可以将用户程序输入到 PLC 的 RAM 中，或对 RAM 中已有程序进行修改，还可以对 PLC 的工作状态进行监视和跟踪。常用的编程器有两种，一种是专用编程器，另一种是个人计算机。操作面板和文本显示器不仅可以显示系统信息，还可以在执行程序的过程中修改某个量的数值，从而直接设置输入或输出量，便于立即启动或停止一台正在运行的外部设备。打印机用于将过程参数和运行结果以文字形式输出。

（二）PLC 的软件系统

PLC 是一种工业计算机，不光要有硬件，软件也是必不可少的。PLC 的软件包括系统软件和用户程序两大部分。系统软件是由 PLC 生产厂家固化在机内，用于控制 PLC 本身运行的软件。用户程序是使用者通过 PLC 的编程语言来编制的，用于控制外部对象的运行。

（1）系统软件。所谓系统软件就是 PLC 的系统监控程序，也称为 PLC 的操作系统。它是每台 PLC 必备的部分，是 PLC 的制造厂家编制的。用于控制 PLC 本身的运行，一般说来，系统软件对用户是不透明的。系统监控程序通常可分为 3 部分，即系统管理程序、用户指令解释程序及标准模块和系统调用。

1）系统管理程序。系统管理程序是监控中最重要的部分，它主要完成以下任务：

①负责系统的运行管理，即控制 PLC 何时输入、何时输出、何时运算、何时自检、何时通信等，进行时间上的分配管理。

②负责存储空间的管理，即生成用户环境，由它规定各种参数、程序的存放地址，将用户使用的数据参数存储地址转化为实际的数据格式及物理存放地址。它将有限的资源变为用户可直接使用的很方便的编程元件。

③负责系统自检，包括系统出错检验、用户程序语法检验、句法检验、警戒时钟运行等。

有了系统管理程序，整个 PLC 就能在其管理控制下，有条不紊地进行各种工作。

2）用户指令解释程序。任何一台计算机，无论应用何种语言编程，CPU 最终只能执行机器语言，而机器语言无疑是一种复杂、抽象的编程语言。为此，在 PLC 中都采用简单、易懂的梯形图语言编程，再通过用户指令解释程序，将梯形图语言一条条地翻译成机器语言。因为 PLC 在执行指令的过程中需要对程序逐条予以解释，降低了程序的执行速度，但由于 PLC 所控制的对象多数是机电设备，这些滞后的时间完全可以忽略不计。尤其是当前 PLC 主频越来越高，时间上的延迟将越来越少。

3）标准程序模块和系统调用。这部分是由许多独立的程序块组成的，各自能完成不同的功能，如输入、输出、运算或特殊运算等。PLC 的各种具体工作都是由这部分程序完成的，这部分程序的多少，决定了 PLC 性能的强弱。

（2）应用软件。PLC 的应用软件是指用户根据自己的控制要求编写的用户程序。由于 PLC 的应用场合是工业现场，它的主要用户是电气技术人员，它要满足易于编写和易于调试的要求，还要考虑现场电气技术人员的接受水平和应用习惯，所以其编程语言既不同于高级语言，又不同于汇编语言，PLC 常用容易被电气技术人员掌握的梯形图语言编程。另外，为满足各种不同形式的编程需要，根据不同的编程器和支持软件，还可以采用语句表、逻辑功能图、顺序功能图、流程图及高级语言进行编程。

四、PLC 的工作原理及编程语言

（一）PLC 控制系统的等效工作电路

PLC 控制系统等效工作电路可分为 3 个部分，即输入部分、逻辑部分和输出部分。输

入部分和输出部分与继电器控制电路相同。逻辑部分是通过编程方法实现的控制逻辑，用软件编程代替继电器电路的功能，如图 5-29 所示。

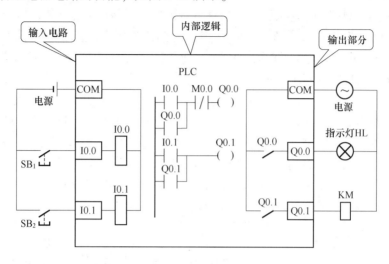

图 5-29　PLC 系统的等效工作电路

（1）输入部分。输入部分由外部输入电路、PLC 输入接线端子和输入继电器组成。外部输入信号经 PLC 输入接线端子驱动输入继电器线圈。每个输入端子与其相同编号的输入继电器有着唯一确定的对应关系。当外部输入元件处于接通状态时，对应的输入继电器线圈"得电"（注意：这个输入继电器是 PLC 内部的"软继电器"，即 PLC 内部存储单元中的某个位）。

（2）逻辑部分。所谓内部控制逻辑，是指由用户程序规定的逻辑关系，对输入/输出信号的状态进行监测、判断、运算和处理，然后得到相应的输出。

（3）输出部分。输出部分是由 PLC 内部且与内部相隔离的输出继电器的外部动合触点、输出接线端子、外部驱动电路组成，用来驱动外部负载。

（二）PLC 的工作原理与过程

PLC 是一种专用的工业控制计算机，因此，其工作原理与计算机的工作原理基本上是一致的，可以简单地表述为：在系统程序的管理下，通过运行应用程序完成用户所规定的任务。但个人计算机与 PLC 的工作方式有所不同，计算机一般采用等待命令的工作方式，如常见的键盘扫描方式或 I/O 扫描方式。当键盘有键按下或 I/O 口有信号时则中断转入相应的子程序。因此，当控制软件发生故障时，会一直等待键盘或 I/O 命令，可能发生死机现象。而 PLC 采用循环扫描用户程序工作方式，即系统工作任务管理及应用程序执行全部都是以循环扫描方式完成的。当软件发生故障时，可以定时执行下一轮扫描，避免了死机现象，因此可靠性更高。

（1）公共处理扫描阶段。公共处理包括 PLC 自检、执行来自外设的命令、对警戒时钟（即看门狗定时器）清零。

（2）输入采样扫描阶段。这是第一个集中批处理阶段。在这个阶段，PLC 按顺序逐个采集所有输入端子上的信号，无论端子上是否接线，CPU 顺序读取全部输入端，将所有采集到的一批信号写到输入映像寄存器中，此时输入映像寄存器被刷新。输入采样阶段结束后，在当前扫描周期内，输入映像寄存器中的内容不变。所以，一般来说，输入信号的宽度要大于一个扫描周期，即输入信号的频率不能太高，否则很可能造成信号的丢失。

（3）执行用户程序扫描阶段。本阶段 PLC 对用户程序按从左到右、自上而下的顺序进行扫描，逐个采集所有输入端子上的信号，每扫描到一条指令，所需要的信息从输入映像寄存器或元件映像寄存器中读取。每一次运算结果，都立即写入元件映像寄存器中，以备后边扫描时所利用。对输出继电器的扫描结果，不是马上去驱动外部负载，而是将结果写入元件映像寄存器中的输出映像寄存器中，在输出刷新阶段集中进行批处理。

（4）输出刷新扫描阶段。CPU 对全部用户程序扫描结束后，将元件映像寄存器中的各输出继电器状态同时送到输出锁存器中，再由输出锁存器经输出端子去驱动各输出继电器所带的负载。在下一个输出刷新阶段开始之前，输出锁存器的状态不会改变。输出刷新阶段结束后，CPU 将自动进入下一个扫描周期。

（三）PLC 的编程语言

PLC 提供了完整的编程语言，以适应在各种工业环境中的使用。小型 PLC 为用户提供的编程语言包括指令表（STL）、梯形图（LAD）、功能块图（FBD）和顺序功能图（SFC）4 种形式：

（1）指令表。语句指令表（statement list）是类似于计算机中的助记符语言的编程语言。它是用一个或几个容易记忆的字符来代表 PLC 的某种操作功能，按照一定的语法和句法编写出的程序，是 PLC 最基础的编程语言。

（2）梯形图。梯形图（ladder diagram）是最常用的一种简单明了、易于理解的编程语言。它是从继电器控制系统原理图的基础上演变而来的，它继承了继电器控制系统中的基本工作原理和电气逻辑关系的表示方法，梯形图与继电器控制系统控制电路的基本思想是一致的，只是使用符号和表达方式有一定区别。图 5-30 所示为一段梯形图程序。

在梯形图程序中的一个关键概念是"能流"。可以把左侧逻辑母线假想成电源线。例如，对于图 5-30 中的网络 1，在分析时常说："若编号为 I0.1 的常开触点闭合，则编号为 Q0.0 的线圈得电"。也可以说是有"能流"从左至右流向线圈，线圈被激励。值得注意的是，能流的方向只能是自左向右、自上而下的。需要强调的是，引入"能流"的概念，仅仅是为了和继电器控制电路相比较，其实"能流"在梯形图中是不存在的。

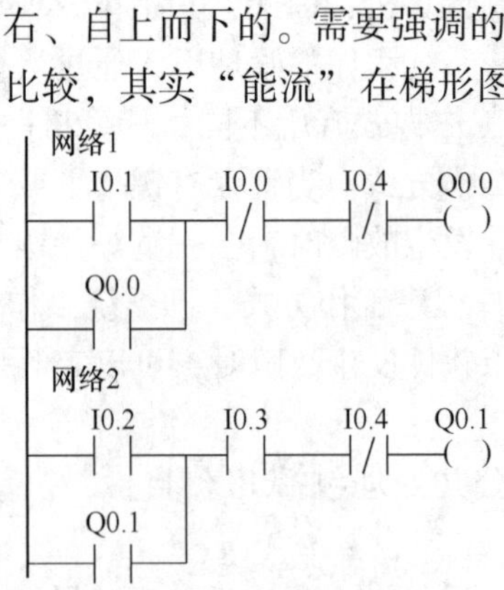

图 5-30　梯形图程序

（3）功能块图。功能块图（function block diagram）又称为逻辑功能图，它是一种图形式的编程语言。类似于逻辑门电路，它将输入、输出几个编程元件之间的逻辑关系用逻辑门电路的形式表达出来，如图 5-31 所示。

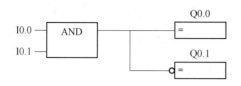

图 5-31　功能块图

（4）顺序功能图。顺序功能图（sequential function chart）是一种真正的图形化编程方法，使用它可以方便地解决复杂的顺序控制问题。用这种语言可以对一个控制过程进行控制，并显示该过程的状态。将用户应用的逻辑分成步和转换条件，来代替一个长的梯形图程序。这些步和转换条件的显示，使用户可以看到在某个给定时间中系统处于什么状态。

五、STEP 7-Micro/WIN32 编程软件使用入门

（一）STEP 7-Micro/WIN32 编程软件的安装

STEP 7-Micro/WIN 编程软件是基于 Windows 的应用软件，它是西门子公司专门为 S7-200 系列 PLC 设计开发的，是 S7-200 系列 PLC 必不可少的开发工具。

运行 STEP 7-Micro/WIN32 编程软件的计算机配置：IBM 486 以上兼容机，内存 8 MB 以上，VGA 显示器，至少 50 MB 以上硬盘空间，Windows 95 以上的操作系统。

利用一根 PC/PPI（个人计算机/点对点接口）电缆可建立个人计算机与 PLC 之间的通信。这是一种单主站通信方式，不需要其他硬件，如调制解调器和编程设备等，把 PC/PPI 电缆的 PC 端与计算机的 RS-232 通信口（COM1 或 COM2）连接，把 PC/PPI 电缆的 PPI 端与 PLC 的 RS-485 通信口连接即可。

STEP 7-Micro/WIN32 编程软件可以从西门子公司的网站上下载，也可以用光盘安装，安装步骤如下：

（1）在光盘中找到文件夹"STEP7WINV4SP3"中的"SETUP. EXE"执行文件，双击此文件，进行软件的安装。

（2）在弹出的语言选择对话框中选择英语，然后点击下一步。

（3）选择安装路径，并点击下一步。

（4）等待软件安装，完成后点击"完成"，并重启计算机。

（二）在线连接

顺利完成硬件连接和软件安装后，就可建立 PC 机与 S7-200 CPU 的在线联系了，步骤如下：

（1）在 STEP 7-Micro/WIN 主操作界面下，单击操作栏中的"通信"图标或选择主菜单中的"查看"→"组件"→"通信"选项，则会出现一个通信建立结果对话框，显示是否连接了 CPU 主机；

（2）双击"双击刷新"图标，STEP 7-Micro/WIN 将检查连接的所有 S7-200 CPU 站，并为每个站建立一个 CPU 图标；

（3）双击要进行通信的站，在通信建立对话框中可以显示所选站的通信参数。此时，可以建立与 S7-200 CPU 的在线联系，如进行主机组态、上传和下载用户程序等操作。

（三）STEP 7-Micro/WIN32 编程软件的使用

双击桌面上的快捷方式图标，打开编程软件，选择工具菜单"Tools"选项下的"Options"。在弹出的对话框选中"Options"，"General"在"Language"中选择"Chinese"。最后点击"OK"，退出程序后重新启动。重新打开编程软件，此时为汉化界面如图 5-32 所示。

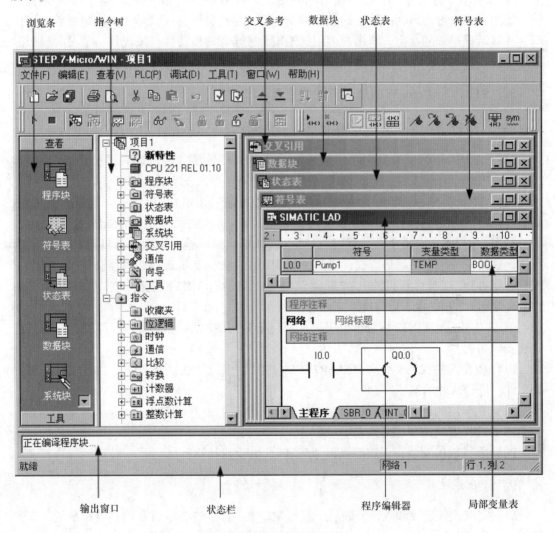

图 5-32　编程软件的汉化界面

主界面一般可分为以下 6 个区域：菜单栏（包含 8 个主菜单项）、工具栏（快捷按钮）、浏览栏（快捷操作窗口）、指令树（快捷操作窗口）、输出窗口和用户窗口（可同时或分别打开图中的 5 个用户窗口）。除菜单栏外，用户可根据需要决定其他窗口的取舍和样式的设置。

（1）创建一个项目或打开一个已有的项目。在进行控制程序编程之前，首先应创建一个项目。单击菜单"文件"→"新建"选项（按"Ctrl+N"快捷键组合）或单击工具栏的新建按钮，可以生成一个新的项目。单击菜单"文件"→"打开"选项或单击工具栏的打开按钮，可以打开已有的项目。项目以扩展名为 .mwp 的文件格式保存。

（2）设置与读取 PLC 的型号。在对 PLC 编程之前，应正确设置其型号，以防止发生编辑错误，设置和读取 PLC 的型号有两种方法：

方法一：单击菜单"PLC"→"类型"选项，在弹出的对话框中，可以选择 PLC 型号和 CPU 版本，如图 5-33 所示。

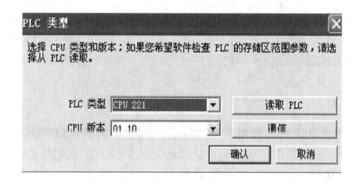

图 5-33　选择 PLC 型号

方法二：双击指令树的"项目 1"，然后双击 PLC 型号和 CPU 版本选项，在弹出的对话框中进行设置即可。如果已经成功地建立通信连接，那么单击对话框中的"读取 PLC"按钮，便可以通过通信读出 PLC 的信号与硬件版本号。

（3）选择编程语言和指令集。S7-200 系列 PLC 支持的指令集有 SIMATIC 和 IEC1131-3 两种。SIMATIC 编程模式选择，可以单击菜单"工具"→"选项"→"常规"→"SIMATIC"选项来确定。编程软件可实现 3 种编程语言（编程器）之间的任意切换，单击菜单"查看"→"梯形图"或"STL"或"FBD"选项便可进入相应的编程环境。

（4）确定程序的结构。简单的数字量控制程序一般只有主程序，而系统较大、功能复杂的程序除了主程序外，还可能有子程序、中断程序。编程时可以单击编辑窗口下方的选项来实现切换以完成不同程序结构的程序编辑。

主程序在每个扫描周期内均被顺序执行一次。子程序的指令放在独立的程序块中，仅在被程序调用时才执行。中断程序的指令也放在独立的程序块中，用来处理预先规定的中断事件，在中断事件发生时操作系统调用程序。

（5）编辑梯形图。在梯形图的编辑窗口中，梯形图程序被划分为若干个网络，且一个网络中只能有一个独立的电路块。如果一个网络中有两个独立的电路块，那么在编译时输出窗口将显示"1 个错误"，待错误修正后方可继续。当然，也可对网络中的程序或者某个编程元件进行编辑，执行删除、复制或粘贴操作。

单击浏览栏的"程序块"按钮，进入梯形图编辑窗口。在编辑窗口中，把光标定位到将要输入编程元件的地方。在程序编辑器中输入指令的方法如下：

1）从指令树拖放或选择。首先选择指令，然后将指令拖曳至所需的位置，松开鼠标按钮，将指令放置在所需的位置，或双击该指令，将指令放置在所需的位置。如图 5-34 所示。也可以在指令树中双击选项例，然后双击需要的指令。注：光标会自动阻止您将指令放置在非法位置（例：放置在网络标题或另一条指令的参数上）。

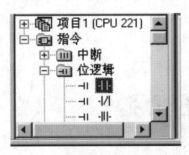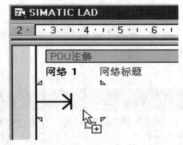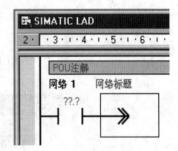

图 5-34　从指令树拖放输入指令

2）使用工具条或功能键。如图 5-35 所示，在程序编辑器窗口中将光标放在所需的位置，一个选择方框在位置周围出现，点击适当的工具条按钮，或使用适当的功能键（F4 = 触点、F6 = 线圈、F9 = 方框）插入一个类属指令，出现一个下拉列表。滚动或键入开头的几个字母，浏览至所需的指令。双击所需的指令或使用 ENTER 键插入该指令。如果此时用户不选择具体的指令类型，则可返回网络，点击类属指令的助记符区域（该区域包含???，而不是助记符），或者选择该指令并按 ENTER 键，将列表调回。

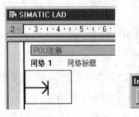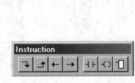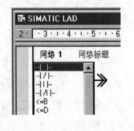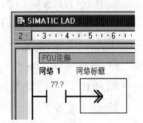

图 5-35　使用工具条或功能键输入指令

当用户在 LAD 中输入一条指令时，参数开始用问号表示，例如（?? . ?）或（????）。问号表示参数未赋值。用户可以在输入元素时为该元素的参数指定一个常数或绝对值、符号或变量地址或者以后再赋值。如果有任何参数未赋值，程序将不能正确编译。欲指定一个常数数值（如 100）或一个绝对地址（如 I0.1），只需在指令地址区域中键入所需的数值（用鼠标或 ENTER 键选择键入的地址区域）。如图 5-36（a）所示。

红色文字显示非法语法，如图 5-36（b）所示，当用户用有效数值替换非法地址值或符号时，字体自动更改为默认字体颜色（黑色，除非您已定制窗口）。一条红色波浪线位于数值下方，表示该数值或是超出范围或是不适用于此类指令，如图 5-36（c）所示。一条绿色波浪线位于数值下方，表示正在使用的变量或符号尚未定义，如图 5-36（d）所示。STEP 7-Micro/WIN 允许用户在定义变量和符号之前写入程序，用户可随时将数值增加至局部变量表或符号表中。

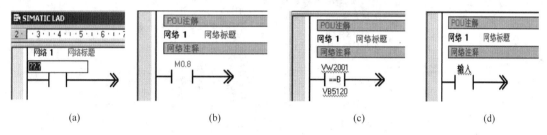

(a)　　　　　　　　(b)　　　　　　　　(c)　　　　　　　　(d)

图 5-36　地址输入

（6）程序编译。可用工具条按钮或 PLC 菜单进行编译，如图 5-37 所示。"编译" 允许用户编译项目的单个元素，当用户选择 "编译" 时，带有焦点的窗口（程序编辑器或数据块）是编译窗口，另外两个窗口不编译；"全部编译" 对程序编辑器、系统块和数据块进行编译，当用户使用 "全部编译" 命令时，哪一个窗口是焦点无关紧要。

图 5-37　程序编译菜单

编译后在输出窗口中显示程序的编译结果，必须修正程序中的所有错误，编译无错误后，才能下载程序。若没有对程序进行编译，在下载之前编程软件会自动对程序进行编译。

（7）程序保存。使用工具条上的 "保存" 按钮保存程序，或从 "文件" 菜单选择 "保存" 和 "另存为" 选项保存程序。"保存" 允许用户在作业中快速保存所有改动（初次保存一个项目时，会被提示核实或修改当前项目名称和目录的默认选项）；"另存为" 允许用户修改当前项目的名称或目录位置。

当用户首次建立项目时，STEP 7-Micro/WIN 提供默认值名称 "Project1. mwp"。可以接受或修改该名称；如果接受该名称，下一个项目的默认名称将自动递增为 "Project2. mwp"。STEP 7-Micro/WIN 项目的默认目录位置是位于 "Microwin" 目录中的称作 "项目" 的文件夹，可以不接受该默认位置。

（8）通信设置。使用 USB/PPI 连接，可以接受安装 STEP 7-Micro/WIN 时在 "设置 PG/PC 接口" 对话框中提供的默认通信协议。否则，从 "设置 PG/PC 接口" 对话框为个人计算机选择另一个通信协议，并核实参数（站址、波特率等）。在 STEP 7-Micro/WIN 中，点击浏览条中的 "通信" 图标，或从菜单选择 "查看" → "组件" → "通信"，如图 5-38 所示。从 "通信" 对话框的右侧窗格，单击显示 "双击刷新" 的蓝色文字，如图 5-39 所示。

如果成功地在网络上的个人计算机与设备之间建立了通信，会显示一个设备列表（及其模型类型和站址）。STEP 7-Micro/WIN 在同一时间仅与一个 PLC 通信。会在 PLC 周围显示一个红色方框，说明该 PLC 目前正在与 STEP 7-Micro/WIN 通信。用户可以双击另一个 PLC，更改为与该 PLC 通信。

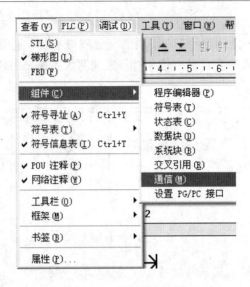

图 5-38 通信设置菜单

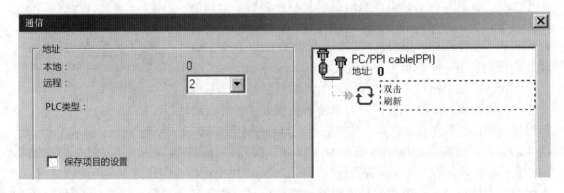

图 5-39 通信对话框

(9) 程序下载。从个人计算机将程序块、数据块或系统块下载至 PLC 时，下载的块内容覆盖目前在 PLC 中的块内容（如果 PLC 中有程序）。在用户开始下载之前，需核实希望覆盖 PLC 中的块。下载至 PLC 之前，必须核实 PLC 位于"停止"模式。检查 PLC 上的模式指示灯。如果 PLC 未设为"停止"模式，点击工具条中的"停止"按钮，或选择菜单"PLC"→"停止"。

点击工具条中的"下载"按钮，或选择菜单"文件"→"下载"，出现"下载"对话框。根据默认值，在用户初次发出下载命令时，"程序代码块""数据块"和"CPU 配置"（系统块）复选框被选择。如果用户不需要下载某一特定的块，则清除该复选框。

单击"确定"开始下载程序。如果下载成功，一个确认框会显示以下信息："下载成功"。如果 STEP 7-Micro/WIN 中用的 PLC 类型的数值与实际使用的 PLC 不匹配，会显示以下警告信息："为项目所选的 PLC 类型与远程 PLC 类型不匹配。继续下载吗？"欲纠正PLC 类型选项，选择"否"，终止下载程序。从菜单条选择"PLC"→"类型"，调出"PLC 类型"对话框。可以从下拉列表方框选择纠正类型，或单击"读取 PLC"按钮，由STEP 7-Micro/WIN 自动读取正确的数值。点击"确定"，确认 PLC 类型，并清除对话框。

点击工具条中的"下载"按钮，重新开始下载程序，或从菜单条选择"文件"→"下载"。一旦下载成功，在 PLC 中运行程序之前，用户必须将 PLC 从 STOP（停止）模式转换回 RUN（运行）模式。点击工具条中的"运行"按钮，或选择菜单"PLC"→"运行"，转换回 RUN（运行）模式。

（10）调试和监控。当成功地在运行 STEP 7-Micro/WIN 的编程设备和 PLC 之间建立通信并向 PLC 下载程序后，就可以利用"调试"工具栏的诊断功能。可点击工具栏按钮或从"调试"菜单列表选择项目，选择调试工具。

（11）在程序编辑器窗口中采集状态信息的方法。点击"切换程序状态监控"按钮，或选择菜单命令"调试"→"程序状态"，在程序编辑器窗口中显示 PLC 数据状态。状态数据采集按以前选择的模式开始，如图 5-40 所示。

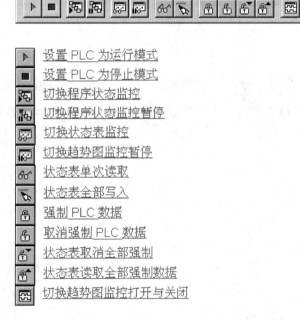

图 5-40　菜单命令

LAD 和 FBD 程序有两种不同的程序状态数据采集模式。选择"调试"→"使用执行状态"菜单命令会在打开和关闭之间切换状态模式选择标记，如图 5-41 所示。必须在程序状态监控操作开始之前选择状态模式。

图 5-41　状态设置菜单

STL 程序中程序状态监控打开 STL 中的状态监控时，程序编辑器窗口被分为一个状态区（如图 5-42 所示）和一个代码区（如图 5-43 所示）。可以根据希望监控的数值类型定制状态区。

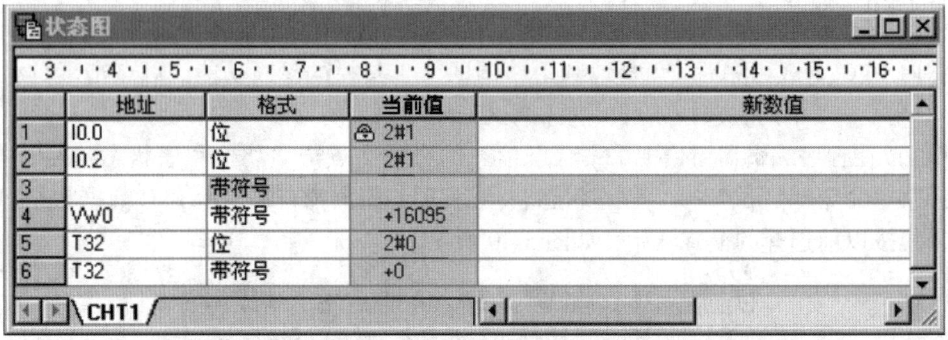

图 5-42　状态图窗口

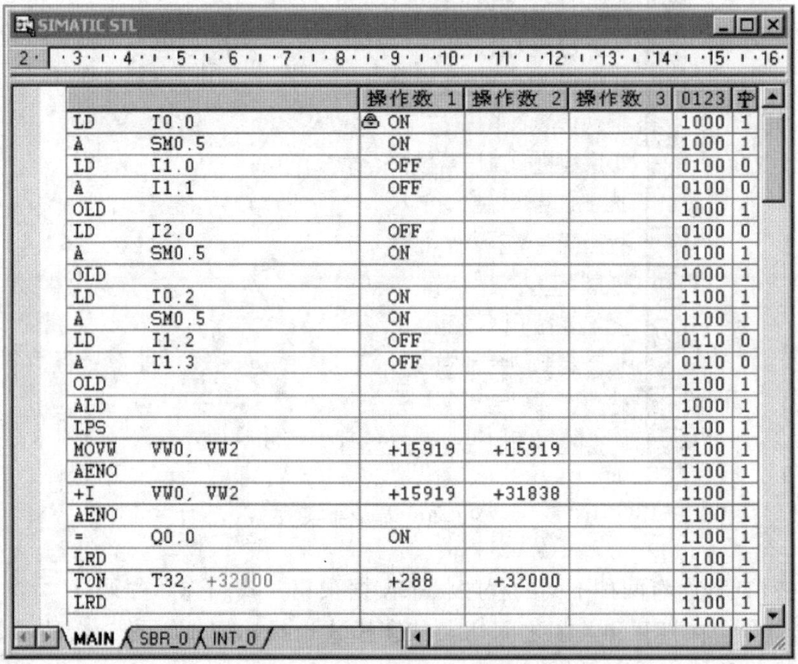

图 5-43　代码区窗口

在 STL 状态监控中共有三个可用的数据类别：

1）操作数：每条指令最多可监控三个操作数。

2）逻辑堆栈：最多可监控四个来自逻辑堆栈的最新数值。

3）指令状态位：最多可监控十二个状态位。

"工具"→"选项"对话框的 STL 状态标记允许选择或取消选择任何此类数值类别。如果选择一个项目，该项目不会在"状态"显示中出现。

任务三　组态控制

本任务介绍 MCGS 嵌入版全中文工控组态软件的基本功能和主要特点，并对软件系统的构成和各个组成部分的功能进行详细的说明。帮助用户认识 MCGS 嵌入版组态软件系统的总体结构框架；同时介绍本软件运行的硬件和软件需求，以及安装过程和工作环境。

一、MCGS 嵌入版组态软件的主要特点及体系结构

（一）主要特点

（1）容量小：整个系统最低配置只需要极小的存储空间，可以方便地使用 DOC 等存储设备；

（2）速度快：系统的时间控制精度高，可以方便地完成各种高速采集系统，满足实时控制系统要求；

（3）成本低：使用嵌入式计算机，大大降低设备成本；

（4）真正嵌入：运行于嵌入式实时多任务操作系统；

（5）稳定性高：无风扇，内置看门狗，上电重启时间短，可在各种恶劣环境下稳定地长时间运行；

（6）功能强大：提供中断处理，定时扫描精度可达到毫秒级，提供对计算机串口、内存、端口的访问，并可以根据需要灵活组态；

（7）通信方便：内置串行通信功能、以太网通信功能、GPRS 通信功能、Web 浏览功能和 Modem 远程诊断功能，可以方便地与各种设备进行数据交换、远程采集和 Web 浏览；

（8）操作简便：MCGS 嵌入版采用的组态环境，继承了 MCGS 通用版与网络版简单易学的优点，组态操作既简单直观，又灵活多变；

（9）支持多种设备：提供了所有常用的硬件设备的驱动；

（10）有助于建造完整的解决方案：MCGS 嵌入版组态环境运行于具备良好人机界面的 Windows 操作系统上，具备与北京昆仑通态公司已经推出的通用版本组态软件和网络版组态软件相同的组态环境界面，可有效帮助用户建造从嵌入式设备、现场监控工作站到企业生产监控信息网在内的完整解决方案，并有助于用户开发的项目在这三个层次上的平滑迁移。

（二）体系结构

MCGS 嵌入式体系结构（如图 5-44 所示）分为组态环境、模拟运行环境和运行环境三部分。

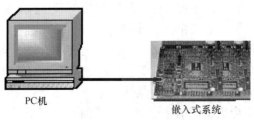

PC机　　　　　　　嵌入式系统

图 5-44　MCGS 嵌入式体系结构

组态环境和模拟运行环境相当于一套完整的工具软件,可以在 PC 机上运行。用户可根据实际需要裁减其中内容。它帮助用户设计和构造自己的组态工程并进行功能测试。

运行环境则是一个独立的运行系统,它按照组态工程中用户指定的方式进行各种处理,完成用户组态设计的目标和功能。运行环境本身没有任何意义,必须与组态工程一起作为一个整体,才能构成用户应用系统。一旦组态工作完成,并且将组态好的工程通过串口或以太网下载到下位机的运行环境中,组态工程就可以离开组态环境而独立运行在下位机上。从而实现了控制系统的可靠性、实时性、确定性和安全性。

由 MCGS 嵌入版生成的用户应用系统,其结构由主控窗口、设备窗口、用户窗口、实时数据库和运行策略五个部分构成,如图 5-45 所示。

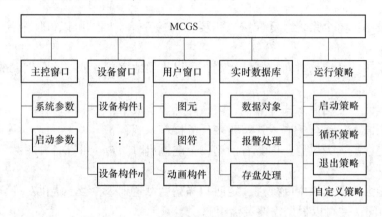

图 5-45　MCGS 嵌入版用户应用系统结构

窗口是屏幕中的一块空间,是一个"容器",直接提供给用户使用。在窗口内,用户可以放置不同的构件,创建图形对象并调整画面的布局,组态配置不同的参数以完成不同的功能。

在 MCGS 嵌入版中,每个应用系统只能有一个主控窗口和一个设备窗口,但可以有多个用户窗口和多个运行策略,实时数据库中也可以有多个数据对象。MCGS 嵌入版用主控窗口、设备窗口和用户窗口来构成一个应用系统的人机交互图形界面,组态配置各种不同类型和功能的对象或构件,同时用户可以对实时数据进行可视化处理。

(1)实时数据库是 MCGS 嵌入版系统的核心。实时数据库相当于一个数据处理中心,同时也起到公用数据交换区的作用。MCGS 嵌入版使用自建文件系统中的实时数据库来管理所有实时数据。将从外部设备采集来的实时数据送入实时数据库,系统其他部分操作的数据也来自实时数据库。实时数据库自动完成对实时数据的报警处理和存盘处理,同时它还根据需要把有关信息以事件的方式发送给系统的其他部分,以便触发相关事件进行实时处理。因此,实时数据库所存储的单元,不单单是变量的数值,还包括变量的特征参数(属性)及对该变量的操作方法(报警属性、报警处理和存盘处理等)。这种将数值、属性、方法封装在一起的数据被称为数据对象。实时数据库采用面向对象的技术,为其他部分提供服务,提供了系统各个功能部件的数据共享。

(2)主控窗口构造了应用系统的主框架。主控窗口确定了工业控制中工程作业的总体轮廓,以及运行流程、特性参数和启动特性等项内容,是应用系统的主框架。

（3）设备窗口是 MCGS 嵌入版系统与外部设备联系的媒介。设备窗口专门用来放置不同类型和功能的设备构件，实现对外部设备的操作和控制。设备窗口通过设备构件把外部设备的数据采集进来，送入实时数据库，或把实时数据库中的数据输出到外部设备。一个应用系统只有一个设备窗口，运行时，系统自动打开设备窗口，管理和调度所有设备构件正常工作，并在后台独立运行。注意，对用户来说，设备窗口在运行时是不可见的。

（4）用户窗口实现了数据和流程的"可视化"。用户窗口中可以放置三种不同类型的图形对象：图元、图符和动画构件。图元和图符对象为用户提供了一套完善的设计制作图形画面和定义动画的方法。动画构件对应于不同的动画功能，它们是从工程实践经验中总结出的常用的动画显示与操作模块，用户可以直接使用。通过在用户窗口内放置不同的图形对象，搭制多个用户窗口，用户可以构造各种复杂的图形界面，用不同的方式实现数据和流程的"可视化"。

组态工程中的用户窗口，最多可定义 512 个。所有的用户窗口均位于主控窗口内，其打开时窗口可见；关闭时窗口不可见。

（5）运行策略是对系统运行流程实现有效控制的手段。运行策略本身是系统提供的一个框架，其里面放置有策略条件构件和策略构件组成的"策略行"，通过对运行策略的定义，使系统能够按照设定的顺序和条件操作实时数据库、控制用户窗口的打开、关闭并确定设备构件的工作状态等，从而实现对外部设备工作过程的精确控制。

一个应用系统有三个固定的运行策略：启动策略、循环策略和退出策略，同时允许用户创建或定义最多 512 个用户策略。启动策略在应用系统开始运行时调用，退出策略在应用系统退出运行时调用，循环策略由系统在运行过程中定时循环调用，用户策略供系统中的其他部件调用。

二、MCGS 嵌入版的安装

嵌入版的组态环境与通用版基本一致，是专为 Microsoft Windows 系统设计的 32 位应用软件，可以运行于 Windows 95、98、NT4.0、2000 或以上版本的 32 位操作系统中，其模拟环境也同样运行在 Windows 95、98、NT4.0、2000 或以上版本的 32 位操作系统中。推荐使用中文 Windows 95、98、NT4.0、2000 或以上版本的操作系统。而嵌入版的运行环境则需要运行在 Windows CE 嵌入式实时多任务操作系统中。

安装 MCGS 嵌入版组态软件之前，必须安装好 Windows 95、98、NT4.0 或 2000，详细的安装指导请参见相关软件的软件手册。

（一）上位机的安装

MCGS 嵌入版只有一张安装光盘，具体安装步骤如下：

启动 Windows；在相应的驱动器中插入光盘；插入光盘后会自动弹出 MCGS 组态软件安装界面（如没有窗口弹出，则从 Windows 的"开始"菜单中，选择"运行"命令，运行光盘中的 Autorun.exe 文件），如图 5-46 MCGS 嵌入版安装界面所示。

图 5-46　MCGS 嵌入版安装界面

选择"安装 MCGS 嵌入版组态软件"，启动安装程序开始安装，如图 5-47 所示。

图 5-47　MCGS 嵌入版安装启动界面

随后，是一个欢迎界面，如图 5-48 所示。

单击"下一个"，安装程序将提示用户指定安装的目录，如果用户没有指定，系统缺省安装到 D：\\ MCGSE 目录下，建议使用缺省安装目录，如图 5-49 所示。

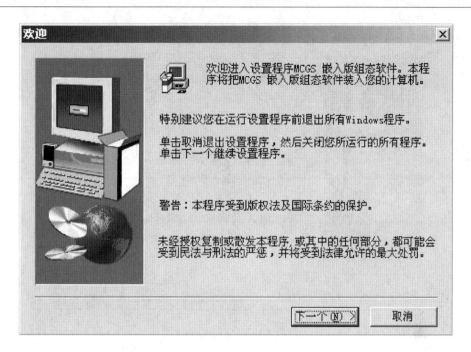

图 5-48　欢迎界面

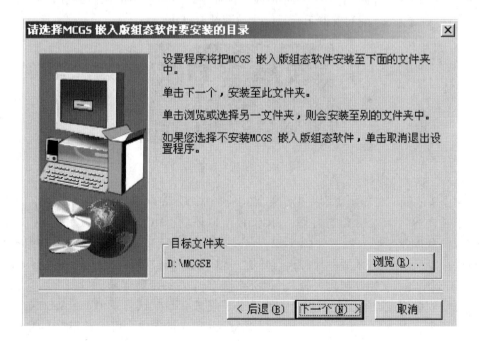

图 5-49　指定安装的目录界面

　　安装过程将持续数分钟。

　　安装过程完成后，系统将弹出"安装完成"对话框，上面有两种选择，重新启动计算机和稍后重新启动计算机，建议重新启动计算机后再运行组态软件。按下"结束"按钮，将结束安装，如图 5-50 所示。

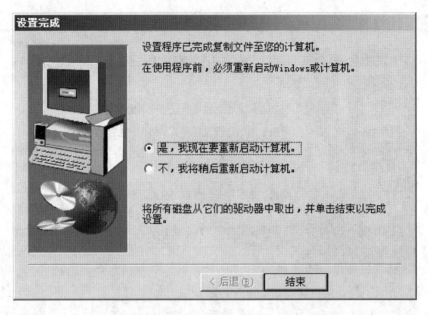

图 5-50　安装完成界面

安装完成后，Windows 操作系统的桌面上添加了如下图所示的两个图标，分别用于启动 MCGS 嵌入版组态环境和模拟运行环境，如图 5-51 所示。

图 5-51　系统桌面图标

同时，Windows 在开始菜单中也添加了相应的 MCGS 嵌入版组态软件程序组，此程序组包括五项内容：MCGSE 组态环境、MCGSE 模拟环境、MCGSE 自述文件、MCGSE 电子文档以及卸载 MCGS 嵌入版，如图 5-52 所示。MCGSE 组态环境，是嵌入版的组态环境；MCGSE 模拟环境，是嵌入版的模拟运行环境；MCGSE 自述文件描述了软件发行时的最后信息；MCGSE 电子文档则包含了有关 MCGS 嵌入版最新的帮助信息。

在系统安装完成以后，在用户指定的目录下（或者是默认目录 D：\\ MCGSE），存在三个子文件夹：Program、Samples、Work。Program 子文件夹中，可以看到以下两个应用程序 McgsSetE. exe、CEEMU. exe 以及 MCGSCE. X86、MCGSCE. ARMV4。McgsSetE. exe 是运行嵌入版组态环境的应用程序；CEEMU. exe 是运行模拟运行环境的应用程序；MCGSCE. X86 和 MCGSCE. ARMV4 是嵌入版运行环境的执行程序，分别对应 X86 类型的 CPU 和 ARM 类型的 CPU，通过组态环境中的下载对话框的高级功能下载到下位机中运行，是下位机中实际运行环境的应用程序。样例工程在 Samples 中，用户自己组态的工程将缺省保存在 Work 中。

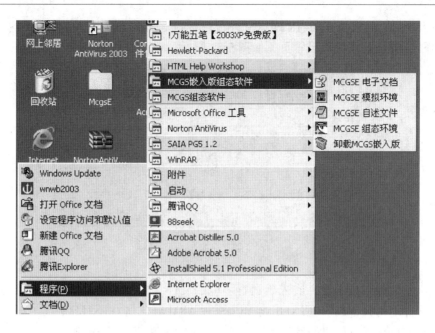

图 5-52 Windows 开始菜单中 MCGS 软件程序组

(二) 下位机的安装

安装有 Windows CE 操作系统的下位机在出厂时已经配置了 MCGS 嵌入版的运行环境，即下位机的 HardDisk \ MCGSBIN \ McgsCE. exe。

那么怎样把 MCGS 嵌入版下位机的运行环境通过上位机配置到下位机呢？方法如下：

首先，启动上位机上的 MCGSE 组态环境，在组态环境下选择工具菜单中的"下载配置"，将弹出下载配置对话框，连接好下位机，如图 5-53 所示。

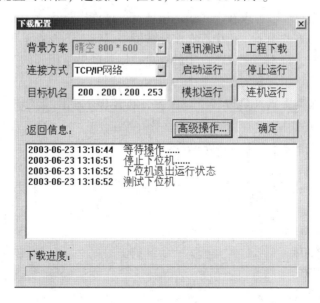

图 5-53 下载配置界面

然后，连接方式选择 TCP/IP 网络，并在目标机名框内写上下位机的 IP 地址，选择"高级操作"，弹出高级操作设置页，如图 5-54 所示。

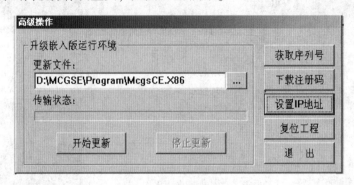

图 5-54　高级操作

在"更新文件"框中输入嵌入版运行环境的文件（组态环境会自动判断下位机 CPU 的类型，并自动选择 MCGSCE. X86 或 MCGSCE. ARMV4）所在路径，然后单击"开始更新"按钮，完成更新下位机的运行环境，然后再重新启动下位机即可。

三、MCGS 嵌入版的运行

MCGS 嵌入版组态软件包括组态环境、运行环境、模拟运行环境三部分。文件 McgsSetE. exe 对应于组态环境，文件 McgsCE. exe 对应于运行环境，文件 CEEMU. exe 对应于模拟运行环境。其中，组态环境和模拟运行环境安装在上位机中；运行环境安装在下位机中。组态环境是用户组态工程的平台。模拟运行环境可以在 PC 机上模拟工程的运行情况，用户可以不必连接下位机，对工程进行检查。运行环境是下位机真正的运行环境。

当组态好一个工程后，可以在上位机的模拟运行环境中试运行，以检查是否符合组态要求。也可以将工程下载到下位机中，在实际环境中运行。下载新工程到下位机时，如果新工程与旧工程不同，将不会删除磁盘中的存盘数据；如果是相同的工程，但同名组对象结构不同，则会删除该组对象的存盘数据。

在组态环境下选择工具菜单中的下载配置，将弹出下载配置对话框，选择好背景方案，如图 5-55 所示。

（一）设置域

（1）背景方案：用于设置模拟运行环境屏幕的分辨率。用户可根据需要选择。包含 8 个选项：

1）标准 320×240；

2）标准 640×480；

3）标准 800×600；

4）标准 1024×768；

5）晴空 320×240；

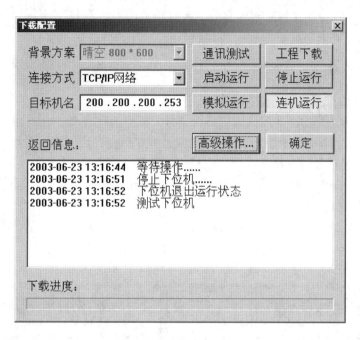

图 5-55　模拟运行

6）晴空 640×480；

7）晴空 800×600；

8）晴空 1024×768。

（2）连接方式：用于设置上位机与下位机的连接方式。包括 2 个选项：

1）TCP/IP 网络：通过 TCP/IP 网络连接。选择此项时，下方显示目标机名输入框，用于指定下位机的 IP 地址；

2）串口通信：通过串口连接。选择此项时，下方显示串口选择输入框，用于指定与下位机连接的串口号。

（二）功能按钮

（1）通信测试：用于测试通信情况；

（2）工程下载：用于将工程下载到模拟运行环境，或下位机的运行环境中；

（3）启动运行：启动嵌入式系统中的工程运行；

（4）停止运行：停止嵌入式系统中的工程运行；

（5）模拟运行：工程在模拟运行环境下运行；

（6）连机运行：工程在实际的下位机中运行；

（7）高级操作：点击"高级操作"按钮弹出如图 5-54 所示对话框。

（8）获取序列号：获取 TPC 的运行序列号，每一台 TPC 都有一个唯一的序列号，以及一个标名运行环境可用点数的注册码文件；

（9）下载注册码：将已存在的注册码文件下载到下位机中；

（10）设置 IP 地址：用于设置下位机 IP 地址；

（11）复位工程：用于将工程恢复到下载时状态；

（12）退出：退出高级操作。

（三）操作步骤

（1）打开下载配置窗口，选择"模拟运行"。

（2）点击"通信测试"，测试通信是否正常。如果通信成功，在返回信息框中将提示"通信测试正常"。同时弹出模拟运行环境窗口，此窗口打开后，将以最小化形式，在任务栏中显示。如果通信失败，将在返回信息框中提示"通信测试失败"。

（3）点击"工程下载"，将工程下载到模拟运行环境中。如果工程正常下载，将提示："工程下载成功！"。

（4）点击"启动运行"，模拟运行环境启动，模拟环境最大化显示，即可看到工程正在运行，如图 5-56 所示。

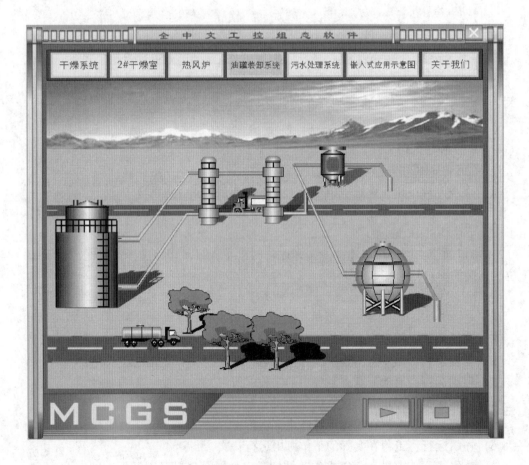

图 5-56　模拟运行

（5）点击下载配置中的"停止运行"按钮，或者模拟运行环境窗口中的"停止"按钮 ，工程停止运行；点击模拟运行环境窗口中的"关闭"按钮 ，窗口关闭。

四、工程简介

结合一个工程实例，对 MCGS 嵌入版组态软件的组态过程、操作方法和实现功能等环节，进行全面的讲解，帮助读者对 MCGS 嵌入版组态软件的内容、工作方法和操作步骤在短时间内有一个总体的认识。

通过介绍一个水位控制系统的组态过程，详细讲解如何应用 MCGS 嵌入版组态软件完成一个工程。本样例工程中涉及动画制作、控制流程的编写、模拟设备的连接、报警输出、报表曲线显示等多项组态操作。

工程最终效果如图 5-57 所示。

在开始组态工程之前，先对该工程进行剖析，以便从整体上把握工程的结构、流程、需实现的功能及如何实现这些功能。

（1）工程框架：

1）2 个用户窗口：水位控制、数据显示。

2）3 个策略：启动策略、退出策略、循环策略。

（2）数据对象：水泵、调节阀、出水阀、液位 1、液位 2、液位 1 上限、液位 1 下限、液位 2 上限、液位 2 下限、液位组。

（3）图形制作：

1）水位控制窗口：

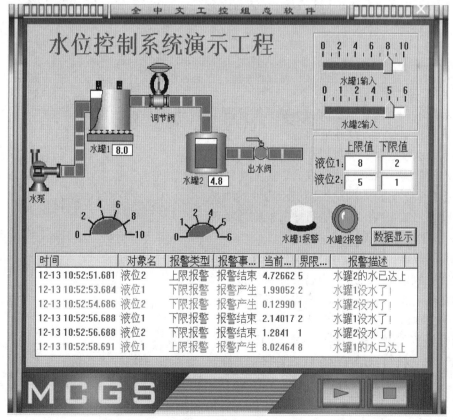

(a)

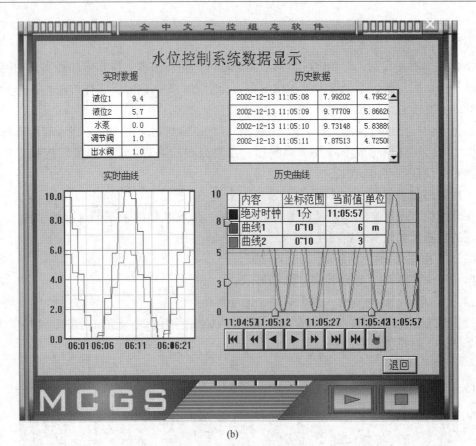

(b)

图 5-57　工程效果图

(a) 工程界面；(b) 数据界面

①水泵、调节阀、出水阀、水罐、报警指示灯：由对象元件库引入；

②管道：通过流动块构件实现；

③水罐水量控制：通过滑动输入器实现；

④水量的显示：通过旋转仪表、标签构件实现；

⑤报警实时显示：通过报警显示构件实现；

⑥动态修改报警限值：通过输入框构件实现。

2) 数据显示窗口：

①实时数据：通过自由表格构件实现；

②历史数据：通过历史表格构件实现；

③实时曲线：通过实时曲线构件实现；

④历史曲线：通过历史曲线构件实现。

(4) 流程控制：通过循环策略中的脚本程序策略块实现。

(5) 安全机制：通过用户权限管理、工程安全管理、脚本程序实现。

(一) 创建工程

可以按如下步骤建立样例工程：

（1）鼠标单击文件菜单中"新建工程"选项，如果 MCGS 嵌入版安装在 D 盘根目录下，则会在 D：\ MCGSE \ WORK \ 下自动生成新建工程，默认的工程名为："新建工程 X. MCE"（X 表示新建工程的顺序号，如：0、1、2 等）。

（2）选择文件菜单中的"工程另存为"菜单项，弹出文件保存窗口。

（3）在文件名一栏内输入"水位控制系统"，点击"保存"按钮，工程创建完毕。

（二）制作工程画面

1. 建立画面

（1）在"用户窗口"中单击"新建窗口"按钮，建立"窗口 0"。

（2）选中"窗口 0"，单击"窗口属性"，进入"用户窗口属性设置"。

（3）将窗口名称改为：水位控制；窗口标题改为：水位控制；其他不变，单击"确认"。

（4）在"用户窗口"中，选中"水位控制"，点击右键，选择下拉菜单中的"设置为启动窗口"选项，将该窗口设置为运行时自动加载的窗口，如图 5-58 所示。

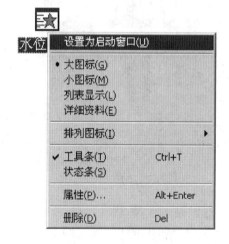

图 5-58 设置启动窗口

2. 编辑画面

选中"水位控制"窗口图标，单击"动画组态"，进入动画组态窗口，开始编辑画面，制作文字框图。

（1）单击工具条中的"工具箱" 按钮，打开绘图工具箱。

（2）选择"工具箱"内的"标签"按钮 **A**，鼠标的光标呈"十"字形，在窗口顶端中心位置拖拽鼠标，根据需要拉出一个一定大小的矩形。

（3）在光标闪烁位置输入文字"水位控制系统演示工程"，按回车键或在窗口任意位置用鼠标单击一下，文字输入完毕。

（4）选中文字框，作如下设置：点击工具条上的 （填充色）按钮，设定文字框的背景颜色为：没有填充；点击工具条上的 （线色）按钮，设置文字框的边线颜色为：

没有边线；点击工具条上的 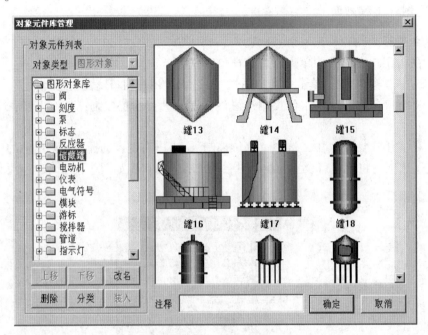 （字符字体）按钮，设置文字字体为：宋体，字型为：粗体，大小为：26；点击工具条上的 （字符颜色）按钮，将文字颜色设为：蓝色。

3. 制作水箱

（1）单击绘图工具箱中的 （插入元件）图标，弹出对象元件管理对话框，如图5-59 所示。

图 5-59　对象元件库管理

（2）从"储藏罐"类中选取罐 17、罐 53。

（3）从"阀"和"泵"类中分别选取 2 个阀（阀 58、阀 44）、1 个泵（泵 38）。

（4）将储藏罐、阀、泵调整为适当大小，放到适当位置，参照效果图。

（5）选中工具箱内的流动块动画构件图标 ，鼠标的光标呈"十"字形，移动鼠标至窗口的预定位置，单击一下鼠标左键，移动鼠标，在鼠标光标后形成一道虚线，拖动一定距离后，单击鼠标左键，生成一段流动块。再拖动鼠标（可沿原来方向，也可垂直原来方向），生成下一段流动块。

（6）当用户想结束绘制时，双击鼠标左键即可。

（7）当用户想修改流动块时，选中流动块（流动块周围出现选中标志：白色小方块），鼠标指针指向小方块，按住左键不放，拖动鼠标，即可调整流动块的形状。

（8）使用工具箱中的 **A** 图标，分别对阀、罐进行文字注释。依次为：水泵、水罐 1、调节阀、水罐 2、出水阀。文字注释的设置同"编辑画面"中的"制作文字框图"。

（9）选择"文件"菜单中的"保存窗口"选项，保存画面。

4. 整体画面

最后生成的画面如图 5-60 所示。

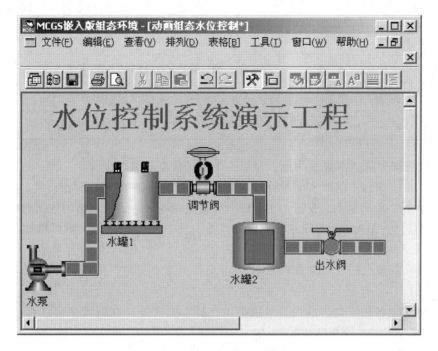

图 5-60　生成的画面示意图

（三）定义数据对象

实时数据库是 MCGS 嵌入版工程的数据交换和数据处理中心。数据对象是构成实时数据库的基本单元，建立实时数据库的过程也就是定义数据对象的过程。

定义数据对象的内容主要包括：指定数据变量的名称、类型、初始值和数值范围确定与数据变量存盘相关的参数，如存盘的周期、存盘的时间范围和保存期限等。

在开始定义之前，先对所有数据对象进行分析。在本样例工程中需要用到如表 5-4 所示的数据对象。

表 5-4　数据对象定义表

对象名称	类型	注　　释
水泵	开关型	控制水泵"启动""停止"的变量
调节阀	开关型	控制调节阀"打开""关闭"的变量
出水阀	开关型	控制出水阀"打开""关闭"的变量
液位 1	数值型	水罐 1 的水位高度，用来控制 1 号水罐水位的变化
液位 2	数值型	水罐 2 的水位高度，用来控制 2 号水罐水位的变化
液位 1 上限	数值型	用来在运行环境下设定水罐 1 的上限报警值
液位 1 下限	数值型	用来在运行环境下设定水罐 1 的下限报警值

对象名称	类型	注　释
液位 2 上限	数值型	用来在运行环境下设定水罐 2 的上限报警值
液位 2 下限	数值型	用来在运行环境下设定水罐 2 的下限报警值
液位组	组对象	用于历史数据、历史曲线、报表输出等功能构件

下面以数据对象"水泵"为例，介绍一下定义数据对象的步骤：

（1）单击工作台中的"实时数据库"窗口标签，进入实时数据库窗口页。

（2）单击"新增对象"按钮，在窗口的数据对象列表中，增加新的数据对象，系统缺省定义的名称为"Data1""Data2""Data3"等（多次点击该按钮，则可增加多个数据对象）。

（3）选中对象，按"对象属性"按钮，或双击选中对象，则打开"数据对象属性设置"窗口。

（4）将对象名称改为：水泵；对象类型选择：开关型；在对象内容注释输入框内输入："控制水泵启动、停止的变量"，单击"确认"。

按照此步骤，根据上面列表，设置其他 9 个数据对象。

定义组对象与定义其他数据对象略有不同，需要对组对象成员进行选择。具体步骤如下：

（1）在数据对象列表中，双击"液位组"，打开"数据对象属性设置"窗口。

（2）选择"组对象成员"标签，在左边数据对象列表中选择"液位 1"，点击"增加"按钮，数据对象"液位 1"被添加到右边的"组对象成员列表"中。按照同样的方法将"液位 2"添加到组对象成员中。

（3）单击"存盘属性"标签，在"数据对象值的存盘"选择框中，选择：定时存盘，并将存盘周期设为：5 s。

（4）单击"确认"，定义组对象设置完毕。

（四）动画连接

由图形对象搭制而成的图形画面是静止不动的，需要对这些图形对象进行动画设计，真实地描述外界对象的状态变化，达到过程实时监控的目的。MCGS 嵌入版实现图形动画设计的主要方法是将用户窗口中图形对象与实时数据库中的数据对象建立相关性连接，并设置相应的动画属性。在系统运行过程中，图形对象的外观和状态特征，由数据对象的实时采集值驱动，从而实现了图形的动画效果。

本样例中需要制作动画效果的部分包括：水箱中水位的升降，水泵、阀门的启停，水流效果。

1. 水位升降效果

水位升降效果是通过设置数据对象"大小变化"连接类型实现的。具体设置步骤如下：

（1）在用户窗口中，双击水罐 1，弹出单元属性设置窗口。

（2）单击"动画连接"标签，显示如图 5-61 所示。

图 5-61　动画连接界面

（3）选中折线，在右端出现 $\boxed{>}$ 。

（4）单击 $\boxed{>}$ 进入动画组态属性设置窗口。按照下面的要求设置各个参数：表达式：液位 1；最大变化百分比对应的表达式的值：10；其他参数不变。如图 5-62 所示。

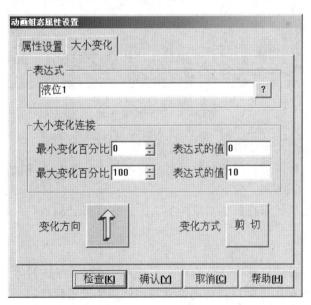

图 5-62　大小变化界面

（5）单击"确认"，水罐 1 水位升降效果制作完毕。

水罐 2 水位升降效果的制作同理。单击 $\boxed{>}$ 进入动画组态属性设置窗口后，按照下面

的值进行参数设置：表达式：液位 2；最大变化百分比对应的表达式的值：6；其他参数
不变。

2. 水泵、阀门的启停

水泵、阀门的启停动画效果是通过设置连接类型对应的数据对象实现的。设置步骤
如下：

（1）双击水泵，弹出单元属性设置窗口。

（2）选中"数据对象"标签中的"按钮输入"，右端出现浏览按钮 ？ 。

（3）单击浏览按钮 ？ ，双击数据对象列表中的"水泵"。

（4）使用同样的方法将"填充颜色"对应的数据对象设置为"水泵"，如图 5-63
所示。

图 5-63　数据对象界面

（5）单击"确认"，水泵的启停效果设置完毕。

调节阀的启停效果同理。只需在数据对象标签页中，将"按钮输入""填充颜色"的
数据对象均设置为：调节阀。

出水阀的启停效果，需在数据对象标签页中，将"按钮输入""可见度"的数据对象
均设置为：出水阀。

3. 水流效果

水流效果是通过设置流动块构件的属性实现的。实现步骤如下：

（1）双击水泵右侧的流动块，弹出流动块构件属性设置窗口；

（2）在流动属性页中，进行如下设置：表达式：水泵 = 1；选择当表达式非零时，流
块开始流动。

水罐 1 右侧流动块及水罐 2 右侧流动块的制作方法与此相同，只需将表达式相应改
为：调节阀 = 1，出水阀 = 1 即可。

至此动画连接已完成，看一下组态后的结果。已将"水位控制"窗口设置为启动窗口，所以在运行时，系统自动运行该窗口。

这时的画面仍是静止的。移动鼠标到"水泵""调节阀""出水阀"上面的红色部分，鼠标指针会呈"手"形。单击一下，红色部分变为绿色，同时流动块相应地运动起来，但水罐仍没有变化。这是由于没有信号输入，也没有人为地改变水量。可以用如下方法改变其值，使水罐动起来。

4. 利用滑动输入器控制水位

以水罐 1 的水位控制为例：

（1）进入"水位控制"窗口。

（2）选中"工具箱"中的滑动输入器 图标，当鼠标呈"十"字形后，拖动鼠标到适当大小。

（3）调整滑动块到适当的位置。

（4）双击滑动输入器构件，进入属性设置窗口。按照下面的值设置各个参数："基本属性"页中，滑块指向：指向左（上）；"刻度与标注属性"页中，"主划线数目"：5，即能被 10 整除；"操作属性"页中，对应数据对象名称：液位 1；滑块在最右（下）边时对应的值：10；其他不变。

（5）在制作好的滑块下面适当的位置，制作 文字标签"编辑画面"，按下面的要求进行设置：1）输入文字：水罐 1 输入；2）文字颜色：黑色；3）框图填充颜色：没有填充；4）框图边线颜色：没有边线。

按照上述方法设置水罐 2 水位控制滑块，参数设置为："基本属性"页中，滑块指向：指向左（上）；"操作属性"页中，对应数据对象名称：液位 2；滑块在最右（下）边时对应的值：6；其他不变。

（6）将水罐 2 水位控制滑块对应的文字标签设置为：输入文字：水罐 2 输入；文字颜色：黑色；框图填充颜色：没有填充；框图边线颜色：没有边线。

（7）点击工具箱中的常用图符按钮 ，打开常用图符工具箱。

（8）选择其中的凹槽平面按钮 ，拖动鼠标绘制一个凹槽平面，恰好将两个滑动块及标签全部覆盖。

（9）选中该平面，点击编辑条中"置于最后面"按钮，最终效果如图 5-64 所示。

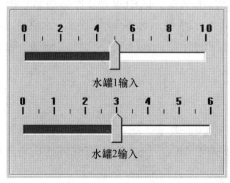

图 5-64　效果图

此时按"F5"，进行下载配置，工程下载完后，进入模拟运行环境，此时可以通过拉动滑动输入器而使水罐中的液面动起来。

5. 利用旋转仪表控制水位

在工业现场一般都会大量地使用仪表进行数据显示。MCGS 嵌入版组态软件提供了旋转仪表构件以适应这一要求。用户可以利用此构件在动画界面中模拟现场的仪表运行状态。具体制作步骤如下：

（1）选取"工具箱"中的"旋转仪表" 图标，调整大小放在水罐 1 下方适当位置。

（2）双击该构件进行属性设置。各参数设置如下："刻度与标注属性"页中，主划线数目：5；"操作属性"页中，表达式：液位 1；最大逆时针角度：90，对应的值：0；最大顺时针角度：90，对应的值：10；其他不变。

（3）按照此方法设置水罐 2 数据显示对应的旋转仪表。参数设置如下："操作属性"页中，表达式：液位 2；最大逆时针角度：90，对应的值：0；最大顺时针角度：90，对应的值：6；其他不变。

进入运行环境后，可以通过拉动旋转仪表的指针使整个画面动起来。

6. 水量显示

为了能够准确地了解水罐 1、水罐 2 的水量，可以通过设置 A 标签的"显示输出"属性显示其值，具体操作如下：

（1）单击"工具箱"中的"标签" A 图标，绘制两个标签，调整大小位置，将其并列放在水罐 1 下面。第一个标签用于标注，显示文字为：水罐 1；第二个标签用于显示水罐水量。

（2）双击第一个标签进行属性设置，参数设置如下：输入文字：水罐 1；文字颜色：黑色；框图填充颜色：没有填充；框图边线颜色：没有边线。

（3）双击第二个标签，进入动画组态属性设置窗口。将填充颜色设置为：白色；边线颜色设置为：黑色。

（4）在输入输出连接域中，选中"显示输出"选项，在组态属性设置窗口中则会出现"显示输出"标签，如图 5-65 所示。

1）单击"显示输出"标签，设置显示输出属性。参数设置如下：表达式：液位 1；输出值类型：数值量输出；输出格式：向中对齐；整数位数：0；小数位数：1。

2）单击"确认"，水罐 1 水量显示标签制作完毕。水罐 2 水量显示标签与此相同，需做如下改动：第一个用于标注的标签，显示文字为：水罐 2；第二个用于显示水罐水量的标签，表达式改为：液位 2。

（五）设备连接

MCGS 嵌入版组态软件提供了大量的工控领域常用的设备驱动程序。本样例仅以模拟设备为例，简单地介绍一下关于 MCGS 嵌入版组态软件的设备连接，使用户对该部分有一个概念性的了解。

模拟设备是供用户调试工程的虚拟的设备。该构件可以产生标准的正弦波、方波、三

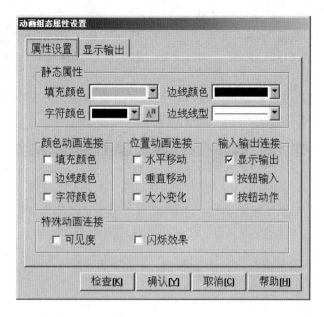

图 5-65　属性设置界面

角波、锯齿波信号，其幅值和周期都可以任意设置。

通过模拟设备的连接，可以使动画不需要手动操作，自动运行起来。

通常情况下，在启动 MCGS 嵌入版组态软件时，模拟设备都会自动装载到设备工具箱中。如果未被装载，可按照以下步骤将其选入：在"设备窗口"中双击"设备窗口"图标进入。点击工具条中的"工具箱"　🛠　图标，打开"设备工具箱"。单击"设备工具箱"中的"设备管理"按钮，弹出如图 5-66 所示。

图 5-66　设备管理

在可选设备列表中，双击"通用设备"。双击"模拟数据设备"，在下方出现模拟设备图标。双击模拟设备图标，即可将"模拟设备"添加到右侧选定设备列表中。选中选定设备列表中的"模拟设备"，单击"确认"，"模拟设备"即被添加到"设备工具箱"中。

下面详细介绍模拟设备的添加及属性设置：双击"设备工具箱"中的"模拟设备"，模拟设备被添加到设备组态窗口中，如图 5-67 所示。

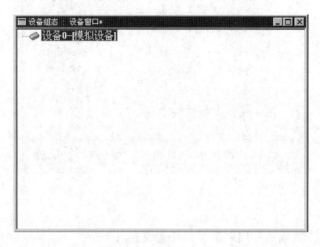

图 5-67　设备组态窗口

双击"设备 0-[模拟设备]"，进入模拟设备属性设置窗口，如图 5-68 所示。

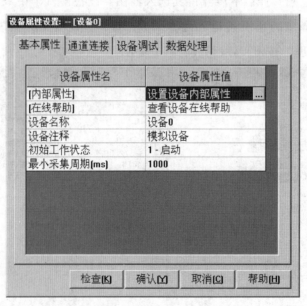

图 5-68　模拟设备属性

单击基本属性页中的"内部属性"选项，该项右侧会出现 ▯▯▯ 图标，单击此按钮进入"内部属性"设置。将通道 1、2 的最大值分别设置为：10、6；单击"确认"，完成

"内部属性"设置。单击通道连接标签，进入通道连接设置。选中通道0对应数据对象输入框，输入"液位1"；选中通道1对应数据对象输入框，输入"液位2"。如图5-69所示。

图5-69　通道连接界面

进入"设备调试"属性页，即可看到通道值中数据在变化。按"确认"按钮，完成设备属性设置。

（六）编写控制流程

用户脚本程序是由用户编制的、用来完成特定操作和处理的程序，脚本程序的编程语法非常类似于普通的 Basic 语言，但在概念和使用上更简单直观，力求做到使大多数普通用户都能正确、快速地掌握和使用。

对于大多数简单的应用系统，MCGS 嵌入版的简单组态就可完成。只有比较复杂的系统，才需要使用脚本程序，但正确地编写脚本程序，可简化组态过程，大大提高工作效率，优化控制过程。

下面先对控制流程进行分析：

（1）当"水罐1"的液位达到9 m时，就要把"水泵"关闭，否则就要自动启动"水泵"；

（2）当"水罐2"的液位不足1 m时，就要自动关闭"出水阀"，否则自动开启"出水阀"；

（3）当"水罐1"的液位大于1 m，同时"水罐2"的液位小于6 m就要自动开启"调节阀"，否则自动关闭"调节阀"。

具体操作如下：

（1）在"运行策略"中，双击"循环策略"进入策略组态窗口。

（2）双击 图标进入"策略属性设置"，将循环时间设为：200 ms，按"确认"。

（3）在策略组态窗口中，单击工具条中的"新增策略行" 图标，增加一策略行，如图 5-70 所示。

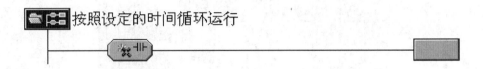

图 5-70　新增策略行

如果策略组态窗口中，没有策略工具箱，请单击工具条中的"工具箱" 图标，弹出"策略工具箱"，如图 5-71 所示。

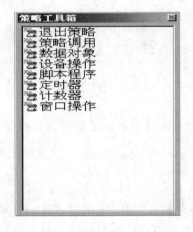

图 5-71　策略工具箱

（4）单击"策略工具箱"中的"脚本程序"，将鼠标指针移到策略块图标 上，单击鼠标左键，添加脚本程序构件，如图 5-72 所示。

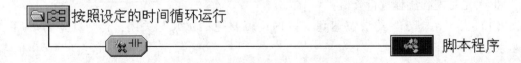

图 5-72　脚本程序界面

（5）双击 进入脚本程序编辑环境，输入下面的程序：

IF 液位 1<9 THEN

```
        水泵 = 1
ELSE
        水泵 = 0
ENDIF
IF 液位 2<1 THEN
        出水阀 = 0
ELSE
        出水阀 = 1
ENDIF
IF 液位 1>1 and    液位 2<9 THEN
        调节阀 = 1
ELSE
        调节阀 = 0
ENDIF
```

脚本程序编辑环境界面，如图 5-73 所示。

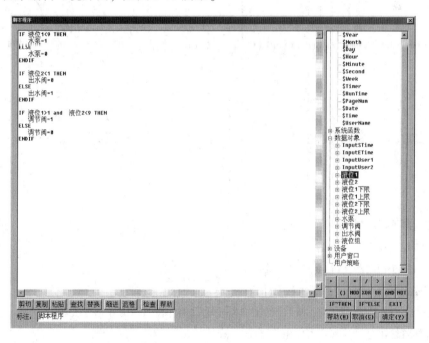

图 5-73　脚本程序编辑环境界面

单击"确认"，脚本程序编写完毕。

习　题

1. 简述三相异步电动机的结构组成。

2. 旋转磁场的产生必须具备哪两个条件？

3. 电器按其工作电压等级分为几种？

4. 电器按操作方式分为几种？

5. 简述低压断路器的结构组成。

6. 简述低压断路器的主要参数。

7. 简述交流接触器结构组成。

8. 简述交流接触器常采用的灭弧方法。

9. 中间继电器的主要用途有几点？

10. 简述热保护继电器的工作原理。

11. 简述三相异步电动机自锁控制。

12. 简述三相异步电动机互锁控制。

13. 根据电气原理图（如下图）简述电动葫芦的工作原理。

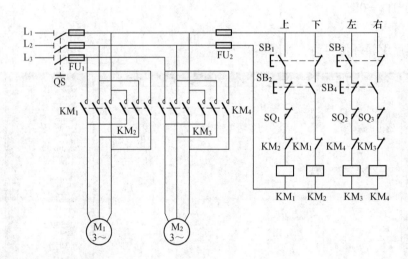

14. 简述电气原理图绘制原则。

15. 简述可编程序控制器（PLC）的特点。

16. 简述可编程序控制器（PLC）的系统组成。

17. 可编程序控制器（PLC）内部编程元件有哪些？

18. PLC 按照 I/O 点数分为几类、按照控制性能可分为几类，按照结构可分为几类？

19. 简述晶体管输出电路（如下图）工作原理。

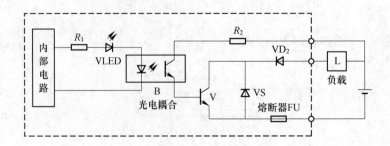

20. 根据电气原理图（如下图）简述双速异步电动机的工作原理。

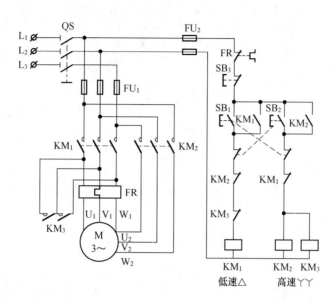

21. 简述 MCGS 嵌入版组态软件的主要功能。

22. 简述 MCGS 嵌入版组态软件的主要特点。

第三部分

典型水处理工艺

项目六　微污染水源的饮用水处理

微污染水源水污染源主要是指未经处理的生活污水、工业废水、养殖业排放水和农业灌溉水，以及未达到排放标准的处理水等。其中的污染物包括有机物、氨氮、藻类分泌物、挥发酚、氰化物、重金属、农药等。微污染水源水是受到有机物、氨氮、磷及有毒污染物较低程度污染的水源水。尽管污染物浓度低，但经自来水厂原有的混凝、沉淀、过滤、消毒的传统工艺处理后，未能有效去除污染物，只能去除 20%~30%COD，很难达到《生活饮用水卫生标准》(GB 5749—2022)。为此，人们不仅致力于微污染水源饮用水深度处理工艺研究，探索更有效的处理工艺和技术；同时重视水源水的预处理，双管齐下，降低水中污染物含量，确保饮用水的卫生与安全。

任务一　有机物的去除

一、微污染水源水中的有机物分类

（1）天然有机物（NOM），如腐殖质、生物排泄物，以及植物组织溶解于水的有机物等。

（2）合成有机物（SOC），如挥发性有机化合物（VOCs）、灭虫剂，以及工业废水中其他类型的有机物。

（3）在水处理过程或在沸水中形成的化学副产物和添加剂，例如三氯甲烷等突变物（THMs）。

二、不同处理方式对有机物的去除

（一）常规处理对有机物的去除

常规处理工艺主要去除水源水中悬浮物和胶体物质，控制出水的浊度、色度和细菌数。随着水源水中有机物的增加，常规处理也需去除有机物，其工艺过程受有机物种类、浓度的影响。

水中的天然有机物根据化学结构和其与树脂在不同的 pH 条件下的相对亲和性可分为酸性、碱性、中性的亲水性（hydrophilic）或憎水性（hydrophobic）有机物，如表 6-1 所示。Rebhum 等将与混凝有关的有机物进行了分类。

表 6-1 水中天然有机物分类

憎水性	酸性	腐殖酸、富里酸、中等和高分子链的烷基羧酸和烷基二羧酸、芳香族酸、酚类、丹宁（鞣酸）
	碱性	蛋白质、苯胺类、高分子量的烷基胺
	中性	烃类、醛类、高分子量的甲基酮类、酯类、呋喃、吡啶
亲水性	酸性	羟基酸、糖类、磺酸基类、低分子链的烷基羧酸和烷基二羧酸
	碱性	氨基酸、嘌呤、嘧啶、低分子量的烷基胺
	中性	多糖、低分子量的烷基醇、醛、酮

（1）溶解性大分子有机物，包括腐殖质、蛋白质和多糖类物质。大分子有机物较小分子有机物有较强的憎水性，易吸附在固液界面，易在混凝中被去除。

（2）被大分子有机物包裹的颗粒物，包括细菌、病毒、原生生物胞囊、藻类及其大分子有机物。

（3）生物态颗粒有机物。天然水体中生物态颗粒有机物主要是一些微生物（藻类、细菌）及其尸体（细胞碎片），可能还包括原生动物和后生动物。

混凝去除有机物的机理主要有 3 个方面：1）带正电的金属离子与带负电的有机物胶体发生电中和而脱稳凝聚；2）金属离子与溶解性有机物分子形成不溶性复合物而沉淀；3）有机物在絮体（俗称矾花）表面物理化学吸附。

（二）活性炭对有机物的去除

活性炭是具有弱极性的多孔性吸附剂，具有丰富的细孔结构和巨大的比表面积，是目前微污染水源水深度处理最有效的手段，尤其在去除水中农药、杀虫剂、除草剂等微污染物质和臭味、消毒副产物等方面，但有机物的极性和分子大小会影响活性炭对有机物的去除。活性炭对具有高溶解度和强亲水性的相同分子大小的有机物呈差吸附性。

（三）生物处理技术对有机物的去除

生物处理对有机物的去除机理主要有以下几个方面：

（1）微生物对小分子有机物的降解。由于微生物生长代谢中物质和能量的需要，将部分低分子有机物分解成二氧化碳和水，同时也将降解中生成的部分中间产物合成微生物体。

（2）微生物胞外酶对大分子有机物的分解作用。

（3）生物吸附絮凝作用。生物膜因其比表面积较大，能吸附部分有机物。微生物分泌物多聚糖等黏性物质具有类似化学絮凝的作用，使部分大分子有机物在生物反应器中被填料上生物膜吸附下来，在反冲洗时被带出反应器。

任务二　水的预处理技术和强化混凝

一、预处理技术

预处理技术一般添加在常规处理工艺前。主要有物理、化学或生物的预处理工序，实现初步去除水中污染物，尤其对常规工艺中无法有效去除的污染物具有较好效果，也可为后续处理工艺减轻负担，提高整体工艺的水处理效益，保障饮用水的水质安全。生物预处理技术、吸附预处理技术和化学氧化法是较为常见的预处理技术。

（1）生物预处理技术。生物预处理靠微生物群体的繁殖生长消耗水中有机污染物，尤其是像氨氮等在常规给水处理工艺中较难有效去除的污染物。目前国内外较为发展成熟的生物预处理工艺包括：塔式生物滤池、生物转盘、生物接触氧化法、生物流化床、生物转盘等。生物预处理技术存在一些不足，如需要较多的配套设施，增加了水厂建设、运营成本以及高效运行管理难度等。

（2）吸附预处理技术。吸附预处理技术利用具有强吸附性能和交换作用的吸附剂，实现对水中有机污染物的吸附，改善常规处理能力，增强混凝沉淀效果。如粉末活性炭吸附法，通常是在常规净水工艺之前，将制成炭浆的粉末活性炭投入受污染的原水，使其充分混合吸附去除水中污染物。

（3）化学氧化法预处理。除预氯化外，臭氧、二氧化氯、过氧化氢、高锰酸盐（高锰酸盐复合药剂）预氧化是可供选择的其他预氧化方式。

1）臭氧预氧化。臭氧预氧化不但可迅速杀灭细菌，而且可杀死芽孢病毒，去除铁、锰及臭味。另外，臭氧预氧化可将部分难降解的大分子有机物降解生成易生物降解的小分子中间产物，提高了水中微污染有机物的可生化性。

2）二氧化氯预氧化。二氧化氯预氧化效果好，且可以就地制备，安全隐患小，但与用氯消毒相比仍属少数。在特殊情况下，如水中存在酚及原水污染严重时，采用二氧化氯不会产生氯酚的臭味。

3）过氧化氢预氧化。过氧化氢能直接氧化水中有机污染物和构成微生物的有机物质。同时，其本身只含氢和氧两种元素，分解后成为水和氧气，使用中不会带来环境污染；在饮用水处理中过氧化氢分解速度很慢，同有机物作用温和，可保证较长时间的残留消毒作用；又可作为脱氯剂（还原剂），不会产生有机卤代物。因此，过氧化氢是较为理想的饮用水预氧化剂和消毒剂。

4）高锰酸盐预氧化。高锰酸钾是一种具有强氧化能力的化学物质，已在给水处理中应用多年。其主要通过氧化作用降解异臭异味的有机物，具有防止和除去自来水中异臭异味的作用，还能氧化铁、锰、藻类和有机物。

各种氧化剂和消毒剂均有其自身的优点和不足，应根据水源水质、水厂的工艺特点和所面临的主要水质问题，合理选择并应用。

二、强化混凝

(一) 强化混凝的概念和影响因素

强化混凝是目前较为常见的处理工艺，主要是利用各种新型高效的无机混凝剂或其他药剂，通过调控 pH 值、搅拌混凝参数、反应时间、药剂投药量等，提升常规混凝处理工艺水处理能力。该方法最大限度地对消毒副产物的前驱物进行有效去除，保证符合饮用水标准，有效提高微污染水的出水水质。强化混凝主要有以下两种方法。

(1) 合理选用新型有机及无机高分子助凝剂增强混凝效果。

(2) 强化混凝工艺的处理效果主要受以下三个方面影响：混凝剂、原水水质（浊度、温度、pH 值、有机物等）以及混凝过程中的动力学条件。通过调节混凝条件参数如优化水力条件、调节 pH 值等可改善混凝处理效果。

许多研究表明，强化混凝对 UV_{254} 的去除率要高于对 TOC 和 DOC（溶解性有机碳）的去除率。表 6-2 是 Robert C. Cheng 等人对美国 SPW 原水进行强化混凝的试验结果，得出在不同硫酸铝投加量及不同 pH 值条件下，强化混凝对 UV_{254} 的去除率均高于相应的 TOC 去除率，表明强化混凝能优先去除水中天然有机物，即腐殖质等。通过该表可得增加混凝剂投加量、降低水的 pH 值都可提高有机物去除率。

表 6-2　强化混凝对美国 SPW 原水 UV_{254} 和 TOC 的去除率

铝投加量 /mg·L^{-1}	不调 pH 值		pH = 7.0		pH = 6.3		pH = 5.5	
	UV_{254}	TOC	UV_{254}	TOC	UV_{254}	TOC	UV_{254}	TOC
10	14%	5%	23%	10%	36%	13%	37%	22%
20	26%	9%	36%	14%	48%	25%	56%	36%
30	41%	25%	40%	23%	53%	29%	58%	37%
40	NT	NT	46%	25%	58%	37%	63%	46%

(二) 不同混凝剂对强化混凝的影响

混凝剂在强化混凝过程中起着至关重要的作用，混凝剂种类及其投加量直接影响强化混凝的处理效果。

(1) 无机混凝剂。传统的无机混凝剂是以铝盐、铁盐及其水解聚合物等低分子盐类为主。铁系混凝剂主要包括三氯化铁、硫酸亚铁、聚合硫酸铁以及聚合氯化铁等。其中，三氯化铁具有沉淀性较好、处理低浊度水或低温水效果好、适宜 pH 值范围较广的优点，在铁系混凝剂中应用较广。但三氯化铁混凝剂处理后出水的色度较高，且具有一定腐蚀性。相较之下，铝盐混凝剂是最传统和应用最广的混凝剂，包括硫酸铝、明矾、聚合氯化铝、聚合硫酸铝等。

(2) 有机高分子混凝剂。有机高分子混凝剂可分为阳离子型、阴离子型、两性型与非离子型等，其链状分子可以发生吸附架桥作用，分子上所负载的电荷又可对胶体颗粒物起到压缩双电层的作用，从而能够更好地去除水体中的杂质。

（3）复合混凝剂。根据复合混凝剂的不同主要成分，可分为无机-无机复合型和无机-有机复合型两种。当前使用的复合混凝剂可弥补无机高分子混凝剂由于分子链短而造成吸附架桥能力弱的不足，提高了混凝效率，通过复合使得无机高分子的水解稳定性更强，有效地提高了产品的质量，减少混凝剂与助凝剂的二次投加，简化了操作步骤，而且复合混凝剂在脱色和去除有机物方面具有更高的效率。

（4）生物絮凝剂。生物絮凝剂是 20 世纪 50 年代由日本学者发现的，1976 年后进入蓬勃阶段，80 年代以后全面启动其研究工作，并取得一定的研究成果。

任务三　生物预处理

一、生物预处理工艺的概念及特点

（1）生物预处理的概念。生物预处理是指在常规净水工艺之前附加生物处理工艺，借助微生物的新陈代谢活动，对水中的有机污染物、氨氮、亚硝酸盐及铁、锰等无机污染物进行初步去除，这样既改善了水的混凝沉淀性能，又有利于后续的常规处理更好发挥效用，也减轻了常规处理和后续深度处理过程的负担，延长过滤或活性炭吸附等物理化学处理工艺的使用周期和使用容量，最大限度地发挥水处理工艺整体作用，降低水处理费用，更好地控制水的污染。

（2）生物预处理在饮用水处理中的特点。

1）能有效地去除原水中可生物降解的有机物。

2）保证整个处理工艺出水更安全可靠。前人研究指出，生物处理最好作为物理化学处理工艺前的预处理工艺，这样既可以充分发挥微生物的生物降解作用，同时生物处理所带来的微生物代谢产物、脱落生物以及其他颗粒生物可以通过后续工艺加以控制，从而增加饮用水的卫生可靠性。

3）多样性微生物群落对低浓度有机物具有良好的去除作用。目前在饮用水处理中采用的生物处理系统大多数是生物膜类型。微生物利用水中营养物质进行生长繁殖，在载体表面形成薄层结构的微生物聚合体，生成生物膜，其中填料上生物的积累大于悬浮生物处理系统所需的生物量，有利于世代期较长的微生物生长。

4）能去除无机类污染物包括氨氮、铁、锰等。生物膜固定生长的特点使生物具有较长的停留时间，生长缓慢的微生物如硝化细菌等自养菌可在反应器内不断累积，可促进污染物的持续降解。

二、生物预处理工艺的分类及特点

根据国内研究和应用的现状，主要介绍生物滤池和生物接触氧化两种生物预处理工艺。

（1）生物滤池。生物滤池是目前常用的生物处理方法，有淹没式生物滤池（曝气与不曝气）、煤/砂生物过滤及慢滤池等。在滤池中装有比表面积较大的填料，通过固定生长技术在填料表面形成生物膜，水体与生物膜不断接触过程中，使有机物及氮等污染物被生物膜吸收利用而实现去除，这种滤池在运行中有时需补充一定量的压缩空气，可为生物生长提供足够的氧气，且有助于新老生物膜的更新换代，保证生物膜的高氧化能力。该工艺的特点是运行费用低，处理效果稳定，管理方便，污染物去除效果高，污泥产量少，且不易受外界环境变化的影响，处理出水在有机物、臭味、氨氮、铁、锰、细菌、浊度等方面均有不同程度的效果，可减少后续常规工艺的混凝剂消耗量与消毒用氯消耗量。

（2）生物接触氧化。生物接触氧化法也叫作浸没式生物膜法，在池内放置人工合成填料，含氧的水以一定的速度流经填料，使填料上布满生物膜，水体与生物膜接触时，通过生物净化的作用使水中污染物得到降解与去除，此工艺是介于活性污泥法与生物过滤两者之间的处理方法，兼具两种处理方法的优点。生物接触氧化法的主要优点是处理能力强，可适应较强的冲击负荷，污泥生成量少，可保证出水水质，易于维护管理，但缺点是在填料间水流缓慢，水力冲刷少，生物膜只能自行脱落，更新速度慢，易引起堵塞，而且布水布气不易达到均匀，且填料较贵，投资成本高。

三、生物预处理工艺的影响因素

生物接触氧化法预处理中生物的载体包括不同的惰性介质（陶粒、砂、沸石）等、半软性（塑料片）、弹性填料（塑料丝）、塑料制蜂窝等。下面讨论影响生物陶粒处理效果的有关因素。

（1）停留时间。生物陶粒是利用微生物将水中的污染物进行代谢和降解，转化为 CO_2 和 H_2O 及中间代谢产物，需借助一系列生化反应来实现，这些生化反应的完成需要时间保障。停留时间越长，生物降解越完全，但设备成本会大幅增加。图 6-1、图 6-2 分别表示停留时间对生物陶粒降解 TOC 和氨氮的效果影响。

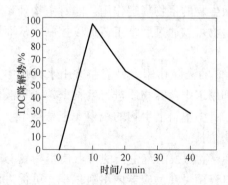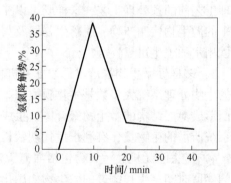

图 6-1　停留时间对生物陶粒降解 TOC 的效果影响　　图 6-2　停留时间对生物陶粒降解氨氮的效果影响

（2）温度。生物陶粒反应器是利用生长在其表面上的微生物对污染物进行氧化降解，微生物生长会受到温度的影响。微生物在合适的温度范围内每提高 10 ℃，酶促反应速度将提高 1~2 倍，因此微生物的代谢和生长速率均可相应提高，从而影响微生物降解和氧化污染物的效率。

（3）pH 值。微生物生长最佳的 pH 值一般在 6~8 之间，pH 值超出此范围会限制微生物的生长。图 6-3 为 pH 值对生物陶粒 TOC 降解的影响，从图可知，生物陶粒对 TOC 的降解势最高时的 pH 值在 7.0~8.5 之间，pH 值对生物陶粒反应器 TOC 降解的影响在 pH 值为 7 以下和 8.5 以上时影响较大，因此选择 pH 值在 7~8.5 之间的水源水为最佳。

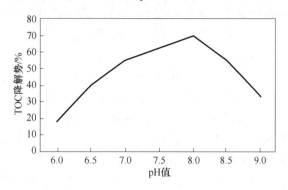

图 6-3 pH 值对生物陶粒反应器 TOC 降解的影响

（4）溶解氧（DO）。好氧微生物在生长代谢活动中强烈依赖于氧气，微生物在呼吸作用中以氧气作为最终电子受体，同时卤醇类和不饱和脂肪酸的生物合成中也需氧气。微生物只能利用溶解氧，因此溶解氧的浓度对于微生物生长具有至关重要的作用，从而影响微生物对有机污染物的降解作用。

任务四 微污染水源饮用水处理的工艺选择和组合工艺对富营养化水源的净化

根据微污染水源水的水质特点及供水水质的要求，结合实际情况，在常规给水处理工艺的基础上提出各种组合和完善的方法。

一、微污染水源饮用水深度处理组合工艺选择

根据原水水质选择不同的组合工艺，微污染水源水处理基本流程为：原水→预处理→常规（强化常规）处理工艺→臭氧→活性炭。其中，预处理包括：生物预处理、预臭氧氧化、高锰酸盐氧化；强化常规处理工艺包括：强化混凝、活性滤池；臭氧氧化工艺包括：单纯臭氧氧化以及根据水质情况采取高级氧化工艺；在合适的情况下，可考虑在活性炭后接膜滤工艺或采用两级臭氧-活性炭工艺。针对不同水质的水，选择合适的组合工艺如下：

（1）藻类含量高的水库水。一般 SS、氨氮、COD_{Mn} 均较低，可采取以下工艺：臭氧预氧化→混凝气浮→臭氧→活性炭工艺。预臭氧氧化与气浮结合可有效去除藻类和藻毒素。

（2）一般水源水（氨氮浓度小于 1.0 mg/L，COD_{Mn} 浓度小于 6.0 mg/L）（Ⅲ类地表水）。原水→混凝→沉淀→砂滤→臭氧→活性炭。

（3）氨氮浓度较高、COD_{Mn} 较低的水源水（氨氮浓度大于 3.0 mg/L，COD_{Mn} 浓度小于 6.0 mg/L）。原水→BAF→混凝→沉淀→活性滤料过滤→臭氧→活性炭。BAF 与活性滤

池（以活性炭或其他改性滤料替代石英砂）主要去除水中氨氮，特别是冬季水温较低时，多级生化作用可保证工艺对氨氮的去除率。

（4）氨浓度较低、COD_{Mn} 较高的水源水（氨氮浓度小于 3.0 mg/L，COD_{Mn} 浓度约等于 8.0 mg/L）。原水→强化混凝→沉淀→活性滤料过滤→单级（或两级）臭氧+活性炭。强化混凝主要在水温较低（生物降解作用减弱）时采用，保证冬季工艺对有机物的去除效果。臭氧-活性炭工艺的级数根据实际情况而定。

（5）氨氮、COD_{Mn} 浓度均较高的水源水（氨氮浓度大于 3.0 mg/L，COD_{Mn} 浓度约等于 8.0 mg/L）。原水→BAF→强化混凝→沉淀→活性滤池→单级（或两级）臭氧+活性炭。其中活性炭在两级滤池中轮流使用，将一级活性炭池中的活性炭拿去再生，二级池中的活性炭移到一级池中继续利用，再生后的活性炭（或新炭）用于二级活性炭池，强化混凝主要在水温较低（生物降解作用减弱）时采用。

为去除"两虫"和降低过滤后颗粒物数量，对于经济发达和对水质要求较高的地方，可在以上工艺基础上增加膜处理工艺。

二、组合工艺对富营养化水源水的净化

以下是几种组合工艺对富营养化水源水的净化流程。

（1）组合工艺流程。

1）生物陶粒与常规工艺的组合（工艺1）：原水→生物陶粒→混凝沉淀→过滤→消毒→出水。

2）生物陶粒与常规工艺、活性炭的组合（工艺2）：原水→生物陶粒→混凝沉淀→过滤→活性炭→消毒→出水。

3）预臭氧氧化、生物陶粒、常规工艺的组合（工艺3）：原水→预臭氧→生物陶粒→混凝沉淀→过滤→消毒→出水。

4）预臭氧氧化、生物陶粒、常规工艺、活性炭的组合（工艺4）：原水→预臭氧→生物陶粒→混凝沉淀→过滤→活性炭→消毒→出水。

5）生物陶粒在混凝沉淀后的工艺（工艺5）：原水→混凝沉淀→生物陶粒→砂滤→消毒→出水。

（2）组合工艺净水效果对比。各组合工艺对 COD_{Mn}、色度、浊度、叶绿素 a（Chla）的去除效果与生产性规模的净水工艺6（原水→预氯化→澄清→过滤→加氯→出水）的运行效果进行了对比，可得出以下结果：

1）各组合工艺净水效果均优于工艺6。将臭氧、生物陶粒、传统工艺、GAC 吸附组合在一起的工艺4的净水效果最好。该工艺对 COD_{Mn}、浊度、色度、Chla 的去除率分别达到 48.7%~60.4%、82.4%~95.1%、84.3% 及近 100%；与工艺4相比，工艺2对 Chla、色度的去除效果不如工艺4，对有机物、浊度的去除与工艺4差别不明显；与工艺6相比，工艺2对 COD_{Mn} 的去除率提高了 20%~30%，对色度的去除率提高了近 10%，对氨氮的改善效果更为显著。工艺1和工艺5对氨氮的去除率远高于工艺6，对 COD_{Mn} 的去除率约高 6%~10%，但对色度的去除效果与工艺6相差不大。

2）对比工艺1与工艺5可以发现：同样温度下将生物陶粒置于混凝沉淀后的工艺5对有机物的去除率略高，对浊度、色度、Chla 的去除率没有明显差别。考虑到生物处理可

以去除部分藻类，减少藻类对混凝过程的影响，节省混凝剂投加量，对于富营养化水源，建议将生物处理置于混凝沉淀之前。如主要考虑去除氨氮，则宜采用工艺 5，以充分发挥混凝沉淀的作用。

习　题

1. 水体中需要去除的有机物有哪些？
2. 水的预处理技术有哪些？
3. 不同生物预处理工艺选择的依据是什么？
4. 微污染水源水中有哪些污染物，来自何处？
5. 为什么要对微污染水源水进行预处理？

项目七　污水的生化处理

污水的生物法（或称生化法）以生物化学原理为基础，利用微生物的生长代谢作用去除废水中的有机污染物。此类方法是目前废水处理中大量采用的工艺方法，包括各种不同的技术，主要应用于废水的二级处理和深度处理。

任务一　活性污泥法

活性污泥法是一种应用最广的废水好氧生物处理技术，是利用含有大量需氧性微生物的活性污泥，在强力通气的条件下使污水净化的生物学方法。该方法在污水处理中占据重要地位，除用于城市污水处理外，也成功地用于炼油、石油化工、合成纤维、焦化、煤废水、绝缘材料、合成橡胶、有机磷农药、纺织印染、造纸等工业废水处理，都取得了较好的净化效果。

一、活性污泥的概念与组成

活性污泥是污水在活性污泥处理系统的反应作用主体，是由细菌和微型动物为主的微生物与悬浮物质，胶体物质混杂在一起所形成的污泥状褐色絮凝物。

二、活性污泥中的微生物

活性污泥是由细菌、霉菌、原生动物、后生动物、藻类等多种群体聚集而成的绒絮状泥粒，具有很强的吸附和氧化分解有机物的能力。这些微生物在活性污泥中可形成相对稳定的特有生态系统。活性污泥中的细菌多数以菌胶团的形式存在，只有少数以游离态存在，菌胶团是活性污泥的主体，具有吸附黏性，能使水中的有机物黏附在颗粒上，然后加以分解利用。

细菌是活性污泥中最重要的组成，包括动胶菌属、无色杆菌属、假单胞菌属、产碱杆菌属、黄杆菌属、芽孢杆菌属、棒状杆菌属、不动杆菌属、球衣菌属、短杆菌属、微球菌属、八叠球菌属、螺菌属、诺卡菌属等，其中以革兰阴性菌为主。活性污泥中还有一些丝状细菌，如球衣细菌、贝氏硫菌、发硫菌等，和丝状真菌附着在菌胶团上，成为活性污泥的骨架，丝状菌繁殖过多时，会引起污泥膨胀。

在活性污泥中真菌种类和数量较少，它们能在酸性条件下生长繁殖，且需氧量比细菌少，因此在处理某些特种工业废水及有机固体废渣时起关键作用。活性污泥中的真菌主要为霉菌，包括毛霉属、曲霉属、青霉属、链孢霉属、枝孢霉属、木霉属、地霉属等。霉菌的出现与水质有关，常出现于 pH 值偏低的污水中。

在活性污泥中，有大量的原生动物和微型后生动物，它们以游离的细菌和有机微粒作为营养来源，可起到提高出水水质的作用。当曝气池中出现大量钟虫、累枝虫、盖纤虫、聚缩虫、独缩虫等固着型的纤毛虫、楯纤虫和轮虫时，表明污水处理运转正常，出水水质好；当出现大量豆形虫、草履虫、四膜虫等游泳型纤毛虫和鞭毛虫，根足虫等时，表明活性污泥结构松散，运转异常，出水水质差，必须采取相应措施；当出现线虫则说明缺氧。

三、活性污泥法的工艺原理

活性污泥是指向有机性污水中吹入空气，经过一定时间后，由于需氧微生物的大量繁殖，形成一种褐色污泥状的絮凝物，活性污泥中的每一颗絮状体代表一个活跃的微生物群体。

活性污泥去除废水中有机污染物的过程可分为三个阶段，即微生物细胞内营养物质的吸收、活性污泥的增殖和微生物的氧化分解作用。第一阶段就是微生物的吸附过程，将活性污泥和污水混合后，在短时间内大量的有机物被去除，主要由于污泥的吸附作用，污泥的表面上含有多糖类的黏质层，可快速将污水中悬浮的物质和胶体物质进行吸附去除。第二阶段就是氧化阶段，在曝气池中将大量的空气通入到池水中，微生物可以将一部分吸附的有机物氧化分解从而获取能量，使微生物得以大量的繁殖。第三阶段就是絮凝沉降阶段，污泥中的微生物将污水中有机物进行生物降解之后，一部分氧化分解成了二氧化碳和水，另一部分合成细胞物质形成菌体。活性污泥法工艺流程如图 7-1 所示。

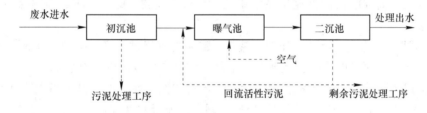

图 7-1　活性污泥法工艺的基本流程

四、活性污泥的培养与驯化

（1）活性污泥的培养。污水处理厂建成投产前，首要工作就是培养活性污泥，污水处理厂正式运行前需要大量的活性污泥。因为活性污泥是由微生物体混合组成的，不是纯种菌。因此，培养活性污泥不需要严格的无菌操作培养条件，只要提供满足微生物所需营养以及适宜的生活环境，就可将活性污泥培养出来。污泥的来源可为同类废水处理厂的剩余污泥，也可为生活污水或城市污水处理厂的剩余污泥。

（2）活性污泥的驯化。对某些特殊的工业废水除培养活性污泥外，还要使活性污泥适应匹配所要处理的废水水质，因此，需要对活性污泥进行驯化，以达到良好的处理效果。如果工业废水的性质与生活污水相差很大，用生活污水培养的活性污泥需提前用工业废水进行驯化。驯化的方法是逐渐提高混合液中工业废水的比例，直到达到满负荷。

五、活性污泥的性能指标

在活性污泥系统中，要完成对入流污水中有机污染物的处理，必须要在系统内维持足量的活性污泥。对活性污泥除了有数量的要求，还需考虑活性污泥的质量，高质量的活性污泥主要体现在四个方面：良好的吸附性能、较高的生物活性、良好的沉降性能以及良好的浓缩性能，因此需要对活性污泥的性能指标进行分析。

（1）生物相观察。污泥的生物相是活性污泥的微观生物指标，包括两部分：一部分是观察原生动物和后生动物等指示生物的数量及种类变化，可对活性污泥质量进行间接评价。另一部分是观察活性污泥中丝状菌的数量，其可间接反映活性污泥质量。

（2）污泥沉降比（SV）。污泥沉降比指曝气池混合液在 100 mL 的量筒中静置 30 min，其沉淀污泥与原混合液的体积比，又称 30 min 沉淀率，一般用 SV_{30} 来表示，以百分数表示，该指标能够相对地反映污泥浓度和污泥的凝聚、沉降性能，用以控制污泥的排放量和早期膨胀。一般认为 SV 值的正常值为 20%~30%，运行中最好每 2~4 h 测定一次。

（3）混合液污泥浓度（MLSS）。表示活性污泥在曝气池混合液中的浓度，其单位用 mg/L。通常 MLSS 为 1500~2000 mg/L。

（4）污泥体积指数（SVI）。它是指曝气池混合液经 30 min 静沉，1 g 干污泥所占的体积，单位为 mg/L。该指标能够更好地评价污泥的凝聚性能和沉降性能，SVI 值比 SV 值更能准确地评价污泥的凝聚性能及沉降性能。其值过低，说明泥粒细小、密实、无机成分多；过高说明污泥沉降性能不好，将要或已经发生膨胀现象。城市污水处理活性污泥的 SVI 值为 50~150 mg/L。需要注意的是：工业废水处理活性污泥的 SVI 值有时偏低或偏高属于正常现象；高浓度活性污泥法系统中的 MLSS 值较高，即使污泥沉降性能较差，SVI 值也不会很高。

（5）污泥沉降速度。活性污泥混合液在量筒中的沉降过程可分为四个状态：沉降初始状态、形成泥水界面时的状态、沉速开始下降时的状态以及沉降最终状态。

除了上述指标外，为了让系统稳定运行，还需掌握活性污泥的其他参数，如污泥负荷（N_s）、污泥龄（t_s）、溶解氧、污泥回流比、剩余污泥量和处理程度等。

任务二　生物膜法

一、生物膜的形成过程和原理

生物膜法是在充分供氧的条件下，利用附着生长于某些固体填料表面的微生物（即生物膜）进行有机废水处理的方法。生物膜是由在固体介质表面上生长的微生物和所吸附的有机物、无机物组成的一层具有较高生物活性的黏膜，一般呈蓬松的絮状结构，微孔较多，表面积较大，因此具有很强的吸附作用，有利于微生物进一步对这些被吸附的有机物分解。生物膜由菌胶细菌、其他细菌、丝状菌和微型动物组成，丝状菌可延伸到致密的生物膜之下，因此生物膜呈立体结构。生物膜外表层的微生物一般为好氧菌，因而称为好氧层。内层因氧的扩散受到影响而供氧不足，厌氧菌大量繁殖而称为厌氧层。

生物膜法对废水的净化过程是生物膜对废水中污染物的吸附、传质和生物分解氧化过程。其中生物分解氧化过程与活性污泥法相同，也是通过微生物新陈代谢作用完成的。

废水流经生物膜时，表面生物可与废水接触，完成对有机污染物的吸附、废水的微生物分解氧化和利用。而微生物代谢产物也必须经过传递才能进入废水中被排放。生物膜法的物质传递过程如下（如图7-2所示）：

（1）污染物从废水向生物膜内的传递，这一过程的动力是由于不同部位污染物的浓度差。由于在生物膜中微生物对污染物的不断利用，使膜中污染物浓度永远低于膜外废水，导致废水中的污染物可不断地向膜内转移。

（2）氧的传递，由于空气中氧浓度大于废水，使空气中的氧不断穿过气-液界面向废水中转移；而膜中微生物具有较高的耗氧速度，使膜内氧浓度低于废水，所以氧总是顺着由空气到废水再到生物膜的方向转移。

（3）微生物代谢产物的浓度则总是膜中的大于废水中的，所以它们与 O_2 和污染物的转移方向相反。

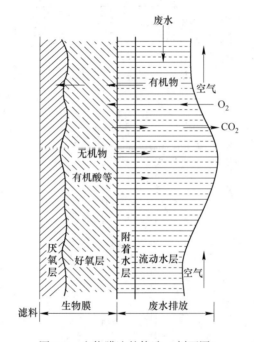

图 7-2　生物膜法的构造（剖面图）

二、生物膜中的生物相

生物膜中微生物群体包括细菌、真菌、藻类、原生动物以及蚊蝇的幼虫等生物。细菌包括好氧菌、厌氧菌和兼氧菌，兼氧菌在生物滤池中占优势。无色杆菌属、假单胞菌属、黄杆菌属以及产碱杆菌属等是生物膜中常见的细菌。在生物膜内，常有丝状的浮游球衣菌（sphaerotilus natans）和贝日阿托菌属（beggiata）。在滤池较低部位还存在着硝化菌，如亚硝化单胞菌属（nitrosomanas）和硝化杆菌属（nitrobacter）。

若生物滤池中 pH 值较低，则真菌起重要作用。在滤池顶部有阳光照射处，常有藻类分布生长，如席藻属、小球藻属。藻类一般不直接参与废物降解，而是通过它的光合作用向生物膜供氧，藻类生长过多会堵塞滤池，影响系统。

在生物膜中出现的原生动物有纤毛虫类和肉足虫类，以纤毛虫类占优势；微型后生动物有轮虫、线虫、水生昆虫、寡毛类等，它们均以生物膜为食，它们起着控制细菌群体量的作用，它们能促使细菌群体以较高速率产生新细胞，有利于废水处理。

三、生物膜法的类型

生物膜法根据不同所用设备可分为生物滤池（如图7-3（a）所示）、塔式生物滤池（如图7-3（b）所示）、生物转盘（如图7-4所示）、生物接触氧化池和好氧生物流化床等。

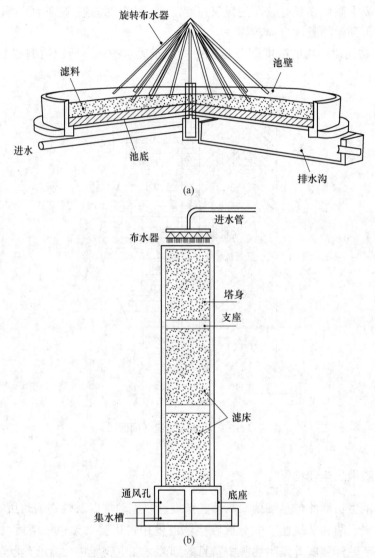

图 7-3　生物膜法类型

（a）生物滤池；（b）塔式生物滤池

（1）生物流化床法。固相微生物膜、液相污水以及气相空气三者在生物流化床内进行充分接触，在空气氧气充足的条件下，液相污水中的固态有机污染物被固相微生物膜中的微生物进行充分氧化降解，变为液态颗粒物质。微生物附着载体在流化床内呈现流化状态，生物膜中的微生物将持续迅速生长，使微生物膜不断更新换代。

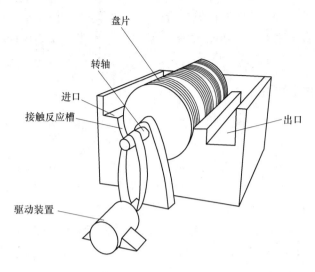

图 7-4　生物转盘原理图

（2）生物滤池。初级沉淀的污水进入生物滤池，对有机物质进行过滤分解，经过二次沉淀池将固体物质进行沉淀，从而对污水进行有效净化处理。生物滤池一般由滤池、布水装置、滤料和排水系统组成。滤池一般用砖或混凝土构筑而成。滤池深度一般为 1.8～3 m。池底有一定坡度，处理好的水能自动流入集水沟，再汇入总排水管，其水流速应小于 0.6 m/s。

（3）塔式生物滤池。塔式生物滤池比普通生物滤池高得多，一般可达 20 多米，故增加了污水、生物膜和空气接触的时间，处理能力相对较高，有机负荷可达 2～3 kg（BOD_5）/（$m^3·d$）。塔式生物滤池的通风大部分采用自然通风，高温季节时采用人工通风。防止堵塞是塔式滤池设计和运行中需要考虑的问题。塔式生物滤池的主要优点为占地面积小，耐冲击负荷的能力强，适用于大城市处理负荷高的废水，但缺点为塔身高，运行管理不方便，且能耗大。

（4）生物转盘（RBC）。生物转盘以圆盘作为生物膜的附着基质，圆盘间有间隙，圆盘在电机的带动下，缓慢转动，一半浸没于废水中，一半暴露在空气中，在废水中时生物膜吸附废水中的有机物，暴露在空气中时生物膜吸收氧气，进行分解反应，循环往复，达到净化废水的目的。转盘上的生物膜到一定厚度会自行脱落，随出水一同进入二次沉淀池。生物转盘的圆盘直径可为 1～4 m，厚度可为 2～10 mm，数目根据废水量和水质决定。相邻圆盘间距一般在 15～25 mm，转盘转速在 0.005～0.013 r/s。生物转盘适用于处理较高浓度的工业废水，但废水处理量不宜过大。

（5）生物接触氧化。在接触曝气法的基础上改良形成，即接触曝气法。生物接触氧化法的基本原理是在曝气池中加入表面积大和孔隙率高的填料，微生物在填料上成长代谢形成生物膜，对其中的微生物充分氧化分解。生物接触氧化法是在曝气池中安装固定填料，废水被压缩空气带动，和填料上的生物膜不断接触，同时压缩空气提供氧气，在液、固、气三相接触中，废水中的有机物被吸附和分解。目前，我国广泛采用的填料有玻璃钢或塑料蜂窝填料、软性纤维填料、半软性填料、立体波纹塑料填料等。其中又以软性纤维填料和半软性填料相结合而成的组合填料最为普遍。生物接触氧化法对 BOD 的去除率高，负荷变化适应性强，不会发生污泥膨胀现象，便于操作管理，且占地面积小，因此被广泛采用。

四、挂膜和生物膜的更新

（1）挂膜。向新投入运行的生物膜法填料上引入微生物，俗称挂膜。生物膜形成的起始阶段称为"挂膜"，即菌体接种。常用的挂膜方法有人工挂膜和自然挂膜。人工挂膜需引进一定数量的菌种，并向水中投入营养物质促进微生物在填料上生长从而形成生物膜；自然挂膜法不需引入菌种和营养物质，只要在适当条件下通水即可形成生物膜。挂膜分湿法挂膜和干法挂膜两种。

1）湿法挂膜。将填料浸没于含菌种和丰富可生物降解性物质的培养液中，由供气装置向培养液中提供足够的氧气，静置 3 d 后，可由静态逐渐转入流态，10 d 后按设计参数运行，20 d 后挂膜阶段结束。

2）干法挂膜。当菌种数量不足或在冬季，可改用干法挂膜。氧化池内不盛水，填料暴露在空气中，将配好的培养液淋洒在填料上，每天 3～5 次，保证淋透。淋洒期间向池内供气，让填料表面出现湿与干的周期变化。2～3 d 后，填料表面已经牢牢地粘上一层带菌培养液。这时氧化池可以进水，按设计参数运行，14 d 后挂膜阶段结束。

（2）生物膜的更新。生物膜更新是滤料表面生物脱落和再生的过程，原因如下：

1）生物膜生长过厚时出现厌氧层，由于厌氧层中黏性有机物发生厌氧生物分解和厌氧过程产生的难溶气体使膜与固体表面结合力变差，容易在废水冲击下脱落。

2）当废水中污染物浓度过低时，产生生物内源呼吸，消耗其中黏性有机物，膜与固体表面结合力变差而发生生物膜脱落。生物膜脱落处又可形成新的、具有较大生物活性的生物膜。

任务三　厌氧法处理有机污水

废水厌氧处理的主要对象是来自食品工业、发酵工业、家禽家畜养殖场、屠宰厂等的高浓度有机废水，也可以对生活污水、工业废水物理化学法处理产生的污泥、自来水厂产生的污泥、废水活性污泥法处理产生的剩余污泥、废水生物膜法处理产生的脱落生物膜等含有机物丰富的污泥进行厌氧处理，以降低污泥中有机物含量和持水率，同时在使废水和污泥得到净化，还可获得有用的生物能源-沼气。

一、厌氧法的原理

废水厌氧处理是在厌氧条件下，通过能进行厌氧呼吸的微生物分解、利用和转化有机污染物，使废水得到净化的过程。在此过程中部分有机物转化为可利用的能源物质——沼气，部分有机物被微生物利用形成细菌的细胞物质，少量被氧化，小分子有机物可直接进入产酸阶段，进而通过甲烷发酵得到净化。基本流程如图 7-5 所示。

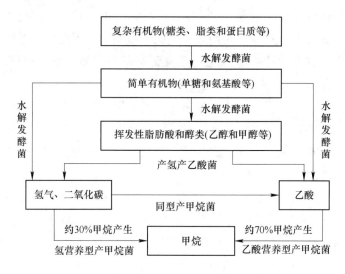

图 7-5 厌氧消化流程图

(1) 水解阶段。液化阶段是由系统中的微生物分泌到胞外的水解酶（胞外酶），通过水解发酵菌将难溶于水的大分子复杂有机物（包括糖类、脂类和蛋白质等）水解为可溶性的小分子有机物（如单糖、氨基酸等），使之能进入微生物细胞内，并在微生物细胞内酶的作用下继续分解转化。本阶段中，水解发酵微生物所分泌的胞外酶扮演着重要的角色，胞外酶与有机物间的接触、传质在一定程度上影响着水解过程的进行以及有机物的最终降解。

(2) 酸化阶段。酸化阶段是小分子化合物在微生物细胞内酶的作用下的转化过程，其产物常为甲烷细菌可利用的甲酸、乙酸、小分子醇、CO_2、H_2、NH_3、H_2S 和细胞物质等。

(3) 产乙酸阶段。在产酸阶段除氨基酸、小分子肽、单糖和其他可溶性小分子糖、脂肪酸、甘油等可被转化外，某些芳香烃和杂环化合物也可被酸化菌转化利用。酸化阶段的产物在产乙酸菌（包括同型产乙酸菌和氢型产乙酸菌）的作用下进一步分解为乙酸、CO_2 和 H_2。

(4) 产甲烷阶段。在甲烷发酵过程中，甲烷产生菌不仅可将乙酸分解为 CO_2 和 CH_3OH，再将 CH_3OH 还原为甲烷；而且可利用其产生的 H_2 将 $HCOOH$ 和 CO_2 还原为甲烷。目前已知的甲烷产生过程由两组生理特性不同的产甲烷菌完成。本阶段是厌氧废水处理中的关键阶段，影响着甲烷产生及其回收，同时也是速率限制阶段。产生的甲烷主要源于 CH_3COOH 分解（约占 70%），其次源于 H_2 还原 CO_2（约占 30%）。

1）由 CO_2 和 H_2 产生甲烷。其反应为：$4H_2+CO_2\rightarrow CH_4+2H_2O$。

2）由乙酸或乙酸化合物产生甲烷。其反应为：$CH_3COOH\rightarrow CH_4+CO_2$；$CH_3COONH_4+H_2O\rightarrow CH_4+NH_4^++HCO_3^-$。

二、厌氧法的影响因素

废水厌氧处理过程中起作用的产甲烷菌的生长和代谢对环境条件变化很敏感，其中主要影响因素有氧化还原电位、温度、酸碱度（pH 值）、混合状态、抑制物浓度等。

（1）混合溶液氧浓度。甲烷产生菌是严格厌氧微生物，因此厌氧处理需要严格厌氧环境，即氧化还原电位较低的环境。因此，要求反应器为密闭系统，严格防止空气中的氧进入。

（2）合适的温度。不同微生物生长的最适温度不同，根据废水厌氧处理过程中起净化作用的微生物对温度的要求可以将厌氧处理过程分为低温型、中温型和高温型，它们分别为 5~15 ℃、30~35 ℃和 50~55 ℃。在以上三种废水厌氧处理类型中，废水净化速度总是低温型<中温型<高温型。

（3）pH 值。产甲烷菌最适生长 pH 值为 6.8~7.2，pH 值低于 6 或高于 8 时，其生长将受到较大影响，且 pH 值恢复后其生长无法短期内恢复，因此厌氧处理对环境 pH 值要求很严。厌氧处理系统中的 pH 值并不主要取决于进水 pH 值，而与系统中挥发酸的积累息息相关，如在系统中挥发酸的产量大于消耗量，以乙酸计其积累浓度超过 2000 mg/L 时，将使处理进程明显减慢，产气量明显降低。因此，控制出水 pH 值比控制进水 pH 值更合理。为了防止 pH 值大幅度变化，在处理系统中加入适量酸碱缓冲剂（如 $CaCO_3$）可保证处理效果。

（4）在传统沼气池中一般不加搅拌，所以需要较长处理时间，如利用重力法和渗滤法使其固体浓度达 3%~6%；在泥水分离中一般不用沉淀池，而用加压过滤、真空过滤和离心分离法进行泥水分离。

（5）营养物质和微量元素。厌氧生物处理中，适量的营养物质及微量元素是微生物赖以生存的基础。微生物的生长代谢活动依赖于多种营养元素，包括 C、N、P 和 K 等基本元素和适量的微量元素。

三、厌氧法中的微生物

根据废水厌氧生物处理原理可知，在废水厌氧处理反应器中存在的细菌有厌氧性水解菌、挥发性酸生成菌和产甲烷菌。

（1）厌氧性水解菌。厌氧性水解菌主要是蛋白质、多糖和脂肪水解菌。它们可将难溶于水的大分子物质水解为易溶于水的小分子化合物，从而促进污染物进入细胞内，完成微生物对大分子物质的进一步分解、利用和转化。

（2）挥发性酸生成菌。在厌氧反应器中的微生物多数可生成挥发性酸。Toerien 等从消化池中分离出 92 个菌株，其中多数是杆菌，但也有球菌、螺旋菌和放线菌。它们分别为厌氧、兼性厌氧或微好氧微生物。

（3）产甲烷菌。产甲烷菌可利用其他微生物代谢生成物（如 CO_2、甲酸、乙酸、甲醇等）产生甲烷，还包括低氧甲烷杆菌、索氏甲烷八叠球菌和马氏产甲烷球菌。

厌氧消化池中的兼性厌氧菌除在废水处理中的液化阶段和产酸阶段起作用外，还对消耗由进水带入的少量溶解氧和保持反应器内处于厌氧环境方面具有重要作用。在厌氧污泥中，有时还会发现少量真菌（如酵母菌）和鞭毛虫类原生动物存在。

任务四　废水脱氮除磷技术

一、生物脱氮原理及影响因素

传统生物脱氮一般由硝化和反硝化两个过程完成。硝化过程可以分为两个过程，分别由亚硝酸菌和硝酸菌完成。这两种细菌统称为硝化细菌，属于化能自养型微生物，硝化菌属专性好氧菌，它们利用无机化合物如 CO_3^{2-}、HCO_3^- 和 CO_2 作碳源，从 NH_4^+ 或 NO_2^- 的氧化反应中获得能量。硝化反应式如下：

（1）氨化反应：$RCHNH_2COOH+O_2 \longrightarrow NH_3+CO_2 \uparrow +RCOOH$

（2）硝化反应：$\qquad NH_4^+ +1.5O_2 \longrightarrow NO_2^- +H_2O+2H^+$；$NO_2^- +0.5O_2 \longrightarrow NO_3^-$

硝化过程总反应式为：$\qquad NH_4^+ +2O_2 \longrightarrow NO_3^- +H_2O+2H^+$

反硝化菌为异养型兼性厌氧菌，在有氧存在时，它会以氧气为电子受体进行好氧呼吸；在无氧而有硝酸盐氮或亚硝酸盐氮存在时，则以硝酸盐氮或亚硝酸盐氮为电子受体，以有机碳为电子供体进行反硝化反应。反硝化反应是指在无分子氧条件下，反硝化菌将硝酸盐和亚硝酸盐还原为氮气的过程。反硝化过程反应式如下：

$$NO_3^- +2H（电子供体-有机物）\longrightarrow NO_2^- +H_2O$$

$$NO_2^- +5H（电子供体-有机物）\longrightarrow 0.5N_2 \uparrow +2H_2O+OH^-$$

二、生物除磷基本原理及影响因素

（1）基本原理。生物除磷的机理具体为 PAOs 在厌氧阶段吸收 COD，绝大多数的 PAOs 吸收的是挥发性脂肪酸（volatile fattyacids，VFAs）并将其转化为聚-β-羟基链烷酸酯（PHA）储存于细胞内，转化过程中的 ATP 由糖原（glycogen，Gly）水解和分解多聚磷酸盐（Poly-P）提供，同时将 poly-P 转化为 PO_4^{3-}-P 释放到细胞外。紧接着好氧反应时 PAOs 超量吸收 PO_4^{3-}-P 重新合成 poly-P 储存供下一阶段使用，此过程中的 ATP 由 PHA 降解提供，ATP 在满足自身生长需要的同时还参与糖原的合成。最后通过排出剩余污泥而将系统中的磷去除。聚磷菌（PAO）的作用机理如图 7-6 所示。

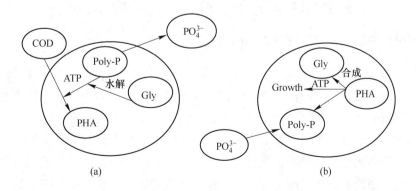

图 7-6　生物除磷原理

(a) 厌氧；(b) 好氧

聚磷菌以聚-β-羟基丁酸作为其含碳有机物的贮藏物质。反应方程式如下。

1）聚磷菌摄取磷：

$$C_2H_4O_2+NH_4^++O_2+PO_4^{3-} \longrightarrow C_5H_7NO_2+CO_2+(HPO_3)(聚磷)+OH^-+H_2O$$

2）聚磷菌释放磷：

$$C_2H_4O_2+(HPO_3)(聚磷)+H_2O \longrightarrow (C_2H_4O_2)_2(贮存的有机物)+PO_4^{3-}+3H^+$$

（2）生物除磷的影响因素。

1）厌氧/好氧条件的交替。

2）硝酸盐和易降解有机物。

3）污泥龄。污泥龄短的系统产生的剩余污泥多，除磷效果较好。

4）温度和 pH 值。最适温度范围为 10~30 ℃；最适 pH 值范围为 6~8。

5）BOD_5/TP。较高的 BOD_5/TP 除磷效果较好，进行生物除磷的下限是 $BOD_5/TP=20$。

三、传统生物脱氮除磷工艺概述

（1）A^2/O 除磷脱氮工艺。A^2/O（anaerobic/aerobic/oxic）工艺可同时去除有机物和除磷脱氮。A^2/O 工艺流程简单，总水力停留时间少于其他同类工艺，且无需外加碳源，厌氧、缺氧段只进行缓速搅拌，因此基建和运行费用都较低。

（2）UCT 工艺。与 A^2/O 工艺不同之处在于沉淀池污泥是回流到缺氧池，同时增加了缺氧池到厌氧池的缺氧混合液回流。该运行方式可使厌氧池的厌氧状态免受回流污泥所携带的 DO 和 NO_x-N 的影响，从而提高除磷效果。

（3）VIP 除磷脱氮工艺。VIP（virginia initiative plant）工艺具有以下特点：1）厌氧、缺氧、好氧段的每一部分都是由两个以上较小的完全混合式反应格串联组成，在各反应段具有良好的基质浓度梯度分布，可充分提高厌氧段磷的释放和好氧段磷的摄取速度；同时也有助于缺氧段的完全反硝化，保证了厌氧段保持严格的厌氧环境。2）污泥龄短、负荷高，运行速率高，除磷效果好。

（4）MSBR 工艺。MSBR 是 SBR 和 A^2/O 工艺的组合，污水和脱氮后的活性污泥一并进入厌氧区，聚磷污泥在此充分放磷，然后泥水混合液交替进入缺氧区和好氧区，分别完成反硝化、有机物的好氧降解和吸磷作用，最后在 SBR 池中沉淀出水。

四、传统生物脱氮除磷工艺存在的问题

（1）微生物的混合培养。传统的生物脱氮除磷工艺一般都采用单一污泥悬浮生长系统，系统内有多种差别较大的微生物，不同功能的微生物对营养物质和生长条件的需求不同，无法保证所有的微生物都达到最佳生长条件，这就使得系统很难高效运行。

（2）泥龄问题。由于硝化菌的世代期长，为获得良好的硝化效果，必须保证系统有较长的泥龄。而聚磷菌世代期较短，且磷的去除是通过排除剩余污泥实现的，所以为保证良好的除磷效果，系统必须短泥龄运行。这就使得系统的运行，在脱氮和除磷的泥龄控制上存在相反性。

（3）碳源问题。在脱氮除磷系统中，碳源主要消耗在释磷、反硝化和异养菌的正

常代谢等方面。其中，释磷和反硝化的反应速率与进水碳源中易降解部分的含量，尤其是挥发性有机脂肪酸的含量关系很大。城市污水中所含的易降解的有机污染物是有限的，所以在生物脱氮除磷系统中，释磷和反硝化之间存在着因争夺碳源而引发的矛盾。

（4）回流污泥中的硝酸盐问题。在整个系统中，聚磷菌、硝化细菌、反硝化细菌及其他多种微生物共同生长，并参与系统的循环运行。常规工艺中，由于厌氧区在前，回流污泥将一部分硝酸盐带入该区，一旦聚磷菌与硝酸盐接触，就导致聚磷效果下降。这主要是由于反硝化细菌与聚磷菌竞争底物，其脱氮作用造成碳源无法满足聚磷菌充分释磷的需求。

五、生物脱氮除磷新工艺与新技术

（一）反硝化除磷

20 世纪 70 年代末，在对 UCT 工艺的研究中发现，除 APB 外，还存在一种"兼性厌氧反硝化除磷细菌"——DPB（Denitrifying Phosphorus Removing Bacteria），其能在缺氧（无 O_2，存在 NO_3^-）环境下摄磷。DPB 和 APB 有相似的原理，只是在氧化细胞内储存的 PHA 时电子受体是 NO_3^-。这可使吸磷和反硝化脱氮这两个不同的生物过程借助同一种细菌在同一个环境下完成。

（1）DEPHANOX 工艺。DEPHANOX 工艺是 Bortone G 等于 1996 年提出的一种具有硝化和反硝化除磷双污泥回流系统的技术，是为了满足 DPB 所需的环境要求而研发的一种强化生物除磷工艺。该工艺优点在于不但能解决除磷系统反硝化碳源不足的问题和降低系统的能源（曝气）消耗，而且可缩小曝气区的体积，降低剩余污泥量，尤其适用于处理低 COD/TKN（TKN 为总凯氏氮）的污水。不过由于进水中氮和磷的比例很难恰好满足缺氧摄磷的要求，从而给系统的控制带来一定困难，该工艺离生产应用还有一段距离。工艺流程如图 7-7 所示。

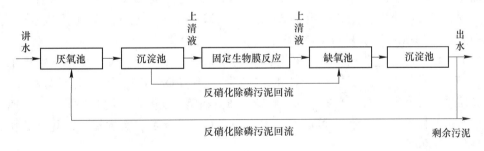

图 7-7　DEPHANOX 工艺流程

（2）BCFS 工艺。BCFS 工艺是由荷兰 Delft 大学的 Mark 教授在氧化沟和 UCT 工艺基础上开发的，是目前已经投入使用的单污泥系统。工艺由厌氧池、选择池、缺氧池、混合池及好氧池等 5 个功能相对专一的反应器组成。通过反应器之间的 3 个循环，来优化各反应器内细菌的生存环境，充分利用反硝化除磷菌的反硝化除磷和脱氮双重作用来实现磷的完全去除和氮的最佳去除过程。工艺流程如图 7-8 所示。

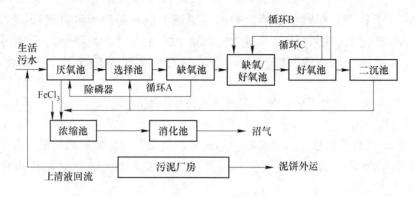

图 7-8　BCFS 工艺流程

（二）同步硝化反硝化

传统脱氮理论认为硝化反应在好氧条件下进行，而反硝化在厌氧条件下完成，两者不能在同一条件下进行。然而，近年许多研究者发现存在同时硝化反硝化现象，尤其是有氧条件下的反硝化现象，确实存在于很多不同的生物处理系统中，如间歇曝气反应器、SBR反应器、Orbal 氧化沟、生物转盘及生物流化床等。同时硝化反硝化具有以下优点：（1）能有效保持反应器中 pH 值稳定，减少碱量的投加；（2）减少传统反应器的容积，节省基建费用；（3）对于仅由一个反应池组成的序批式反应器来讲，该反应能够缩短硝化和反硝化所需时间；（4）能节省曝气量，进一步降低能耗。

（三）短程硝化反硝化

短程硝化反硝化是将硝化控制在 NO_2^- 阶段而终止，然后进行反硝化。短程硝化反硝化可节省氧需求量约为 25%，降低能耗，节省碳源 40%，减少污泥生成量 50%，减少投碱量，缩短反应时间和减少容积，但短程硝化反硝化的缺点是无法长久稳定地维持 NO_2^- 积累。短程硝化反硝化工艺尤其适用于低碳氮比、高氨氮、高 pH 值和高碱度废水的处理，其典型工艺有 SHARON 工艺和 CANON 工艺。

（1）SHARON 工艺。根据短程硝化-反硝化的原理，1997 年，荷兰戴尔夫特理工大学 Helling 等开发了一种新型工艺——SHARON 工艺。SHARON 工艺是一种用于处理高浓度、低碳氮质量比含氨废水的新工艺，利用亚硝酸细菌和硝酸细菌在不同条件下的生长速率的差异，通过调控温度、pH 值、溶解氧、水力停留时间等参数，实现短程硝化反硝化。工艺流程如图 7-9 所示。

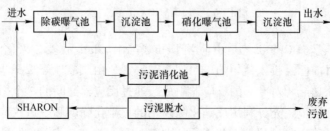

图 7-9　SHARON 工艺流程

（2）CANON 工艺。CANON 工艺通过控制生物膜内溶解氧的浓度实现短程硝化反硝化，使生物膜内聚集的亚硝酸菌和厌氧氨氧化菌能同时生长，从而实现生物膜内一体化完全自养脱氮工艺。CANON 工艺无需外源有机质，能够在完全无机的条件下进行。亚硝酸菌需要氧气，而厌氧氨氧化菌对氧气敏感，因此，CANON 工艺必须在低氧环境中进行。CANON 工艺目前在世界上还处于研究阶段，没有真正应用到工程实践中。

（四）厌氧氨氧化

厌氧氨氧化（ANAMMOX）工艺由荷兰 Delft 技术大学 Kluyver 生物技术实验室研发。其基本原理为：在厌氧状态下以 NO_2^-、NO_3^- 作为电子受体，将氨转化为氮气。厌氧氨氧化的优点是可大幅度降低硝化反应的耗氧量；免去反硝化反应的外加碳源；可节省传统硝化反硝化反应过程中所需的中和试剂；产泥量少。

（五）SHARON-ANAMMOX 联合工艺

以 SHARON 工艺为硝化反应，ANAMMOX 工艺为反硝化反应的组合工艺能克服 SHARON 工艺反硝化需要消耗有机碳源和出水浓度相对较高等缺点，具体流程如图 7-10 所示。SHARON-ANAMMOX 组合工艺，与传统的硝化/反硝化相比，更具明显的优势：（1）减少需氧量 50%~60%；（2）无需另加碳源；（3）污泥产量很低；（4）高氮转化率 [6 kg/(m³·d)]（ANAMMOX 工艺的氨氮去除率达 98.2%）。

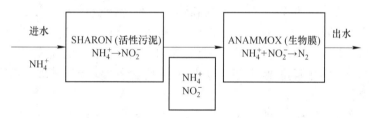

图 7-10 SHARON 与 ANAMMOX 相结合的自养脱氮工艺流程图

任务五 生物接触氧化法

生物接触氧化法具有能耗低、剩余污泥量少、出水水质好等优点，是一种介于活性污泥法与生物滤池之间的生物膜法处理工艺，又称为淹没式生物滤池，既可用于生活污水、城市污水和食品加工等有机工业废水，也可用于地表水源水的微污染。

一、生物接触氧化法的工艺原理

生物接触氧化工艺是一种于 20 世纪 70 年代初开创的污水处理技术，其原理是在生物反应池内投加填料，已经充氧的污水浸没全部填料，并以一定的流速流经填料。在填料上布满生物膜，污水与生物膜广泛接触，在生物膜上微生物的新陈代谢的作用下，污水中有机污染物和 NH_4^+-N 得到去除，污水得到净化。其反应机理如式（7-1）~式（7-3）所示。

$$4C_xH_yO_z + (4x + y - 2z)O_2 \longrightarrow CO_2 + H_2O \tag{7-1}$$

$$NH_4^+ + 2O_2 \longrightarrow NO_3^- + 2H^+ + H_2O \qquad (7\text{-}2)$$

$$H^+ + HCO_3^- \longrightarrow H_2O + CO_2 \qquad (7\text{-}3)$$

由式 (7-1)~式 (7-3) 可知，影响该工艺的因素主要有 pH 值、水温、水气比、生物池停留时间。

二、生物接触氧化法的影响因素

（1）pH 值。pH 值对生物接触氧化的影响主要体现在两方面：一方面是影响生物的生长，pH 值过高或者过低都会使得生物生长受影响；另一方面是影响硝化反应，在 NH_4^+-N 硝化时，会产生酸，导致水中的 pH 值略微下降。

（2）水温。水温会影响生物活性，低温会导致微生物新陈代谢减弱和胞外脱氢酶活性降低，并减弱细胞膜的流动性，对细胞膜的正常生理功能产生影响。

（3）水气比。水气比通常通过调节曝气量来实现。曝气主要起到两方面的作用：一方面通过曝气强制填料脱膜，促进填料上的膜生长更新；另一方面提供足够的氧气，保证硝化反应能够进行。在使用生物流化床时，曝气可保持填料流化。

（4）停留时间。停留时间是反映水中污染物与填料上生物接触时间的因素。接触时长决定原水中污染物与生物接触的充分程度，决定硝化作用去除的 NH_4^+-N 量。

三、生物接触氧化池的构造与分类

（1）构造。由池体、填料、布水系统和曝气系统等组成；填料高度一般为 3.0 m 左右，填料层上部水层高约为 0.5 m，填料层下部布水区的高度一般为 0.5~1.5 m；池型为方形、圆形，顶部为稳定水层。填料的特性对接触氧化池中生物量、氧的利用率、水流条件和废水与生物膜的接触反应情况等有较大影响；分为硬性填料、软性填料、半软性填料及球状悬浮型填料等。

（2）分类。按曝气与填料的相对位置，分为分流式（国外多用）和直流式（国内多用），如图 7-11、图 7-12 所示。

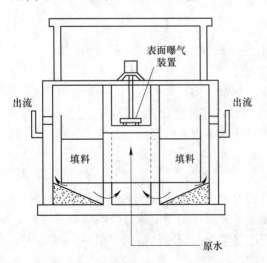

图 7-11　分流式生物接触氧化池构造

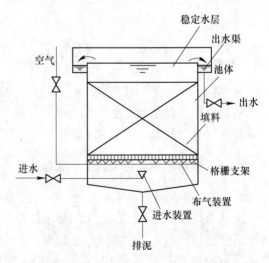

图 7-12　直流式生物接触氧化池构造

四、生物接触氧化法的特征

（1）工艺方面。

1）采用多种形式填料，形成气、液、固三相共存，有利于氧的转移。

2）填料表面形成生物膜立体结构。

3）有利于保持膜的活性，抑制厌氧膜的增殖。

4）负荷高，处理时间短。

（2）运行方面。

1）耐冲击负荷，有一定的间歇运行功能。

2）操作简单，无需污泥回流，不产生污泥膨胀、滤池蝇。

3）生成污泥量少，易沉淀。

4）动力消耗低。

生物接触氧化法有许多不足，包括去除效率低于活性污泥法；工程造价高；运行不当，填料可能堵塞；布水、曝气不易均匀，出现局部死角；大量后生动物容易造成生物膜瞬时大量脱落，影响出水水质。

任务六　AB 工艺及其改进工艺

AB 法工艺由德国 BOHUKE 教授率先研发。该工艺将曝气池分为高、低负荷两段，各有独立的沉淀和污泥回流系统。高负荷段（A 段）停留时间为 20~40 min，以生物絮凝吸附作用为主，同时发生不完全氧化反应，生物主要为短世代的细菌群落，去除 BOD 达50% 以上。低负荷段（B 段）与常规活性污泥法相似，负荷较低，泥龄较长。AB 工艺的优点就是 A 段曝气池抗负荷冲击很强，虽然 A 段生物去除污染物的能力不强，但是不断补充的菌胶团改善了污泥沉降性能，使部分污染物通过吸附、沉降、排泥的方式脱离系统。同时，A 段缺氧的环境使大分子的有机物分解为了小分子态，提高了 B 段的可生化性，降低了 B 段的运行负荷。

一、AB 工艺基本原理

AB 工艺的 A 段负荷远高于 B 段，它们的活性污泥分别单独回流，微生物在此适宜的环境下可以很好地繁殖，从而充分发挥其特性，提高污水处理效果，提升出水水质，保证各段生物的稳定性。AB 工艺流程如图 7-13 所示。

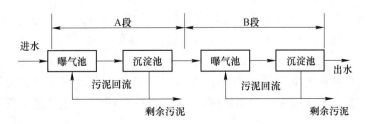

图 7-13　AB 工艺流程图

（1）A段除污机理。A段主要利用絮凝及吸附能力去除污染物，A段曝气池的负荷很高且兼氧，高负荷的运行条件促使A段细菌快速繁殖并具有较高活性。但A段的水力停留时间和污泥龄均很短，不足以让微生物对有机成分起到氧化作用，所以A段的产泥量大约为整个工艺污泥总量的80%。A段前未设初沉池，原污水可以直接进入A段，原污水中所存在的微生物与A段中原有的菌胶团絮凝在一起，因此A段中的污泥吸附能力极强并且有良好的沉降性能。在实际工程中，A段能够缓冲水量的冲击负荷。

（2）B段除污机理。B段良好的水力条件得益于A段对有机物的大量去除，B段好氧并且其污泥负荷比常规活性污泥法低，污泥龄一般为15~20 d，水力停留时间为2~4 h，因此B段的产泥量远低于A段，大约为整个工艺的20%。A段水质和水量稳定的处理水被B段曝气池接收，并且B段没有受到冲击负荷的影响，B段的主要功能为去除有机污染物，B段曝气池的运行方式与活性污泥法相似。

二、AB工艺特点

A段之前未设初沉池；两段污泥回流独立进行，互不影响；A段负荷很高，B段的负荷相比很低。

（1）A段的特点。一是污泥负荷高，微生物的生存条件良好，同时生成原核生物；二是污泥产率高，去除有机物的效果较好，吸附能力强，为B段减轻了负荷；三是A段对原污水中的一些指标具有较强的适应能力。

（2）B段的特点。一是A段水质和水量稳定的处理水被B段接收，并且B段不受冲击负荷的影响，A段的稳定运行使得B段充分发挥净化功能；二是B段的主要净化功能是去除有机污染物。

三、AB改进工艺

与传统的活性污泥法相比较，AB工艺具有有机物去除效率高和基建造价投资低等优点，但AB工艺不具备深度脱氮除磷功能，其出水水质还达不到治理水体富营养化的要求，这在一定程度上限制了AB工艺的推广利用。对于已建的AB工艺城市污水处理厂，也应该通过工艺改进以提高其氮、磷去除能力，从而提高AB工艺的氮和磷去除功能，早期的试验研究主要围绕提高AB工艺的缺氧和厌氧环境开展，体现在以下几个方面：

（1）B段采用连续进水间歇曝气的运行方式，即间歇曝气工艺；

（2）将B段扩建为A/O或A/A/O。

尽管以上改进方式都取得了一定的效果，但限于B段进水有机物浓度普遍偏低，都没有解决生物脱氮除磷过程中碳源相对不足的问题，出水氮和磷仍达不到排放标准，而且以上两种改进方式使运行操作更趋复杂化。国外研究也表明，进水水质，特别是进水碳源问题，是影响污水生物脱氮除磷效果的关键性因素。因此，在增加缺氧和厌氧环境的基础上，如何进一步提高进水碳源的利用效率，将成为提高AB工艺生物脱氮除磷过程中亟待解决的问题。

习　题

1. 简要说明活性污泥法废水处理中发生的生化反应。
2. 什么叫活性污泥，它的组成和性质是什么？
3. 活性污泥中有哪些微生物？
4. 简述活性污泥净化废水的机理。
5. 简述生物膜法净化废水的作用机理机制。
6. 简述高浓度有机废水厌氧甲烷发酵的原理及其微生物群落。
7. 厌氧生物处理的特点有哪些？
8. 生物脱氮涉及的过程有哪些？
9. 生物接触氧化法的影响因素有哪些？
10. AB 工艺的改进工艺有哪些？

第四部分

安全生产与应急处置

项目八　安全生产

近年来高校实验室危险事故频发。据媒体公开报道，2001~2020 年间，全国高校实验室安全事故有 113 起，共造成 99 人次伤亡，安全状况不容忽视。教育部重申，高校要加强实验室安全管理。实验室中的任何一个隐患、小小的疏忽，都有可能酿成大的事故，并造成难以估量的损失。污水处理厂人员技术要求高，设备多且处理难度大，环境污染风险较大。为落实实验室相关安全规定和切实保障实验室相关人员的安全，以及保障污水处理厂安全稳定运营，现对环境监测技术实验室所涉及的基本安全知识、操作规范及注意事项、常用仪器使用规范以及污水处理厂安全生产进行阐述。

任务一　环境监测技术实验室基本安全知识

一、环境监测技术实验室基本安全知识

在环境监测技术实验室从事教学和科学研究活动均需学习和掌握相关基本安全知识，以保障相关人员的安全。

（1）实验室应成为精神文明的良好工作场所，室内应保持安静、整洁，非实验室有关人员未经允许不得进入实验室，如其他实验室人员需使用本实验室仪器等，需经相关负责人批准。

（2）实验时必须穿工作服，在实验室范围内不允许抽烟；不得在实验室过夜。保持各实验室及休息室的整洁。

（3）按操作规程使用实验仪器设备，爱惜试剂。使用有关仪器和试剂前仔细阅读有关说明书，不懂即问。

（4）冰箱内不得存放易爆物品，对存放有机溶剂的冰箱，要经常打开冰箱门使气体挥发，防止易燃气体在冰箱内凝聚而引起爆炸。

（5）实验室内不得乱拉电线，所有仪器设备的电线、插头、插座和接线板必须符合用电要求，若有损坏，及时维修。

（6）使用明火时必须有人看守。严禁在实验室内用煤气、电炉烹调食物、热饭菜及取暖等，严禁在实验室内使用大功率电器或者劣质电器。

（7）禁止往水槽内倒入容易堵塞下水道的杂物、强酸、强碱及有毒、有害有机溶剂。含有机溶剂、腐蚀性液体及放射性液体的废液必须存放于专用废液容器内，贴上标签，放置在指定地点，统一回收处理。水槽内禁止堆放物品，尤其是容易漂浮的物品，保证下水道畅通。

（8）实验室贵重物品如手提电脑、照相机和投影仪等使用完毕必须放入橱箱并上锁，办公桌内勿存放现金及有价证券等。

（9）实验室和办公室钥匙必须妥善保管，不得转借，不准私配钥匙，若有遗失必须及时汇报，相关实验结束后及时上交。

（10）节假日加班和夜间工作需特别注意安全，主动遵守安全规定。离开实验室之前，应先切断或关闭水、煤气及不使用的设备电源，关好门窗，及时消除安全隐患。

（11）各实验室的仪器设备、物品等不得转移、挪动到其他实验室，所有实验仪器、书籍不得私自带离实验室，如有必要向实验室管理人员申请。

（12）实验室停水后需及时关闭水龙头，否则重新来水时极易导致实验室地面溢水，甚至毁坏重要仪器设备等，带来巨大的人员伤害和经济损失。

二、环境监测技术实验室用水安全

在环境监测技术实验室中，水常用来配制溶液、维持需水仪器的正常运行及清洗实验器皿等。按照纯度级别由低到高的顺序，实验室用水可分为纯水、去离子水、实验室Ⅱ级纯水和超纯水。实验过程中应根据具体实验内容和需求选取纯度合适的实验室用水。实验室用水标准可参照中国国家标准化管理委员会发布的国家标准（GB/T 6682—2008），以保障实验结果的准确和仪器设备的安全。

（1）纯水纯化水平最低，电导率通常在 $1.0\sim50~\mu S/cm$。它由单一弱碱性阴离子交换树脂、反渗透或单次蒸馏制得。典型的应用包括玻璃器皿的清洗及高压灭菌器、恒温恒湿实验箱和清洗机用水。

（2）去离子水电导率通常在 $0.1\sim1.0~\mu S/cm$ 之间。通过采用含强阴离子交换树脂的混合床进行离子交换制得，但它有相对高的有机物和细菌污染水平，能满足多种需求。如清洗、制备分析标准样、制备试剂和稀释样品等。

（3）实验室Ⅱ级纯水电导率小于 $1.0~\mu S/cm$，总有机碳（TOC）含量小于 $50~\mu g/L$ 以及细菌含量低于 $1~CFU/mL$。其可满足多种需求，从试剂制备和溶液稀释，到为细胞培养配制营养液和微生物研究。这种纯水可通过双蒸制得，或整合反渗透（RO）和离子交换/电去离子（EDI）多种技术制得，也可以再结合吸附介质和 UV 灯制备。

（4）超纯水在电阻率、有机物含量、颗粒和细菌含量方面接近理论纯度极限，通过离子交换、RO 膜或蒸馏手段预纯化，再经过核子级离子交换纯化得到。通常超纯水的电阻率可达 $18.2~M\Omega\cdot cm$，TOC 含量小于 $10~\mu g/L$，滤除 $0.1~\mu m$ 甚至更小的颗粒，细菌含量低于 $1~CFU/mL$。超纯水可满足多种精密分析实验的需求，如高效液相色谱（HPLC）、离子色谱（IC）和电感耦合等离子体质谱（ICP-MS）等。目前，多数实验室装备有超纯水仪。

三、环境监测技术实验室用电安全

（一）环境监测技术实验室常用电的分类

环境监测技术实验室的常用电有直流电和交流电两种。直流电电源常见的有干电池、蓄电池等，也可通过转换器、整流器（阻止电流反方向流动）以及过滤器（消除整流器流出的电流中的跳动）将交流电转变为直流电。实验室内常用的计算机硬件、万用表、便携式紫外分析仪等都需要直流电来提供电源。交流电包括三相电、两相电和单相电。三相电由三根相线组成，三根相线之间电压都是 380 V，常用于三相电源供电设备和特殊要求设备，如三相电动机、-80 ℃冰箱等。两相电由两根相线组成，电压也是 380 V，常用于交流焊机等设备。单相电由一根火线与一根零线组成，火线就是电路中输送电的电源线，零线主要应用于工作回路，从变压器中性点接地后引出主干线，电压为 220 V。常用于照明、家用电器等。实验室的照明设备以及常用仪器设备均用单相电。

（二）环境监测技术实验室常用电的基本安全知识

（1）中国居民用电电压为 220 V。当电压高于 36 V、电流高于 10 mA 时，人体触电会发生危险。

（2）实验室常用电源插座包括单相两孔、单相三孔及三相四孔等，其中三孔和四孔插座有专用的保护接零或接地线插孔，该插孔一定要和实验室的零线、地线相连。三孔插座的上孔接地线，左孔接零线，右孔接火线。两孔插座的左孔接零线，右孔接火线。国内标准插座中红色表示火线（live，L），蓝色表示零线（neutral，N），黄绿相间色表示地线（earth，E），俗称花线。明装插座在安装时离地高度不得低于 1.3 m，暗装插座离地高度通常为 0.2~0.5 m。插座必须严格按国家标准安装，杜绝安全隐患。

（3）连接电路前应考虑电器和插座的功率是否相符合，确认所用电器的功率之和不超过插座的额定功率。如超过额定功率，插座会因电流过大而发热烧毁，严重时甚至会造成火灾。

（4）安装电闸和电器时必须使用标准且型号相符的保险丝，严禁使用其他金属丝线代替，否则容易使电器损坏，甚至造成火灾。

（5）实验室发生瞬间断电或电压波动较大时，须断开某些大功率仪器或设备的电源，供电稳定后再启用。例如-80 ℃冰箱，断电后又在 3~5 min 内恢复供电，其压缩机所承受的启动电流要比正常启动电流大好几倍，压缩机可能会烧毁。

（6）使用实验室电器时，先插插头，再接电源；停用时则先关闭电源，再拔出插头。

（7）在实验室配制液体样品时应注意远离电源，防止引起线路短路。

（8）禁止私拉、乱接电线。电器的电源线破损时，须切断电源并更换电源线。

（9）禁止随意移动带电的仪器设备，如需移动，必须先切断电源，防止触电。

（10）禁止用湿手接触带电开关和设备，以及拔、插电源插头，更换电气元件或灯泡。禁止用湿布擦拭带电设备。

（11）检查和修理电器时，必须先断开电源。如电器损坏，需请专业人员或送维修店修理，严禁非专业人员在带电情况下打开电器自行修理。

四、环境监测技术实验室用气安全

(一) 实验室常用气体

实验室常用气体主要有二氧化碳、氧气、氮气、一氧化氮、氢气、天然气和压缩空气等，这些气体有些属于助燃、易燃、有毒气体。因此须了解环境监测技术实验室常用气体的种类、性质、用途及标志 (如表 8-1 所示)。充装气体的钢瓶外表面涂色和字样见国家标准《气瓶颜色标志》(GB/T 7144—2016)。

表 8-1　实验室常用气体种类、性质、用途及标志

名称	性质	用途	钢瓶安全标志	
			标签字色	钢瓶颜色
氢气 (H_2)	易燃	燃烧反应等	大红	淡绿
氧气 (O_2)	助燃	燃烧反应等	黑	淡 (酞) 蓝
天然气	易燃	燃烧反应	白	棕
一氧化氮 (NO)	有毒	氧化反应	黑	白
二氧化碳 (CO_2)	—	能源转换催化实验	黑	铝白
氮气 (N_2)	惰性气体	仪器载气等	白	黑
空气 (液体)	—	催化实验等	白	黑
氩气 (Ar)	惰性气体	仪器载气等	深绿	银灰
氦气 (He)	惰性气体	仪器载气等	深绿	银灰
硫化氢 (H_2S)	有毒	催化实验	大红	白

(二) 气体钢瓶的安全使用

(1) 气体钢瓶应存放在阴凉、干燥且远离热源的地方，存可燃性气体的钢瓶应与氧气瓶隔开放置。

(2) 气体钢瓶应直立存储，并用专用支架固定，以免发生气体钢瓶滑倒伤人等安全事故。

(3) 存放可燃性气体的钢瓶气门螺丝为反丝，其他为正丝。

(4) 不应让油和易燃有机物沾到气体钢瓶上，气体钢瓶使用时应装有减压阀和压力表，且压力表不可混用。

(5) 在使用压力气体钢瓶时，操作人员应站在与气体钢瓶接口处垂直的位置上，头和身体不能正对阀门，以防压力表或阀门冲出伤人。

(6) 瓶内气体不得用尽，以防空气进入，导致充气时发生危险。一般气体钢瓶的剩余压力应不小于 0.5 MPa。

（7）搬运时应小心轻放，并旋紧气体钢瓶帽。

（8）定期将气体钢瓶送检，使用中的气体钢瓶应严格按照规定年限检查，不合格的气体钢瓶严禁继续使用。

五、环境监测技术实验室用光安全

（一）光的分类

光是由光子组成的粒子流，也是高频的电磁波。人眼可见的电磁波称为可见光，人眼看不到的电磁波有红外光、紫外光和射线。

（1）可见光（visible light）：波长范围是 $0.39 \sim 0.76\ \mu m$，主要天然光源是太阳，人工光源是白炽物体（特别是白炽灯）。太阳光中的可见光呈白色，但通过棱镜时，可见光根据波长不同可分为红、橙、黄、绿、蓝、靛、紫七色。红光波长为 $0.62 \sim 0.76\ \mu m$，橙光波长为 $0.59 \sim 0.62\ \mu m$，黄光波长为 $0.57 \sim 0.59\ \mu m$，绿光波长为 $0.49 \sim 0.57\ \mu m$，蓝光和靛光波长为 $0.45 \sim 0.49\ \mu m$，紫光波长为 $0.40 \sim 0.45\ \mu m$。

（2）红外光（infrared light）：亦称红外线，波长范围为 $0.76 \sim 1000\ \mu m$，在光谱中它排在可见光红光的外侧，所以叫红外光。

（3）紫外光（ultraviolet light）：亦称紫外线，波长范围为 $0.01 \sim 0.40\ \mu m$。在光谱中它排在可见光紫光的外侧，故称紫外光。

（4）射线（ray）：波长较紫外光更短的电磁波，包括 X 射线、γ 射线、α 射线、β 射线等。射线具有能量高、穿透力强的特点。

除了以上几种常见的不可见光之外，还有一些其他类型的电磁辐射也属于不可见光的范畴之内，例如微波、无线电波以及部分激光等。这些不同类型的不可见光都具有各自独特的物理特性和应用领域，在现代科学技术中发挥着越来越重要的作用。

（二）光的安全使用规范及注意事项

环境监测技术实验室常用到紫外线和射线，紫外线主要用于实验室紫外消毒、光（电）催化实验，射线则主要用作大型仪器的光源，如 X 射线荧光分析仪（XRF）、X 射线衍射仪（XRD）等。下面分别以紫外线和 X 射线为例介绍实验室用光安全及使用规范。

（1）紫外线安全使用规范及注意事项。

1）人不能暴露在紫外线下。紫外线对人体的危害大，如果直接照射皮肤、眼睛等器官，会因形成 DNA 胸腺嘧啶二聚体，导致 DNA 链变异，从而对操作人员健康造成损害。因此开启紫外灯时要保证现场没有人，操作时眼睛不能直视紫外灯，如有必要需佩戴防护眼镜。

2）室内空气消毒要求每立方米不少于 1.5 W，照射时间不少于 30 min，灯管距离地面 2.0 m 左右，不可过高或过低。

3）空气消毒时，房间内应保持清洁干燥，减少尘埃和水雾。当温度低于 20 ℃ 或高于 40 ℃ 或者相对湿度大于 60% 时，应适当延长照射时间。

4）消毒物体表面时，灯管距离物体表面不得超过 1 m，并直接照射物体表面，且应达到足够的照射剂量，如杀细菌芽孢时应达到 $100000\ \mu W\cdot s/cm^2$。

5）紫外灯使用 3~6 个月后，应用紫外线辐射照度仪进行强度检测。新灯照射强度大于等于 $100\ \mu W/cm^2$ 为合格，使用中紫外灯照射强度大于等于 $7\ \mu W/cm^2$ 为合格。

6）使用中应保持灯管表面洁净和透明，每周用酒精棉球擦拭一次，以免影响紫外线的穿透及辐射强度。

7）每支灯管须有使用记录，包括使用时间、使用人、测定辐射强度及更换时间等。

（2）X 射线安全使用规范及注意事项。

1）使用前必须经过学校相关负责人批准。

2）使用 X 射线的工作人员必须经过岗前培训，并经过辐射安全防护培训。

3）要正确使用 X 射线装置，严格遵守操作规程和规章制度，杜绝非法操作。

4）仪器使用时，要佩戴个人剂量笔和个人剂量报警仪。

5）发生放射事故时，要立即上报相关部门，并采取有效措施，不得拖延或者隐瞒不报。

六、环境监测技术实验室危险源识别及控制措施

根据实验室开展的检验项目、使用药品及设备危险程度，识别实验室的危险源，并制订相应控制措施（如表 8-2 所示）。

表 8-2　实验室危险源标志及控制措施

工作步骤	潜在隐患	控制措施	标志
微生物室紫外线杀菌	辐射伤害	操作人员避免直接接触紫外线；关闭紫外灯 30 min 后，再进行工作	当心电离辐射
	破损灯管划伤	将玻璃碎片清理干净；当紫外灯使用时间达到 300 h，及时更换灯管	
硫酸、盐酸、硝酸的储存及使用	皮肤灼伤	危险化学品双人双锁管理；存放强酸区贴有醒目标志，并配有应急用的沙土；配有防护桶、防护手套、防护围裙、防护靴等防护用品	必须戴防护手套 必须戴防护口罩
有毒有害物品的储存和使用	中毒	有毒物品的储存应双人双管；存放有毒物品的区域贴有醒目标志，使用有毒物品时佩戴一次性手套	当心中毒

工作步骤	潜在隐患	控制措施	标志
易燃易爆物品的储存和使用	火灾	易燃易爆物品单独存放；药品库严禁带入火源；使用过程中远离火源、热源，在通风橱中操作；严格按照《实验室安全管理制度》使用药品	必须戴防毒面具 当心火灾
一般化学品配制和使用	危害健康	严格按照《实验室安全管理制度》使用药品	当心腐蚀
玻璃仪器的使用	划伤	小心操作，注意防护	当心伤手
加热	烫伤	取正在加热的仪器或装置时佩戴线手套	当心烫伤
高压蒸汽灭菌器	烫伤、爆炸	定期检查灭菌锅、压力表和安全阀；待灭菌器内降至常温常压后方可开启	当心爆炸 当心烫伤

工作步骤	潜在隐患	控制措施	标志
使用电炉	火灾、烫伤	使用前检查电源线是否完好；电炉附近不能放置易燃物品，不使用时及时关掉电源	当心烫伤 当心触电
使用通风橱	火灾、危害健康	通风橱内禁用明火；定期维护通风橱，清理通风橱风机，保证通风效果良好	必须戴防毒面具 当心火灾
使用电热恒温干燥箱、马弗炉、水浴锅	触电、烫伤	使用前检查电源线是否完好；按照仪器设备操作规程进行操作	当心触电 当心烫伤
培养物废弃	致病菌污染	高压灭菌后再进行废弃处理	当心感染

工作步骤	潜在隐患	控制措施	标志
使用酒精灯	爆炸或火灾	严格按照酒精灯操作规范进行操作；更换为防爆酒精灯	当心火灾 当心爆炸
使用凯氏定氮蒸馏仪、消化炉	烫伤	蒸馏或消化时，不能直接接触高温部分	当心烫伤
使用蒸馏器	火灾、触电	先加水，后通电；停水后，立即关闭蒸馏器，防止干烧；定期维护	当心火灾 当心触电
电气操作	触电	机修人员进行维修、维护，操作人员禁止湿手操作	当心触电
打扫卫生	滑倒摔伤	采取区域拖地的方式进行打扫；经过人员应特别小心	注意安全

续表 8-2

工作步骤	潜在隐患	控制措施	标志
使用洗眼器	杂质伤眼	每周检查一次，打开水流 3~5 min，排除管道中杂质	洗眼器 EMERGENCY EYE WASH
使用乙炔气体	爆炸、火灾、中毒	更换气体钢瓶时检查气体钢瓶与气路接口是否漏气；气体钢瓶室严禁携带火源；气体钢瓶室须有专人管理	当心火灾 当心中毒

任务二　环境监测技术实验操作规范及注意事项

环境监测技术实验主要包括液、固、气类等实验，在实验过程中，实验用品及试剂的不规范操作极易引发事故，造成严重后果及不必要的损失。推行实验室安全规范，在于防止实验事故的发生，减少设备的损毁及实验人员的伤亡。本任务主要介绍液、固、气类实验操作规范以及相关安全事项，同时对实验中可能产生的废弃物的处理方法进行介绍。

一、样品采集注意事项

（1）水样采集。依实际情况合理布设采样点；采样容器的材质应具有较高的化学稳定性，不应与水样中组分发生反应，容器内壁不应吸收或者吸附待测组分；采样时间和频率应根据分析目的和排污的均匀程度进行选取；水样采集后，应尽快分析检验；水样若不能及时进行分析，一般应保存在 5 ℃以下（3~4 ℃为宜）的低温暗室内，或通过投加适宜的保存药剂保存水样。这样可使生物活性受到抑制，生物化学作用显著降低；采样还应注意操作者的人身安全，特别在冬季冰封的河、湖中采样时更要小心。

（2）大气样品采集。采样器流量计上表观流量与实际流量随温度和压力的不同而变化，所以采样器流量计必须校正后使用；要经常检查采样头是否漏气，当滤膜上颗粒物与四周白边之间的界限模糊，表明板面密封垫没有垫好或密封性能不好，应及时更换面板密封垫，否则测定结果将会偏低；采样后应检查滤膜是否出现物理性损伤及采样过程中应检查是否有穿孔漏气现象，若发现有滤膜损伤或穿孔漏气现象，水样作废，须重新取样；采集好的样品于 2~5 ℃储存，并在规定时限内完成分析，防止部分待测组分被氧化，待测项目若含有易被氧化的物质，应选用棕色吸收管采样，在样品运输和存放过程中，都应采取避光措施；使用吸收液进行样品采集时，为防止采样管中吸收液被污染，运输和储存等环节应加强管理，防止采样管倒置或倾斜，并控制好采样管的密封效果。

（3）土壤样品采集。采样点不宜设在田边、沟边、路边或肥堆边；采样时首先要清除表层的枯枝落叶，有植物生长的点位要先除去植物及其根系。采样现场要剔除砾石等异物。要注意及时清洁采样工具，避免交叉污染；每个采样点的取土深度及采样量应均匀一致，土壤上层与下层的比例要相同。取样器应垂直于地面入土，深度相同。用取土铲取样时，应先铲出两个耕层断面，再平行于断面下铲取土；测定所需要的土壤样品是多点混合的，取样量较大，而分析所需要的样品一般为 1~2 kg。所以，对样品采用四分法反复弃取，直至得到所需要量；测定微量元素的样品必须用不锈钢取土器采样；测定重金属的样品，尽量用竹铲、竹片直接采集样品，或用铁铲、土钻挖掘后，用竹片刮去与金属采样器接触的部分，再用竹片采集样品。对于污染土壤，取样时要根据污染物的性质采取相应的防护措施，避免与人体直接接触；采集挥发性或半挥发性有机物样品时，要防止待测物质挥发，注意样品瓶满且不留空隙，低温运输和保存。

二、实验操作注意事项

环境监测技术实验由于其特殊性，所涉及的化学品可能易燃、易爆，可能是强酸、强碱甚至是有毒有害品，操作过程带有一定的危险性，稍有不慎就会发生事故。因此，有必要采取预防措施，以及培养实验室人员基本的安全常识和正确的操作方法。

（一）加热

（1）酒精灯加热。酒精灯火焰温度一般在 400~500 ℃，所以需要温度不太高的实验都可用酒精灯。

1）酒精灯内酒精体积应大于灯容积的 1/4，小于灯容积的 2/3（酒精量太少会导致灯中酒精蒸气过多，容易引起爆燃；量太多会受热膨胀使酒精溢出）。

2）禁止向正在使用的酒精灯里添加酒精以及用酒精灯引燃另一盏酒精灯，以免造成失火。

3）使用完酒精灯之后，须用灯帽将火盖灭，切记不可用嘴去吹，否则可能将火焰沿酒精灯灯颈压入灯内，引燃灯内的酒精蒸气及酒精，导致爆炸。

4）万一碰倒酒精灯后，洒出的酒精在桌上燃烧起来，应立刻用湿抹布扑灭。

（2）酒精喷灯加热。酒精喷灯的火焰温度比酒精灯要高得多，所以需要较高温度的有机实验可采用酒精喷灯加热。下面以座式酒精喷灯为例介绍酒精喷灯加热的注意事项。

1）酒精喷灯内酒精体积约为灯容积的 2/3。

2）使用酒精喷灯时，先在上部预热盘中注满酒精并点燃，至壶内酒精受热排出酒精蒸气并在管口自行成焰时，调节下部空气阀，使火焰稳定，随后将升降器螺丝固定。

3）停止使用时，用石棉网或木块盖住管口将火熄灭，同时旋松上侧铜帽，使剩余酒精蒸气排出。但切记不可旋下铜帽，以免引燃壶内酒精。

（3）水浴加热。水浴加热的温度不超过 100 ℃。

1）水浴锅炉丝套管是焊接密封的，无水加热时会烧坏套管，水进入套管之后将会造成炉丝的损坏或发生漏电现象。因此，使用水浴锅之前先要注入适量的水，并且在使用过程中同样也需要注意及时增补水。

2）水浴锅内要时刻保持清洁，定期进行洗刷，防止生锈、漏水及漏电等不安全事件的发生。要经常更换锅内的水，如较长时间不用，水浴锅内的水要全部倒掉并擦干，以免引起生锈。

3）水浴锅内的水量应保持在合适水平，不要过满，水溢出过程中容易造成仪器部分器件受潮或短路，导致事故发生。

（二）温度计的使用

部分实验需要对温度进行严格把控，因此温度计的使用也必不可少。温度计一般有酒精温度计、水银温度计、石英温度计及热电偶等。低温酒精温度计测量范围为 $-80 \sim 50$ ℃；酒精温度计测量范围为 $0 \sim 80$ ℃；水银温度计测量范围为 $0 \sim 360$ ℃；石英温度计测量范围为 $0 \sim 500$ ℃，热电偶在实验室中不常用。应根据不同待测温度选用合适的温度计。

（1）温度计不能当搅拌棒使用，以免折断、破损以及其他危害。

（2）水银温度计因故破碎后，应戴手套和口罩，迅速用塑料袋或者滤纸片，将洒落的水银收集起来，防止水银四处滚动，待人员离开后，关闭室内一切加热设备电源，撒锌粉或者硫磺来收集，注明"废弃水银"等标识性文字，送到环保部门专门处理。千万不要把收集起来的水银直接倒入下水道，以免污染地下水源。

（3）注意使用沸石。加热过程中加入沸石能够防止发生爆沸，避免事故的发生。

（三）有机溶剂的使用

（1）易燃有机溶剂。实验室常用有机溶剂，如果处理不当，就会引起火灾甚至爆炸。溶剂与空气的混合物一旦燃烧起来便会迅速蔓延，瞬间点燃实验室内其他易燃物体，如果着火点处于氧气充足位置，火力甚至可使一些不易燃物质发生燃烧。易燃有机溶剂蒸气与空气混合达到一定浓度时，甚至会引发爆炸。因此，在使用有机溶剂过程中需要时刻注意。

1）将盛放易燃液体的容器放置于较低的试剂架上。

2）保持容器密闭，需要倾倒液体时，方可打开。

3）应该在远离火源且通风良好处使用易燃的有机溶剂，但用量不宜过大。

4）储存易燃有机溶剂时，应尽可能减少储存量，以免引发危险。

5）加热易燃液体时，宜使用油浴或水浴，不可使用明火。

6）使用过程中，需时刻警惕以下常见火源：明火（焊枪、点火苗、火柴）、火星（电源开关、摩擦）、热源（电热板、灯丝、烘箱）、静电电荷等。

（2）有毒有机溶剂。有机溶剂的毒性表现在溶剂与人体接触或被人体吸收时引起局部麻醉刺激或整个机体功能发生障碍。所有具有挥发性的有机溶剂，人体长时间与其高浓度蒸气接触总是有毒的，如：伯醇类（甲醇除外）、醚类、醛类、酮类、部分酯类等溶剂易损害神经系统；羧酸甲酯类、甲酸酯类易引起肺中毒；苯及其衍生物、乙二醇等会发生血液中毒；卤代烃类会导致肝脏及新陈代谢中毒；四氯乙烷及乙二醇会引起严重肾脏中毒等。因此，在使用过程中，需要特别注意。

1）尽量不要使皮肤与有机溶剂直接接触，务必做好个人防护工作。

2）注意保持实验室通风，避免在密闭空间进行实验。

3）在使用过程中，如果有毒有机溶剂存在溢出，应根据溢出的量进行相关补救工作。

首先移开所有火源，提醒实验室现场人员，用灭火器喷洒，再用吸收剂进行清扫、装袋、封口，并将处理后废弃物作为废溶剂进行处理。

（四）玻璃器皿的使用

正确使用各种玻璃器皿对于减少实验室安全事故是非常重要的。实验室中不允许使用已破损的玻璃器皿。对于无法修复的玻璃器皿，应当作废弃物进行处理。在修复玻璃器皿前应先将其中残留的化学药品清除干净。

（1）使用玻璃仪器前，先检查有无破损，有破损的就不能使用。组装和拆卸实验装置时要防止仪器折断，切勿使仪器勉强弯曲，应使之呈自然状态。

（2）玻璃仪器放在高处时，一定要用铁夹夹紧，保证安全。

（3）玻璃仪器与胶管或胶塞连接时，最好用布包住玻璃仪器，一般左手拿被插入的仪器，右手拿插入的仪器，慢慢地按顺时针方向旋转插入（一定要朝一个方向旋转，勿使玻璃管口对着掌心）。插入前要先蘸些水或甘油。对粘连在一起的玻璃器皿，不要强行用力使之分离，以免造成器皿破碎伤手。

（4）杜瓦瓶外应包有胶带或其他保护层，防止破碎时玻璃屑飞溅伤人。使用玻璃器皿进行非常压操作时，应在保护挡板之后进行。

（5）破碎的玻璃器皿应放入专用垃圾桶。在放入垃圾桶前，须用水将残余药品冲洗干净。

（6）普通玻璃器皿不适合做压力较大的反应，即使在较低的压力下也有破碎的危险，因此禁止使用普通玻璃器皿进行压力较大的反应。

（五）注意反应物的量

实验时要严格控制反应物的量及各反应物的比例，如在"乙烯的制备实验"中必须注意乙醇和浓硫酸的比例为 1∶3，且使用的量不要太大，否则反应物升温太慢，副反应较多，从而影响乙烯的产率。

（六）注意冷却

有机实验中反应物和产物多为挥发性有害物质，所以必须对挥发出的反应物和产物进行冷却。

（1）需要用冷水（用冷凝管盛装）冷却的实验："蒸馏水的制取实验"和"石油的蒸馏实验"等。

（2）用空气冷却（用长玻璃管连接反应装置）的实验："硝基苯的制取实验""酚醛树脂的制取实验""乙酸乙酯的制取实验""石蜡的催化裂化实验"和"溴苯的制取实验"。冷却的目的是减少反应物或生成物的挥发，既保证实验的顺利进行，又减少挥发物对人的危害和对环境的污染。

（七）注意除杂

有机实验往往副反应较多，导致产物中杂质也多，为了保证产物的纯净，必须对产物进行净化除杂。如"乙烯的制备实验"中，乙烯中常含有 CO_2 和 SO_2 等杂质气体，可将这种混合气体通入浓碱液中除去酸性气体；再如"溴苯的制备实验"和"硝基苯的制备实验"，产物溴苯和硝基苯中分别含有溴和 NO_2，产物同样可用浓碱液洗涤。

（八）注意搅拌

搅拌也是大多数液类实验的一个必备条件。如"浓硫酸使蔗糖脱水实验"（也称"面包"实验）中搅拌的目的是使浓硫酸与糖迅速混合，在短时间内急剧反应，以便反应放出的气体和大量的热使蔗糖炭化生成的炭等固体物质快速膨胀，又如"乙烯的制备实验"中醇酸混合液的配制。

三、实验室"三废"处理注意事项

（一）实验室废弃物的收集方法

实验室废弃物收集的一般办法如下。

（1）分类收集法：按废弃物的性质和状态不同，分门别类收集。

（2）按量收集法：根据实验过程中排出废弃物量的多少或浓度高低予以收集。

（3）相似归类收集法：性质或处理方式、方法等相似的废弃物可收集在一起。

（4）单独收集法：危险废弃物应予以单独收集处理。

（二）实验室三废处理一般流程

（1）实验室应安排专业人员将实验室废弃物统一收集并进行分类管理，存放到标明废弃物类别的容器中，并登记实验室废弃物管理台账。

（2）实验室存放废弃物的容器装满后，由实验室专业人员通知管理员，管理员负责查验并登记废弃物管理台账。

（3）在规定时间，由管理员将待转运废弃物清单报到学校相关部门。

（4）学校相关部门审核清单，不符合转运条件的退回系部，符合条件的通知相关人员转运。

（5）实验室安排专业人员转运废弃物至学校实验室废弃物暂存柜，资产管理处、学校管理员与实验室人员对废弃物数量进行清点、称重并签字确认，清单由资产管理处、系部分别存档。

（6）资产管理处管理员登记校级废弃物管理台账。

（7）校实验室暂存柜废弃物存储达到一定量后，资产管理处管理员联系有资质的废弃物处置公司进行回收处理，并做好相关记录。

（8）实验室废弃物暂存处理的过程，必须严格按本流程进行规范操作。不得随意倾倒、堆放、处置危险废弃物。

（三）实验室废液处理注意事项

实验室废液一般分为液态失效试剂、液态实验废弃产物或中间产物等。液态失效试剂主要包括各种过期、失效的化学试剂以及失效的重铬酸钾洗液等。液态实验废弃产物或中间产物则主要包括实验中使用的各种无机或有机试剂。

（1）无机实验废液的处理。无机实验废液中一般含有重金属如汞、铬、镉、铅、铜、银等，无机实验废液还有含砷废液、含氰废液、酸碱废液等。本书主要针对含汞、铬、铅等金属的废液的处理方法进行简单介绍。一般处理原则是根据无机实验废液的特点对其进行分类收集，在做实验时应控制试剂的使用量或采用替代物，本着减少废液产生量、减少污染的原则来处理实验室废液。

1）含汞废液的处理。①硫化物共沉淀法：用 Na_2S 或 NaHS 将 Hg^{2+} 转变为难溶于水的 HgS，然后使其与 $Fe(OH)_3$ 共沉淀而分离除去。该方法须保证合适的 pH 值和 Na_2S 添加量。如果反应 pH 值在 10 以上，HgS 即变成胶体状态。此时，即使使用滤纸过滤，也难以将其彻底清除。如果添加过量的 Na_2S，则生成 $(HgS_2)^{2-}$ 而使沉淀发生溶解。②活性吸附法：先稀释废液，使 Hg^{2+} 浓度在 1 mg/L 以下。然后加入 NaCl，调节 pH 值至 6 附近，加入过量的活性炭，搅拌约 2 h 后过滤，保管好滤渣。此法也可以直接除去有机汞。③离子交换树脂法：于含汞废液中加入 NaCl，使汞生成 $(HgCl_4)^{2-}$ 络离子而被阴离子交换树脂所吸附。但随着汞的形态不同，有时此法效果不够理想。并且，当有机溶剂存在时，此法也不适用。

2）含铬废液的处理。将含铬废液直接排入下水道会污染地下水，从而严重威胁人类健康。实验室中收集到的含铬废液一般呈酸性，应根据废液所含成分，制订相应的处理方案。

在酸性条件下，使用适当的还原剂将六价铬还原为三价铬。废铁屑是常用的还原剂，有时也可用亚硫酸钠。待还原过程完成后将溶液 pH 值调至适当范围，使三价铬变成氧化铬沉淀，再使氢氧化铬和硫酸反应可得硫酸铬。

3）含铅废液的处理。首先向废液中加入消石灰，调节 pH 值至大于 11，使废液中的铅生成 $Pb(OH)_2$ 沉淀；然后加入 $Al_2(SO_4)_3$（凝聚剂），将 pH 值降至 7~8，则 $Pb(OH)_2$ 与 $Al(OH)_3$ 共沉淀，分离沉淀，达标后排放废液。

4）含砷废液的处理。向含砷废液中加入 $FeCl_3$，使 Fe/As 达到 50，然后通过加入消石灰控制 pH 值在 8~10。利用新生氢氧化物和砷化合物共沉淀的吸附作用，除去废液中的砷。放置一夜，分离沉淀，达标后排放废液。

5）含酚废液的处理。低浓度含酚废液可加入次氯酸钠或漂白粉煮一下，使酚分解为二氧化碳和水。高浓度的含酚废液可通过醋酸丁酯萃取，再加少量的氢氧化钠溶液反萃取，经调节 pH 值后进行蒸馏回收、处理达标后的废液可直接排放。

6）含氰废液的处理。含氰废液也不得乱倒或与酸混合，与酸混合易生成挥发性剧毒氰化氢气体。低浓度含氰废液可加入氢氧化钠调节 pH 值至 10 以上，再加入高锰酸钾粉末（3%），使氰化物分解。若浓度高，可使用碱性氯化法处理，即先用碱调节 pH 值至 10 以上，加入次氯酸钠或漂白粉，经充分搅拌，氰化物分解为二氧化碳和氮气，放置 24 h 排放。

7）含银废液的处理。当从含有多种金属离子的废液中回收银时，加入盐酸不会产生共沉淀现象。碱性条件下其他金属的氢氧化物会和氯化银一起沉淀，酸洗沉淀可除去其他金属离子。得到的氯化银用 H_2SO_4 或氯化钠溶液和锌还原，直到沉淀内不再有白色物质，析出暗灰色细金属银沉淀，水洗，烘干，用石墨熔融可得金属银。

8）含硫废液的处理。大部分无机硫化物、硫、硫的含氧酸以及硫化氢都能被 H_2O_2 氧化成硫酸盐进行再利用。含硫废液中也可加入硫酸亚铁和石灰，控制 pH 值为 8~9，生成硫化铁沉淀。

9）其他废液的处理。①含氟化物废液的处理方法为在 pH 值为 8.5 时加入石灰形成氟化钙沉淀，同时加明矾共沉淀效果更好。②含钡废液可通过加入硫酸盐形成硫酸钡沉淀而除去钡。③含镉废液在 pH 值为 10~11 时形成氢氧化物沉淀或 pH 值为 6.5 时与氢氧化铁共沉淀而除去镉。④含镍废液在 pH 值为 11.5 时加入石灰生成氢氧化镍沉淀而除去镍；⑤含锌废液在 pH 值为 11 时用氧化钙或氢氧化钠生成沉淀除去锌；⑥含铜废液在 pH 值为 8.5 时用氢氧化钠或亚硫酸盐沉淀铜并予以回收。⑦废酸液和废碱液中和至中性再排放。

（2）有机废液的处理。尽量回收溶剂，在对实验没有妨碍的情况下，反复使用；为了方便处理，按分类收集法对其进行处理，有机废液可分为可燃性废液、难燃性废液、含水废液及固体废物等；可溶于水的物质容易随水溶液流失，回收时要加以注意。但是甲醇、乙醇及醋酸性废液等溶剂能被细菌作用而分解，故对这类溶剂的稀溶液，用大量水稀释后即可排放；含重金属等的有机废液，将其中的有机质分解后，作为无机废液进行处理。

主要处理方法有焚烧法、溶剂萃取法、吸附法、氧化分解法、水解法与生物化学处理法。

1）焚烧法：将可燃性废液，置于燃烧炉中燃烧。如果数量很少，可把它装入铁制或瓷制容器，选择室外安全的地方燃烧。点火时，取一长棒，在其一端扎上沾有油类的破布，或用木片等东西，站在上风方向进行点火燃烧。并且必须监视至烧完为止；对于难以燃烧的物质，可与可燃性废液混合燃烧，或者将它喷入配备有助燃器的焚烧炉中燃烧。对多氯联苯之类难以燃烧的物质，往往会排出一部分还未焚烧的物质，要加以注意。对含水的高浓度有机废液，此法亦适用；对由于燃烧而产生 NO_2、SO_2 或 HCl 等有害气体的废液，焚烧炉必须配备有洗涤器。用碱液洗涤燃烧后的废气，从而除去其中的有害气体；固体废物亦可溶解于可燃性溶剂中然后使之燃烧。

2）溶剂萃取法：对含水的低浓度废液，可用与水不相溶的正己烷之类挥发性溶剂进行萃取，分离出溶剂层后，对它进行焚烧。再用吹入空气的方法，将水层中的挥发性溶剂吹出；对形成乳浊液之类的废液，不能用此法处理，须用焚烧法处理。

3）吸附法：利用多孔性固体吸附剂处理有机废液，使其中一种或几种组分，通过分子引力或化学键力的作用被吸附在固体表面，从而达到分离的目的。常用多孔性固体吸附剂，包括活性炭、硅藻土、矾土层、片状织物、聚丙烯、聚酯片、氨基甲酸乙酯、泡沫、塑料、稻草屑及锯末等。

4）氧化分解法（参照含重金属类有机废液的处理方法）：在含水的低浓度有机废液中，对易氧化分解的废液，可用 H_2O_2、$KMnO_4$、$NaClO$、$H_2SO_4+HNO_3$、HNO_3+HClO_4、$H_2SO_4+HClO_4$ 及废铬酸混合液等物质，将其氧化分解。然后，按上述无机实验废液的处理方法加以处理。

5）水解法：对于有机酸或无机酸的酯类，以及一部分有机磷化合物等容易发生水解的物质，可加入氢氧化钠或氢氧化钙，在室温或加热条件下进行水解。水解后，若废液无毒害，将其中和、稀释后即可排放。如果含有有害物质，用吸附等适当的方法加以处理。

6）生物化学处理法：用活性污泥等并吹入空气的方法进行处理。例如，对含有乙醇、乙酸、动植物性油脂、蛋白质及淀粉等的稀溶液，可用此法进行处理。

（四）实验室废气处理

实验室废气污染问题目前虽未列入国家环保强制性治理范畴，但其危害不可小觑。在进行实验时可能不定期排放大量有害气体，不仅对大气造成污染，还会对周边的人群、植被造成严重的危害，而且对人体有潜在的危害。若遇阴雨、低气压气候，排出的废气难以及时扩散，更加剧了局部环境的污染程度，造成局部酸雨的形成，造成严重的社会公害。

实验室废气处理的主要方法有：

（1）吸收法。吸收法指的是采用合适的液体作为吸收剂来处理废气，从而除去其中有毒有害气体的方法。一般分为物理吸收和化学吸收两种。较常见的吸收剂有水、酸性溶液、碱性溶液、有机溶液和氧化剂溶液。它们可以用于净化含有 SO_2、Cl_2、NO_x、H_2S、SiF_4、HF_4、NH_3、HCl、酸雾、汞蒸气、各种有机蒸气和沥青烟等的废气。这些液体在吸收完废气后又可以用作配制某些定性化学试剂的母液。

（2）固体吸附法。固体吸附法指的是先让废气与特定的固体吸收剂充分接触，通过固体吸收剂表面的吸附作用，使废气中含有的污染物质（或吸收质）被吸附从而达到分离的目的。此法一般适用于对废气中含有的低浓度污染物质进行净化，且需针对不同污染物选用不同的固体吸附剂。例如，若要吸收几乎所有常见的有机及无机气体，可以选择将适量活性炭或者新制取的木炭粉放入有残留废气的容器中；若要选择性吸收 H_2S、SO_2 及汞蒸气，则使用硅藻土，若要选择性吸收 NO_x、CS_2、NH_3、C_mH_n、CCl_4 等，则需要用到分子筛。

（3）回流法。回流法指的是对于易液化的气体，可以通过特定的装置使挥发的废气，在通过装置时，在空气的冷却下液化，再沿着长玻璃管的内壁回流到特定的反应装置中。如在制取溴苯时，可以在装置上连接一根足够长的玻璃管。

（4）燃烧法。燃烧法指的是通过燃烧的方法来去除有毒有害气体。这是一种有效的处理有机体的方法，尤其活化处理排量大而浓度比较低的苯类、酮类、醛类、醇类等各种有机废气。如对于 CO 尾气及 H_2S 的处理等，一般都会采用此法。

（五）实验室固体废弃物处理

实验室固体废弃物主要包括破碎玻璃仪器、一次性实验耗材（如移液枪头、离心管、一次性胶头滴管、滤头、滤纸、注射器、一次性手套等）、废弃的固体化学药品及实验样品、实验残渣、滤渣、废旧电池及污泥等。尤其是一次性实验耗材，直接与各类试剂和实验材料接触，可能残留有各种有毒有害物质，废弃后造成固体废弃物成分复杂，毒性较大，因此，不能将其作为普通垃圾处理，应对其进行分类后分别处理，否则会对环境造成严重污染。

（1）固体废弃物处理方法。通常需要经过预处理、物理化学生物处理和最终处理。

1）预处理。由于固体废弃物难处理的特点，在对其进行进一步综合利用和最终处理之前，通常都需要先对其进行预处理。固体废弃物的预处理一般包括筛分、破碎、压缩和磨粉等程序。

2）物理法。物理法指的是通过利用固体废弃物的物理和物理化学性质，用合适的方法从其中分选或者分离出有用和有害的固体物质。常用的分选方法有重力分选、电力分选、磁力分选、弹道分选、光电分选、浮选和摩擦分选等。

3）化学法。化学法指通过使固体废弃物发生一系列化学变化，进而转换成能够回收的有用物质或能源。常见的化学处理方法包括煅烧、焙烧、烧结、热分解、溶剂浸出、电力辐射和焚烧等。

4）生物法。生物法指的是利用微生物的作用来处理固体废弃物。此方法的基本原理是利用微生物本身的生物-化学作用，使复杂的有机物分解为简单的物质，将有毒物质转化为无毒物质。常见的生物处理法有沼气发酵和堆肥。

5）最终处理。对于没有任何利用价值的有毒有害固体废弃物，就需要进行最终处理。常见的最终处理方法有焚化法、掩埋法、海洋投弃法等。但是，固体废弃物在掩埋和投弃入海洋之前都需要进行无害化处理，而且深埋在远离人类聚集的指定地点，并对掩埋地点做好记录。

（2）固体废弃物处理注意事项。

1）黏附有害物质的滤纸、包药纸、棉纸、废活性炭及塑料容器等东西，不要丢入垃圾箱内，要分类收集。

2）废弃不用的药品可交还仓库保存或用合适的方法处理掉。

3）废弃玻璃物品单独放入纸箱内，废弃注射器针头统一放入专用容器内，注射管放入垃圾箱内。

4）干燥剂和硅胶可用垃圾袋装好后放入带盖的垃圾桶内。

5）其他废弃的固体药品包装好后集中放入纸箱内，放到集中放置点由专业回收公司处理（剧毒、易爆危险品要预处理）。

任务三　环境监测技术实验室常用仪器安全操作规范

在环境监测技术实验室从事教学和科研等活动过程中常常需要使用各种仪器设备，如果操作不当可能引起仪器损坏甚至造成人身安全事故。因此严格按照操作规范使用仪器，是保障仪器性能、操作人员安全和实验室环境正常的基本要求。本任务就环境监测技术实验室中一些常见仪器，如离心机、烘箱、通风橱、粉碎机、消解仪等的操作规范以及使用注意事项进行详细阐述。

一、离心机的操作规范及使用注意事项

在实验过程中，许多混合样品需经过离心分离。根据不同实验目的和样品特征，使用者可以基于所需的转速和温度选用合适的离心机。其中，高速离心机和超速离心机均属于精密仪器，并且由于转速高、离心力大，如果使用不当或缺乏定期的检修和保养，极易发生安全事故。因此使用离心机前须仔细阅读所用型号离心机的使用说明书，严格按照操作规范进行操作。现以三种常见离心机为例，介绍其操作规范以及使用注意事项。

（1）低速离心机操作规范（以 LXJ-ⅡB 型低速离心机为例）。

1）确保离心机各个部件完整无损，且内部无任何杂物。

2）接通电源，打开电源开关。

3）将配平的样品管或平衡管对称地放入转子中，然后盖上内盖和外盖。

4）设置完离心所需的转速和时间后，按"开始"键，启动运行。

5）离心结束，确认转速归零后，小心取出样品。

6）关闭电源，并做好记录。

（2）高速离心机操作规范（以 TGL-16M 型高速冷冻离心机为例）。

1）仔细检查离心机是否放置平稳，转子等各个部件是否完整无损。

2）接通电源，开启电源开关；按"停止"键，离心机的门盖会自动打开，确认内部无任何杂物后，选择离心所需的转子，按要求准确安装。

3）设置离心参数（包括转子型号、转速或离心力、温度和时间）。

4）关闭离心机顶盖，使离心机启动制冷系统预冷。

5）将需离心的样品管或平衡管用天平完全配平，对称放入相应转子中，并确认安装正确后关闭离心机内盖和门盖。

6）再次确认离心机实时温度符合设置，各参数设定正确后，按"开始"键启动离心机。在运行过程中，须确认离心机无异常震动或声响，并达到设定的各项参数指标，尤其是转速和时间。

7）离心结束确认转速和时间均已经归零后，打开离心机门盖和内盖，小心取出离心后的样品。

8）取出离心转子，用洁净软布擦干机体内冷凝水。关闭电源，认真做好使用记录。

（3）超速离心机操作规范（以 Optima L-80XP 超速离心机为例）。

1）检查超速离心机各个部件完整无损后接通电源，打开电源开关。

2）打开离心机门盖，确认内部无任何杂物后，选取本次离心操作所需并与所用离心机相配套的转子，按要求准确安装。同时，在离心机上设置所用转子的型号，以及与之配合的转速、运行温度和运行时间。

3）选用与所用转子相适配的专用离心管，确认离心管无任何破损后，将需离心分离的样品加入。确保样品管或平衡管严格配平后，将样品管以及平衡管对称放入转子孔腔中（如果离心管和转子孔腔带有编号，则将离心管准确放入与之相应编号的转子孔腔中），拧紧转子盖，关闭离心机盖。

4）按"VACUUM"键，启动真空系统。当离心机表盘显示的真空值降至转速所需数值以下时，按"ENTER"键。再次确认各项技术指标正常后，按"START"键，启动离心运行系统。在运行过程中，须确认离心机无异常震动或声响，并达到设定的各项参数指标，尤其是转速和时间。

5）离心结束确认转速和时间均已经归零后，再次按"VACUUM"键，解除真空状态，直至气压平衡。然后打开机盖，小心拿出转子，取下离心管和平衡管，取出离心样品。

6）关闭电源，认真做好使用记录。

二、烘箱的操作规范及使用注意事项

（一）烘箱的操作规范

（1）把需干燥处理的物品放入烘箱内，关好箱门。

（2）打开电源开关。

（3）设定需要的温度和时间后，启动烘干操作。

（4）结束后关闭电源，取出干燥物品。

（二）烘箱使用注意事项

（1）烘箱应配备专用的电源插座，使用前须确认供电电压符合所用设备的要求。

（2）烘箱应放置在具有良好通风条件的室内，不要紧贴墙壁，严禁在其周围放置易燃易爆物品。

（3）烘箱使用温度不能超过其最高限定温度。当烘箱使用温度超过 100 ℃时，不得触摸工作箱门、观察门及箱体表面，以防烫伤。

（4）禁止用烘箱烘烤易燃、易爆、易挥发及有腐蚀性的物品。

（5）烘箱内物品放置不能过挤，必须留出一定的空间。注意不要有任何物品插入或堵住进风口、出风口阻挡空气循环。

（6）使用过程中箱门尽量不要频繁打开，以免影响内部恒温。当需要观察工作室内样品情况时，可开启外道箱门，透过玻璃门观察。

（7）有鼓风的烘箱，在加热和恒温的过程中需将鼓风机开启，否则会影响烘箱内温膛的均匀性和损坏加热元件。

（8）烘箱运行过程中需有人值守，或者定期检查，以免发生事故。

三、马弗炉的操作规范及使用注意事项

（一）马弗炉的操作规范

（1）放入煅烧样品（特殊情况需戴防护手套）。

（2）设置参数（升温速率不得过快，防止"飞温"）。

（3）关闭箱门，箱门必须关闭严密以保证保温性能。

（4）启动运行，结束时箱体内温度下降至室温后才能开启箱门。

（二）马弗炉使用注意事项

（1）当马弗炉第一次使用或长期停用后再次使用时，必须进行烘炉。烘炉的操作应为室温至 200 ℃烘 4 h，200~600 ℃烘 4 h。使用时，炉温最高不得超过额定温度，以免烧毁电热元件。禁止向炉内灌注各种液体及易溶解的金属，马弗炉最好在低于最高温度 50 ℃以下工作，此时炉丝有较长的寿命。

（2）马弗炉和控制器必须在相对湿度不超过 85%、没有导电尘埃、爆炸性气体或腐蚀性气体的场所工作。凡附有油脂类金属材料加热时，有大量挥发性气体产生，将影响和腐蚀电热元件表面，使之销毁或缩短寿命。因此，加热时应及时预防和做好密封工作或适当开孔加以排除。

（3）不得在马弗炉尚未降温时开启箱门，防止灼伤。

（4）马弗炉控制器应限于在环境温度为 0~40 ℃范围时使用。

（5）根据技术要求，定期检查电炉、控制器各接线的连线是否良好，指示仪指针运动

时有无卡住滞留现象，并用电位差计校对仪表因磁钢、退磁、涨丝、弹片疲劳、平衡破坏等引起的误差增大情况。

（6）热电偶不要在高温时骤然拔出，以防外套炸裂。

（7）经常保持炉膛清洁，及时清除炉内氧化物之类的东西。烘箱运行中需有人值守或定期检查。

（8）管式炉的气路需要设置安全瓶以及尾气处理瓶。

四、通风橱的操作规范及使用注意事项

（一）通风橱操作规范

（1）打开电源，启动风机系统，确定通风处于排风状态，然后打开照明灯。

（2）将玻璃视窗升至使用者手肘处，操作人员仅将手伸入通风橱内进行试验操作，而胸部以上则被玻璃视窗的安全钢化玻璃隔离保护。

（3）使用结束后，依次关闭风机、照明灯和电源。

（4）将通风橱内及时打扫干净，并将玻璃视窗还原到最低位置。

（二）通风橱使用注意事项

（1）通风橱内应避免放置非必要物品、器材等，严禁放置易燃易爆品。

（2）使用通风橱时，须开启排风后才能进行操作。

（3）操作强酸、强碱以及挥发性有害气体时，必须拉下通风橱的玻璃视窗，试验操作过程中严禁将玻璃视窗完全打开。

（4）实验人员在使用通风橱时，严禁将头伸入玻璃视窗内。

（5）实验结束后，严禁立即关闭通风橱。通风橱应继续通风 $1\sim2$ min，确保通风橱内有毒有害气体或残留废气被全部排出。

五、实验室用粉碎机的操作规范及使用注意事项

（一）粉碎机操作规范（以 DFT-150 为例）

（1）开机前准备。检查零件的完好和紧固情况，特别是刀片等高速运转零部件必须牢固；检查粉碎机在机座上是否牢固；检查轴承的润滑状况；打开粉碎室顶盖，检查粉碎室有无杂物。

（2）开机。

1）上述检查完毕，启动电机空载运行，如各部分运行状况正常，待转速正常后方可负载运行。

2）将物料均匀放置在粉碎室内，物料必须事先烘干，不得将潮湿物料放入粉碎室。

3）安装粉碎机顶盖，检查快速拆卸装置是否牢固，防止运行过程中顶盖松脱。

4）接通电源，打开电源开关，此时需手握粉碎机把手，并向下用力以稳固运行中的粉碎机。

（3）关机。粉碎完成后，关闭电源，待刀片停止转动后再开启顶盖，样品清理完毕后，清理粉碎室，必要时用酒精擦拭，防止粉碎室以及刀片锈蚀埋下安全隐患。

（二）注意事项

（1）粉碎机不得长时间运行，否则电机与轴承会持续升温，粉碎机温度较高时应停止运行，待冷却后再次运行。

（2）刀片、衬圈要经常检查磨损情况，磨损会导致粉碎粒度变粗，生产率下降。若发现磨损应立即更换。

（3）若发现运行过程中有震动、杂音、轴承与电机温度过高、向外喷料等现象，应立即停止运行，排除故障后方可继续工作。

（4）应仔细检查所粉碎物料，不得混有石块、金属等异物，以免损坏机器。

（5）严禁粉碎机开盖运转。

六、消解仪操作规范及使用注意事项

（一）微波消解仪操作规范（以 ETHOS-TC 为例）

（1）检查仪器是否运行正常，转子是否干净，容器是否已清洗干净。

（2）将准确称量好的样品倒入消解罐内，标记样品，再加入适量的 HNO_3、H_2O_2 等溶液后轻微摇匀，保证消解罐内液体体积不少于 8 mL。使用内插罐时，总试剂量要求在 2 mL 以内。

（3）依次插好内插罐，盖好后放入加好试剂的内罐中，盖上消解罐盖子，将垫片及弹性安全帽按顺序放在消解罐盖子上，再将消解罐放入主控罐中。

（4）将放入消解罐的主控罐放入圆盘架中，并利用定位销定位，防止主控罐移动。使用专用扭力扳手（旋钮右旋）将主控罐固定后放入微波消解仪内腔圆盘中（扳手在扭紧的过程中听到一声"咔嗒"声，说明消解罐盖子已经设定完毕，此时切勿再扭动扳手）。

（5）将温度传感器插入主控罐内，压紧温度传感器的固定插销，避免在转动过程中滑出，然后将温度传感器与主机腔体内部插口连接好。

（6）关闭腔体，打开微波消解仪电源，调出或设置消化程序，包括升温时间、恒温时间、所需温度及功率等。按"START"启动微波消解程序。

（二）注意事项

（1）微波消解仪在运行过程中或运行结束，若压力数字显示值不是"0"，不要按"清零"键。

（2）制样过程中，加热功率最大为 80%；当制样罐少于 4 个时，要使用 50% 以下的功率。

（3）在使用中除了可加热敞口容器中的水外，其他任何酸、碱、盐或固体物质，均不可单独在开口容器中加热。

（4）一定要保持消解罐内外罐间无液体或杂质存在，以免损坏消解罐。千万不要在消

解罐外套金属类外罩，否则将出现打火或击穿；微波制样中一定要避免将金属物质（如导线、金属块等）误放入谐振腔中。

（5）微波消解系统的消解罐为塑料制作的，不可用强的机械力，其螺纹易于滑丝，应适度用力。此外，压力测量接头也不能用力过大，防止损坏。

（6）一般消解罐中有机物干样应不超过 0.5 g。样品消解常用试剂是 HNO_3、HCl、H_2O_2 等。H_3PO_4、H_2SO_4 和 $HClO_4$ 等高沸点和易爆试剂不能单独使用。对于样品和试剂反应剧烈的消解制样，应先在开口状态下置于通风橱内反应，待反应平静后，盖上容器盖，将容器放入消解制样系统中。

（7）消解罐内样品、试剂总体积不能超过内杯容积的30%。

（8）从制样系统中取出消解罐后，不要用凉水冲凉，否则将导致消解罐外罐变形或破裂。

（9）严禁消化含有机溶剂或者挥发性溶剂的样品，如要消化，应先水浴烘干溶剂。

（10）使用电热消解仪时必须在通风橱中操作，防止消解过程中有害气体的扩散。

（11）使用电热消解仪时，不得直视消解罐内部，防止液滴飞溅伤人。

任务四　污水处理厂安全生产基本知识

一、安全生产教育

在污水处理厂的运行生产过程中，会因为一些不安全、不卫生的因素导致一些人身伤亡、设备损坏的事故，影响环境效益、社会效益、经济效益。所以必须在生产运行中采取必要的防护措施，防止危害劳动者的健康与安全和破坏设备设施。加强对干部职工的安全教育和培训是贯彻落实各项安全生产规章制度、确保安全生产的重要保证。

（1）全体干部职工要自觉学习安全操作技术，提高业务技能。

（2）厂每月组织一次全厂性的安全学习，每年进行两次安全技能、安全知识的考核。

（3）新进厂职工必须经过厂、车间或科室、岗位三级安全教育，合格后方准上岗。

（4）调换工种人员、复工人员，必须经过车间、岗位二级安全教育，合格后方准上岗。

（5）电工、金属焊接（气割）工、机动车辆驾驶工、锅炉司炉工、压力容器操作工、有害有毒物质检测人员等特种作业人员，必须经劳动行政部门进行专门的安全技术培训，经考试合格取得操作证后，方准上岗。取得操作证的特种作业人员，必须按规定定期进行复审。

二、安全职责

（1）污水处理厂主要负责人对本单位安全生产工作负有的责任：

1）建立、健全本单位安全生产责任制。

2）组织制定本单位安全生产规章制度和安全操作规程。

3）保证本单位安全生产投入的有效实施。

4）督促、检查本单位的安全生产工作，及时消除生产安全事故隐患。

5）组织制定并实施本单位的生产事故应急救援预案。

6）及时、如实报告生产安全事故。

（2）厂安全委员会职责：在各项工作中，贯彻执行"安全第一，预防为主，综合治理"的方针，贯彻落实各项法律法规规章及本厂安全制度。定期召开会议，分析全厂安全生产形势，研究对策，制订安全管理目标及达标措施。

（3）厂安全部门职责：

1）审查厂劳动安全技术措施计划。

2）负责全厂职工的安全教育。

3）负责全厂职工劳动防护用品用具的计划编制、采购、发放和使用管理。

4）组织协调有关部门制定安全生产制度和安全操作规程，并对这些制度和规程的贯彻执行进行监督、检查。

5）参加厂新建、改建、扩建项目劳动安全卫生工程技术措施的设计审查和竣工验收。

6）参加厂职工伤亡事故的调查处理并负责统计上报。

（4）车间、科室安全领导小组职责：

1）落实厂劳动安全技术措施计划。

2）负责本车间、科室职工的安全教育。

3）负责本车间、科室职工劳动防护用品用具的发放和使用管理。

4）负责落实安全生产和安全操作规程，并加以检查和总结。

5）参加本车间、科室职工伤亡事故的调查处理并上报。

三、安全生产的一般要求

污水处理厂的工艺涉及许多方面，设备的种类也非常多，污水处理厂有高压电路、高速风机、易燃气体和压力容器等，安全生产特别重要。因此为了保证处理厂的高效正常运转，每一座污水处理厂必须有相应的运行管理、安全操作和维护保养条例。新建的污水处理厂可根据和参考我国相关的国家行业标准《城镇污水处理厂运行、维护及安全技术规程》（CJJ 60—2011）制定更符合本企业实际情况的条例。

四、防毒气

污水处理厂内存在有毒有害气体，应注意预防。

（1）污水处理厂的进水渠（管道）中，各种浓缩池、地下污水、污泥闸门井、不流动的污水池内以及消毒设施内都能产生或存在有毒有害气体。这些有毒有害气体虽然种类繁多成分复杂，但根据危害方式的不同，可将它们分为有毒气体、腐蚀性气体和易燃易爆气体三大类。

1）有毒气体是通过人的呼吸器官对人体内部其他组织器官造成危害的气体，如硫化氢、氰化氢、一氧化碳、二氧化碳等气体。

2）腐蚀性气体一般是消毒气体，如氯气、臭氧、二氧化氯等，发生泄漏时，对呼吸系统起腐蚀作用而产生伤害。

3）易燃易爆气体是通过与空气混合达到一定比例时遇明火引起燃烧甚至爆炸而造成

危害，如甲烷、氢气等。

（2）在污水处理厂内产生有毒有害气体的部位设置通风装置和检测报警装置，并给相关工作人员配备个人防护器具，如空气呼吸器、防酸碱工作服和工作靴、防毒气的呼吸滤罐等。

（3）必须对职工长期不间断地进行防硫化等毒气的安全教育，让每一个人都熟知毒气的性质、特征，泄漏后或报警后采取正确有效的保护抢险措施和中毒后自救或他救的正确方法，避免盲目施救，导致伤亡事件扩大。另外，还要用已经发生过的、全国各地已有的中毒事故案例教育职工。

五、安全用电

对污水处理厂职工来说，必须遵守以下安全用电要求。

（1）操作电气设备的职工必须持证上岗，到特种特备管理部门规定的场所接受培训并考试合格后，持有特种设备操作证才能操作电气设备。

（2）操作电气设备必须穿绝缘鞋，操作高压设备还应穿相应等级的绝缘靴，戴绝缘手套。

（3）损坏的电气设备应请专门电工及时修复。

（4）电气设备金属外壳应有效地接地。

（5）移动电器工具要有三眼（四眼）插座，要有三芯（四芯）坚韧橡胶线或塑料护套线，室外移动性闸刀开关和插座等要装在安全电箱内。

（6）手提行灯必须要用 36 V 以下电压，特别是在潮湿的环境（如水沟中，管道沟槽内有水的地方），电压不得超过 12 V。

（7）注意使电气设备在额定容量范围内使用。各种临时线不能私自乱接，应请电工专门接线。用完后立即拆除，避免有人触电。

（8）电气设备的控制按钮应有警告牌，以备电气设备维护修理时用。

（9）要遵守安全用电操作规程，特别是遵守保养和检修电气的工作票制度，以及操作时使用必要的绝缘工具。

（10）要有计划地进行安全活动，如学习安全用电知识，分析发生事故的苗头，进行防触电的演习和操作。学习触电急救法，特别是触电者呼吸停止，脉搏、心脏停止跳动时，必须立即施行人工呼吸及胸外心脏按压法。这就需要电工在平常训练时熟练掌握，以备在突然发生人员触电时抢救得当、及时。

（11）污水处理厂职工还应懂得电气灭火知识，当发生电器火灾时，首先应切断电源，然后用不导电的灭火器灭火。不导电的灭火器有粉末灭火器、二氧化碳灭火器等。这些手提灭火器绝缘性能好，但射程不远，所以灭火时，不能站得太远，应侧身站在上风向灭火。

六、防溺水和防高空坠落

污水处理厂构筑物大都是有水的池子，如曝气池、沉砂池、预浓缩池、消化池等，防止掉入池中溺水尤为重要。这些池子离地面有一定的高度，因此还应防坠落。

（1）水池周边必须设置若干救生圈，救生圈应拴上足够长的绳子，以备急救时用。

（2）在水池周边工作时，应穿救生衣，以防落入水中。

（3）水池周边必须设置可靠护栏，栏杆高度应高于 1.2 m。在需要职工工作的通道上要设置开关可靠的活动护栏，方便工作。

（4）水池上的走道不能有障碍物、凸出的螺栓根、横在道路上的东西，防止巡视时不小心被绊倒。

（5）水池上的走道面不能太光滑，也不能高低不平，应设置安全的行走通道。

（6）在水池周边工作时，不要单独行动，应至少两人，一人操作，一人监护。在曝气池工作时，还要扎上安全带，工作人员意外坠落曝气池时，可马上将之拽出水面，以确保安全。

（7）污水处理厂中的钢格板、铁栅栏、检查井盖、压力井盖等易被腐蚀。发现有腐蚀严重、缺失、损坏时应及时更换和维修，以免工作人员不注意，坠入井中或地下，造成伤亡。

（8）登高作业包括换水池上的灯泡、到水池的桥上工作等，放空水池后要进出空池作业也相当于登高作业。登高作业时应牢记"三件宝"（安全帽、安全带、安全网），并遵守登高作业的其他一系列规定。

（9）当遇恶劣天气，如刮风天、雷雨天、大雪天、冰冻天、冰雹天等，不应登高作业。确因抢险要登高作业，必须采取特别的安全措施，确保不发生危险。

七、防雷

（1）雷雨天不宜使用电话，不宜使用水龙头，以避免高压电沿接受信号线或金属管道进入人体造成危害。

（2）在户外工作遇雷雨天气应尽量进入室内，必须在户外工作时应穿不透水的防水雨衣和绝缘水靴，离开空旷场地和水池面。更不能站在楼顶或凸出的物体上。要远离树木、电线杆、灯杆等尖耸物体。

（3）切勿接触金属门窗、电线、带电设备或其他类似金属装置。

（4）在室内避雷时应关闭门窗，防止球形雷侵入，最好不要收看电视、听收音机、操作计算机等，也不要接触室内的金属管道、电线等。

（5）污水处理厂构筑物、变配电站都要设避雷装置。

八、防火防爆

（1）污水处理厂防火防爆应首先划出重点防火防爆区（如污泥消化区），重点防火防爆区的电机、设备设施都要用防爆类型的，并安装检测装置、报警器。进入该区禁止带火种、打手机、穿铁钉鞋或有静电工作服等。重点部位设置防火器材。

（2）学习掌握有关安全法规，防火防爆安全技术知识，防火防爆器材操作。平时按计划要求严格训练，定期或不定期进行安全检查，及时发现并消除安全隐患，做到"安全第一，预防为主"。配备专用有效的消防器材、安全保险装置和设施，专人负责确保其随时可用于灭火。

（3）消除火源，易燃易爆区域严禁吸烟。维修动火实行危险作业填动火票制度。易产生电气火花、静电火花、雷击火花、摩擦和撞击火花处应采取相应的防护措施。

（4）控制易燃、助燃、易爆物，少用或不用易燃、助燃、爆炸物。用时要加强密封，防止泄漏。加强通风，降低可燃、助燃、爆炸物浓度，使之达不到爆炸极限或燃烧条件。

习　题

一、单选题

1. 化学药品存放室要有防盗设施，保持通风，下列哪项试剂存放正确？（　　）
   A. 可以存放在走廊上
   B. 大量危险化学品存放在实验室
   C. 按不同类别分类存放

2. 使用易燃易爆的化学药品，不正确的操作是（　　）。
   A. 在通风橱中进行操作　　　　　　　B. 加热时使用水浴或油浴
   C. 不可猛烈撞击　　　　　　　　　　D. 可以用明火加热

3. 采用下列哪种方法对受污染的移液管消毒灭菌后，再用自来水冲洗及去离子水冲净（　　）。
   A. 肥皂水中浸泡
   B. 高压消毒锅中
   C. 适宜的消毒剂中浸泡
   D. 适宜的消毒剂中浸泡和高压灭菌锅中

4. 以下是酸灼伤的处理方法，其顺序为（　　）。
   ①以 1%~2%NaHCO$_3$ 溶液清洗；②立即用大量水清洗；③送医院
   A. ①③②　　　　　B. ②①③　　　　　C. ③①②　　　　　D. ③②①

5. 有些固体化学试剂（如硫化磷、赤磷、镁粉等）与氧化剂接触或在空气中受热、受冲击或摩擦能引起急剧燃烧，甚至爆炸。使用这些化学试剂时，要注意（　　）。
   A. 周围环境湿度不要太高
   B. 周围温度一般不要超过 30 ℃，最好在 20 ℃以下
   C. 不要与强氧化剂接触
   D. 以上都是

6. 容器中的溶剂或易燃化学品发生燃烧应如何处理（　　）。
   A. 用灭火器灭火或加沙子灭火
   B. 用不易燃的瓷砖、玻璃片盖住瓶口
   C. 用湿抹布盖住瓶口
   D. 加水灭火

7. 不需要放在密封的干燥器内的药品是（　　）。
   A. 三氯化磷　　　　　　　　　　　　B. 盐酸
   C. 过硫酸盐　　　　　　　　　　　　D. 五氧化二磷

8. 当不慎把少量浓硫酸滴在皮肤上（在皮肤上没形成挂液）时，正确的处理方法是（　　）。
   A. 用酒精棉球擦　　　　　　　　　　B. 不作处理，马上去医院
   C. 用碱液中和后，用水冲洗　　　　　D. 用水直接冲洗

9. 关于存储化学品说法错误的是（　　）。

A. 遇火、遇潮容易燃烧、爆炸或产生有毒气体的危险化学品，不得在露天、潮湿、漏雨或低洼容易积水的地点存放

B. 受阳光照射易燃烧、易爆炸或产生有毒气体的危险化学品和桶装、罐装等易燃液体、气体应当在密闭地点存放

C. 防护和灭火方法相互抵触的化学危险品，不得在同一仓库或同一储存室存放

D. 化学危险物品应当分类、分项存放，相互之间保持安全距离

10. 进行危险物质、挥发性有机溶剂、特定化学物质或毒性化学物质等操作实验或研究，说法错误的是（　　）。

A. 无所谓

B. 必须戴防护手套

C. 必须戴防护口罩

D. 必须戴防护眼镜

二、判断题

1. 通常有害药品经呼吸器官、消化器官或皮肤吸入体内，引起中毒。因此，切忌口尝、鼻嗅及用手触摸药品。（　　）

2. 在使用高压灭菌锅、烤箱等高压加热设备时，必须有人值守。（　　）

3. 学生在实验中应严格按照要求和规范使用手术器械，注意手术器械使用安全，严禁用手术器械进行与实验无关的事情。（　　）

4. 开展病原微生物实验时，可用超净工作台替代生物安全柜。（　　）

5. 可将食物储藏在实验室的冰箱或冷柜内。（　　）

6. 发生危险化学品泄漏事故后，应该向上风方向疏散。（　　）

7. 因为乙醚长时间与空气接触可以形成羟乙基过氧化氢，成为一种具有猛烈爆炸性的物质。因此，在蒸馏乙醚时不能将液体蒸干。（　　）

8. 在实验室发生事故时，现场人员应迅速组织、指挥，切断事故源，尽量阻止事态蔓延、保护现场，及时有序地疏散学生等人员，指挥现场已受伤人员作好自助自救、保护人身及财产安全。（　　）

9. 烧杯、烧瓶及试管等直接加热时比较安全。（　　）

10. 浸泡玻璃器皿的酸缸必须有防护罩，不得敞开放置。（　　）

三、简答题

1. 实验室三废处理的注意事项有哪些？

2. 使用烘箱时应注意哪些事项？

3. 通风橱操作时有哪些注意事项？

4. 环境监测技术实验室危险源有哪些，怎样控制这些危险源？

5. 环境监测技术实验室防火防爆措施有哪些？

项目九　安全事故应急处置

任务一　实验室安全及事故应急处置

环境监测技术实验室中通常存放有大量具有腐蚀性、毒性（甚至是剧毒）、易燃性及易爆性的试剂。此外，实验中经常进行加热、灼烧等明火或高温操作，还常用到多种电器设备。实验人员如果操作不当或粗心大意，很容易发生火灾、爆炸、中毒与灼伤、外伤等危险事故。据相关数据表明，在高校实验室事故中，爆炸与火灾占68%。火灾与爆炸的毁坏力极大，对实验人员的人身安全危害十分严重，因此必须对此类事故给予足够的重视。

一、火灾事故

环境监测技术实验室容易发生火灾事故，其中电气火灾是实验室火灾的主要原因，包括线路短路、超负荷、接点接触不良而产生电火花，设备过热，静电等。其次，实验操作中常用的许多化学药品（如易燃有机液体）和仪器设备（如干燥箱、高压钢瓶等）具有易燃性或易爆性，如操作不当很有可能造成火灾甚至爆炸等事故。

（一）火灾的预防

为预防火灾，应遵守以下几点。

（1）加强实验室人员消防安全教育，定期开展消防模拟演练。

（2）实验室要严格管理烟火，加强电气管理，定期对实验系统、用电线路和供电线路进行检查。

（3）不得私自拉接临时供电线路。电源或电器的保险丝烧断时，应先查明原因，排除故障后再按原负荷换上适宜的保险丝，不得用铜丝替代。使用高压电源工作时要穿绝缘鞋，戴绝缘手套并站在绝缘垫上。

（4）应建立用电安全定期检查制度。发现电器设备漏电要立即修理，绝缘设施损坏或线路老化要及时更换。

（5）电器装置必须符合现行国家标准《爆炸性气体环境用电阻加热器通用技术要求》（GB/T 34663—2017）和《建筑电气工程施工质量验收规范》（GB 50303—2015）。

（6）易燃易爆试剂分类、分组存放，专柜限量储存，专人保管。存储区与明火、可能产生电火花的设备、变电箱等保留大于15 m的防火间距，且在实验中操作易燃易爆试剂时要远离火源、热源。

（7）使用氧气钢瓶时，不得让氧气大量溢入室内。在含氧量约为25%的空气中，物质燃烧所需温度要比在空气中低得多，且燃烧剧烈，不易扑灭。

（8）严禁在开口容器或密闭体系中用明火加热有机溶剂，当用明火加热易燃有机溶剂时，必须配有蒸气冷凝装置或合适的尾气排放装置。

（9）使用烘箱和高温炉时，必须确认自动控温装置可靠，同时还需人工定时监测温度，以免温度过高。不得将含有大量易燃、易爆溶剂的物品放入烘箱和高温炉加热。

（10）燃着的或阴燃的火柴梗不得乱丢，应放在表面皿中，实验结束后一并投入废物缸。

（二）火灾事故处理

预防火灾事故的发生非常重要，但如果事故已经发生，就需要进行应急处置。只要掌握必要的消防知识，并采取适时且合理的补救措施，一般可以迅速灭火。实验室发生火灾事故时一般不用水灭火。这是因为水能和一些药品（如钠）发生剧烈反应，用水灭火时会引起更大的火灾甚至爆炸，并且大多数有机溶剂不溶于水且比水轻，用水灭火时有机溶剂会浮在水上面，反而扩大火场。

（1）实验室必备灭火器材。

1）沙箱。将干燥沙子储于容器中备用，灭火时，将沙子撒在着火处。干燥沙子对扑灭金属起火特别安全有效。平时经常保持沙箱干燥，切勿将火柴梗、玻璃管、纸屑等杂物随手丢入其中。

2）灭火毯。通常用大块石棉布作为灭火毯，灭火时包盖住火焰即可。近年来已确证石棉有致癌性，故应改用玻璃纤维布。沙子和灭火毯经常用来扑灭局部小火，必须妥善安放在固定位置，不得随意挪作他用，使用后必须归还原处。

3）二氧化碳灭火器。二氧化碳灭火器是实验室最常使用，也是最安全的灭火器。其钢瓶内储有液态 CO_2，特别适用于油脂和电器起火，但不能用于扑灭金属着火。CO_2无毒害，使用后干净无污染。

4）泡沫灭火器。$NaHCO_3$ 与 $Al_2(SO_4)_3$ 溶液作用产生 $Al(OH)_3$ 和 CO_2 泡沫，灭火时泡沫把燃烧的物质包住，与空气隔绝而灭火。因泡沫能导电，不能用于扑灭电器着火，且灭火后污染严重，给火场清理工作带来麻烦，故一般非大火时不用它。

5）干粉灭火器。干粉灭火器内装有磷酸铵盐干粉灭火剂。主要用于扑救石油、有机溶剂等易燃液体、可燃气体和电器设备引起的初起火灾。

（2）实验室防火措施。

1）若遇火灾，立即拨打 119 报警，同时应立即熄灭附近所有火源，切断电源，移开易燃易爆物品，并视火势大小，采取不同的扑灭方法，防止火势蔓延。

2）对在容器（如烧杯、烧瓶、热水漏斗等）中发生的局部小火，可用石棉网、表面皿等盖灭。

3）有机溶剂在桌面或地面上蔓延燃烧时，不得用水冲，可撒上细沙或用灭火毯扑灭。

4）若钠、钾等金属着火，通常用干燥的细沙覆盖。严禁使用水和四氯化碳灭火器，否则会导致猛烈爆炸，也不能用 CO_2 灭火器。

5）若衣服着火，切勿慌张奔跑，以免风助火势。化纤织物最好立即脱除。一般小火可用湿抹布、灭火毯等包裹使火熄灭。若火势较大，可就近用水龙头浇灭。必要时可就地卧倒打滚，可防止火焰烧向头部，同时身体在地上压住着火处，使火熄灭。

6）在反应过程中，若因冲料、渗漏、油浴等引起反应体系着火，情况比较危险时，处理不当会加重火势。扑救时必须谨防冷水溅在着火处的玻璃仪器上，必须谨防灭火器材击破玻璃仪器，造成严重的泄漏而扩大火势。有效的扑灭方法是用几层灭火毯包住着火部位，隔绝空气使其熄灭，必要时在灭火毯上撒些细沙。若仍不奏效，必须使用灭火器，由火场周围逐渐向中心处扑灭。

二、爆炸事故

（一）实验室爆炸事故原因

（1）随意混合化学药品。氧化剂和还原剂的混合物反应过于激烈失去控制或在受热、摩擦、受撞击时发生爆炸。

（2）在密闭体系中进行蒸馏、回流等加热操作。

（3）在加压或减压实验中使用不耐压的玻璃仪器。

（4）大量易燃易爆气体，如氢气、乙炔、煤气和有机蒸气等逸入空气，引起燃爆。

（5）一些本身容易爆炸的化合物，如硝酸盐类、硝酸酯类、芳香族多硝基化合物、乙炔及其重金属盐、有机过氧化物（如过氧乙醚和过氧酸）等，受热或被敲击时会爆炸。强氧化剂与一些有机化合物（如乙醇和浓硝酸）混合时也会发生猛烈的爆炸反应。

（6）在使用和制备易燃、易爆气体（如氢气、乙炔等）时，不在通风橱内进行，或在其附近点火。

（7）搬运气体钢瓶时不使用钢瓶车，而让气体钢瓶在地上滚动，或撞击气体钢瓶表头，随意调换表头，或气体钢瓶减压阀失灵等。表 9-1 中列出的混合物都发生过意外的爆炸事故。

表 9-1　易发生爆炸事故的混合物

镁粉和重铬酸铵	混合有机化合物
镁粉和硝酸银 （遇水发生剧烈爆炸）	还原剂和硝酸铅
	氯化亚锡和硝酸铋
镁粉和硫黄	浓硫酸和高锰酸钾
锌粉和硫黄	三氯甲烷和丙酮
铝粉和氧化铅	铝粉和氧化铜

（二）爆炸事故的预防与急救

凡有爆炸危险的实验应该遵守以下操作规范。

（1）凡是有爆炸危险的实验，必须遵守实验教材中的指导，并在专门防爆设施（或通风橱）中进行。

（2）高压实验必须在远离人群的实验室中进行。在做高压、减压实验时，应使用防护屏或防爆面罩。

（3）禁止随意混合各种化学药品，如高锰酸钾和甘油。

（4）在点燃氢气、一氧化碳等易燃气体之前，必须先检验气体纯度，防止爆炸。

（5）银氨溶液不能留存，因银氨溶液久置后将变成叠氮化银（AgN_3）沉淀，其易爆炸。

（6）某些强氧化剂（如氯酸钾、硝酸钾、高锰酸钾等）或其混合物不能研磨，否则会发生爆炸。

（7）钾、钠应保存在煤油中，磷可保存在水中，取用时用镊子。一些易燃的有机溶剂，要远离明火，用完后立即盖好瓶塞。

（8）搬运气体钢瓶时应使用钢瓶车。不得让气体钢瓶在地上滚动，不得撞击气体钢瓶表头，更不得随意调换表头。

（9）在使用和制备易燃、易爆气体，如氢气、乙炔等时，必须在通风橱内进行，且不得在其附近点火。

（10）如果发生爆炸事故，首先将受伤人员撤离现场，拨打120呼叫救护车，送往医院急救，同时立即切断电源，关闭煤气和水龙头。如已引发其他事故，则按相应办法处理。

三、中毒与灼伤事故

某些化学药品使用不慎可能造成中毒或灼伤事故。

（一）化学中毒和灼伤事故的预防

（1）化学中毒原因。由呼吸道吸入有毒物质的蒸气；通过皮肤、眼睛等直接接触进入人体；误食有毒药品。

（2）灼伤则主要是因为皮肤或眼睛直接接触强腐蚀性物质、强氧化剂、强还原剂（如浓酸、浓碱、氢氟酸、钠、溴等）。

（二）化学中毒与灼伤预防措施

（1）在进行某些有潜在危险的试验操作时应该戴防护眼镜，防止眼睛受刺激性气体熏染，防止任何化学药品（特别是强酸、强碱）及玻璃屑等异物进入眼内。

（2）禁止用手直接取用任何化学药品，使用有毒的化学试剂时除用药匙、量器外必须戴橡胶手套，试验完成后马上清洗仪器用具，并立即用肥皂洗手。

（3）尽量避免吸入任何药品和溶剂蒸气。处理具有刺激性、恶臭和有毒的化学药品（如 H_2S、NO_2、Cl_2、Br_2、CO、SO_2、SO_3、HCl、HF、浓硝酸、发烟硫酸、浓盐酸、乙酰氯等时）必须在通风橱中进行。

（4）严禁在酸性介质中使用氰化物。

（5）禁止口吸移液管来移取浓酸、浓碱、有毒液体，应该用洗耳球吸取。禁止冒险品尝药品试剂，不得用鼻子直接嗅气体，而应该用手向鼻孔扇入少量气体。

（6）不要用乙醇等有机溶剂擦洗溅在皮肤上的药品，这种做法反而会增加皮肤对药品的吸收。

（7）实验室里禁止吸烟、进食、饮水、打赤膊以及穿拖鞋。

（三）化学中毒和灼伤的急救

（1）化学中毒的急救措施。发生化学中毒时，必须采取紧急措施，并立即将中毒者送往医院救治。

1）呼吸系统中毒时，应立即将中毒者撤离现场。将中毒者转移到通风良好的地方，让其呼吸新鲜空气。中毒轻者会较快恢复正常。若发生休克昏迷，可给中毒者吸入氧气及进行人工呼吸，并迅速送往医院。

2）若消化道中毒，应立即给中毒者洗胃，常用的洗胃液有食盐水、肥皂水、3%～5%$NaHCO_3$溶液，边洗边催吐，洗到基本没有毒物后服用生鸡蛋清、牛奶、面汤等解毒剂。

3）接触可经皮肤吸收的毒物，或因腐蚀性可造成皮肤灼伤的毒物时，应立即脱去受污染的衣物，并用大量清水冲洗，也可用微温水，禁用热水。

4）固体或液体毒物中毒时，有毒物质尚在嘴里的应立即吐掉，并用大量清水漱口。误食碱者，先饮大量水再喝些牛奶。误食酸者，先喝水，再服 $Mg(OH)_2$ 乳剂，最后饮些牛奶。不要用催吐药，也不要服用碳酸盐或碳酸氢盐。

5）重金属盐中毒者，喝一杯含有几克 $MgSO_4$ 的水，并立即就医。不要服催吐药，以免引起危险或使病情复杂化。砷和汞化物中毒者，必须紧急就医。

6）强酸性腐蚀性毒物中毒者，先饮大量水，再服氢氧化铝膏、鸡蛋清；强碱性毒物中毒者，最好先饮大量水，然后服用醋、酸果汁和鸡蛋清。不论酸或碱中毒都需饮些牛奶，不要吃催吐药。

（2）眼睛灼伤或进异物的急救措施。

1）化学试剂溅入眼内，任何情况下都要立即使用洗眼器洗涤或用大量水彻底冲洗眼睛，急救后必须迅速送往医院检查治疗。洗涤时可采用以下方法：立即睁大眼睛，用流动清水反复冲洗，边冲洗边转动眼球，但冲洗时水流不宜正对眼角膜方向。冲洗时间一般不得少于 15 min。若无冲洗设备或无他人协助冲洗，可将头浸入脸盆或水桶中，睁大眼睛浸泡十几分钟，同样可达到冲洗的目的。注意，若双眼同时受伤，必须同时冲洗。

2）若玻璃屑进入眼睛，要尽量保持平静，绝不可用手揉擦，也不要试图让别人取出碎屑，尽量不要转动眼球，可任其流泪，有时碎屑会随泪水流出。可用纱布轻轻包住伤者眼睛后，将其急送医院处理。若系木屑、尘粒等异物，可由他人翻开眼睑，用消毒棉签轻轻取出异物，或任其流泪，待异物排出后，再滴入几滴鱼肝油。

（3）皮肤灼伤的急救措施。

1）酸灼伤。硫酸灼伤后应立即用纸或布轻轻沾去残留酸，然后用大量水冲洗，切忌擦破皮肤。盐酸、硝酸灼伤时可立即用水冲洗，冲洗后，用 5% $NaHCO_3$ 溶液或氧化镁、肥皂水等中和留在皮肤上的氢离子，中和后仍继续冲洗。氢氟酸能腐蚀指甲、骨头，滴在皮肤上，会形成难以治愈的烧伤，皮肤若被其灼伤，应先用大量水冲洗 30 min 以上，再用冰冷的饱和硫酸镁溶液或70%酒精浸洗 30 min 以上；或用大量水冲洗后，用肥皂水或2%～5%$NaHCO_3$溶液冲洗，再用 5%$NaHCO_3$溶液湿敷；局部外用可的松软膏或紫草油软膏及硫酸镁糊剂。

2）碱灼伤。先用大量水冲洗，再用 2%醋酸溶液或 2%硼酸溶液冲洗，最后用水洗。冲洗后涂上油膏，并将伤口扎好。重者送医院诊治。

3）溴灼伤。立即用大量水冲洗后用酒精擦至灼伤处呈白色，然后涂上甘油或烫伤膏。在受上述灼伤后，若创面起水泡，均不宜把水泡挑破。

四、烫伤、割伤等外伤

在实验过程中使用火焰、蒸气、红热的玻璃和金属时易发生烫伤。割伤也是实验室常见的伤害，尤其是在向橡皮塞中插入温度计、玻璃管时，一定要用水或甘油润滑且用布包住温度计或玻璃管轻轻旋入，用力过猛易导致割伤。

（一）实验室常备药物

实验室应常备医药箱，医药箱专供急救用，不允许随便挪动，平时不得动用其中器具。医药箱内一般有下列急救药品和器具。

（1）治疗用品：剪刀、药棉、纱布、棉签、创可贴、绷带、镊子、棉签等。

（2）消毒剂：75%酒精、0.1%碘伏、3%过氧化氢、酒精棉球。

（3）创伤药：红药水、龙胆汁、消炎粉。

（4）化学灼伤药：5%$NaHCO_3$溶液、1%硼酸、2%醋酸、氨水、2%硫酸铜溶液。

（5）烫伤药：玉树油、蓝油烃、凡士林。

（二）实验室外伤急救方法

（1）割伤后首先必须检查伤口内有无玻璃碎屑等异物，用水洗净伤口，再擦碘伏或红药水，必要时用纱布包扎，也可在洗净的伤口上贴上创可贴。若伤口较大或过深而大量出血，要迅速包扎止血，并立即送医院诊治。

（2）一旦被火焰、蒸气、红热的玻璃或金属等烫伤时，立即用大量水冲淋或浸泡伤处，以迅速降温，避免深度烧伤。对于轻微烫伤，可在伤处涂些鱼肝油或烫伤油膏或万花油后包扎。一般用90%~95%酒精消毒后，涂上苦味酸软膏。如果伤处红痛或红肿，可用橄榄油或棉花沾酒精敷盖伤处；若皮肤起泡，不要弄破水泡，防止感染，用纱布包扎后送医院治疗。

任务二　污水处理厂安全应急处置

污水厂应根据实际情况制订应急预案，包括：触电应急预案、有毒有害气体中毒应急预案、防汛应急预案、氯气泄漏应急预案、消防应急预案、自然灾害预案等。为了将事故发生时对环境影响和对人身伤害降到最小，避免和减少人员伤害，可结合工厂的实际情况特别制订应急预案。

一、应急组织和职责

（1）公司成立应急指挥部：

1）总指挥：负责应急时的全面指挥工作，负责宣布应急预案的启动和解除。

2）副总指挥：负责现场指挥各专业应急小组。

总指挥在事故发生不在单位内时，总指挥工作由公司副总经理担任。

（2）应急指挥部下设组织：

1）通信联络组：负责公司内外部通信联络和信息沟通。

2）疏散救护组：负责现场人员疏散和伤员救护。

3）现场警戒组：负责现场警戒和现场保护。

4）抢险组：负责现场抢险和配合外部支援。

5）善后处理组：负责事故善后处理和生产恢复。

二、报警方式

（1）发生事故时，第一时间发现者应立刻报警，向中心控制室或调度中心、安技部门和厂领导报告。

（2）厂内各车间应有中控室或调度中心、安技部门、值班领导、附近医院、急救中心联系电话。

（3）设有报警装置的部位，应按动报警按钮。值班室接警后立即报告中心控制室或调度中心、安技部门、值班领导。

（4）由值班领导决定是否启动应急救援预案，向应急组织总指挥报告，请求外部支援。

三、应急预案的实施

（1）当发生中毒事故时，事故应急指挥部总指挥宣布紧急启动中毒应急预案。

（2）事故应急指挥部成员在接到总指挥命令后，应立即召集并组织各专业组到达事故现场。

（3）各专业组人员到达现场后，首先要摸清或确认中毒事故发生的位置、人员伤害情况，然后根据具体要求按各自职责和分工开展工作。

（4）现场警戒组人员应在事故现场周围按规定范围设置路障和标志带，以便控制通往事故现场的所有人行通道和交通道路，避免无关人员和车辆的驶入。

（5）疏散救护组人员应按规定路线、方法和程序将现场需要疏散的人员引导到安全地带，并点名登记，查清人数，确认可能缺少的人员。如发现有受伤人员，应采取必要的现场处置，伤势较重者要立即送往离事故现场最近的医院进行抢救，或请求120急救中心支援。

（6）抢险组人员应按职责和分工的要求，立即赶赴事故发生地，对国家财产和需救助的人员进行紧急抢险工作。

（7）善后处理组人员在救援工作结束后，进入事故现场开展相关工作。首先要对事故现场情况进行文字记载或拍照记录，而后要对事故现场清理，处理废弃物，组织相关人员初步调查事故原因，为恢复安全生产做准备。

（8）当事故妥善处理完毕后，由事故应急指挥部总指挥公布结束应急预案，事故现场警戒线撤除后，生产方可恢复。

四、应急设备和物资

（1）应准备有毒有害气体监测仪、防毒面具和空压机、空气呼吸器、安全带、绳索、梯子、药品、无线电话、车辆等。

（2）安全撤离通道设置安全应急灯和逃生标志。

五、应急预案的培训和演练

（1）安技部门负责厂内各岗位人员的应急预案的传达和培训。

（2）安技部门组织本应急预案的相关程序进行演练，演练做好记录，并以此评审和修改应急预案。

六、事故的处理

（1）事故发生后，各部门应立即清点本部门人员和受损物资情况，向安技部门书面汇报。

（2）设备动力部门配合相关部门对受损设备尽快修复并投入生产使用。

（3）配合政府做好事故调查工作，提出事故报告。

（4）事故发生部门总结本次事件的教训，在全体员工中实行安全事故的案例教育和有关培训，必要时开展纠正和预防措施，杜绝类似事件的再次发生。

习　题

一、单选题

1. 实验室如果有有毒有害气体产生，应该采取下列哪项措施？（　　　）

    A. 停止工作，人员离开实验室　　　　B. 在通风橱内工作

    C. 移到走廊工作　　　　　　　　　　D. 戴上口罩继续工作

2. 液化气发生火灾后不可采用（　　　）。

    A. 清水灭火器　　　　　　　　　　　B. 干粉灭火器

    C. 二氧化碳灭火器　　　　　　　　　D. 1121 灭火器

3. 下列实验操作中，说法正确的是（　　　）。

    A. 可以对容量瓶、量筒等容器加热

    B. 在通风橱操作时，可将头伸入通风柜内观察

    C. 非一次性防护手套脱下前必须冲洗干净，而一次性手套须从后向前把里面翻出来脱下后再扔掉

    D. 可以抓住塑料瓶或玻璃瓶子的盖子搬运瓶子

4. 恒温培养箱的使用最高温度为（　　　）。

    A. 60 ℃　　　　　　B. 100 ℃　　　　　　C. 45 ℃　　　　　　D. 80 ℃

5. 对于实验室的微波炉，下列哪种说法是错的？（　　　）

    A. 微波炉开启后，会产生很强的电磁辐射，操作人员应远离

    B. 严禁将易燃易爆等危险化学品放入微波炉中加热

    C. 实验室的微波炉也可加热食品

    D. 对密闭压力容器使用微波炉加热时应注意严格按照安全规范操作

6. 实验室各种管理规章制度应该（　　　）。

    A. 上墙或便于取阅的地方　　　　　　B. 存放在档案柜中

C. 由相关人员集中保管　　　　　　　D. 保存在计算机内

7. 师生进入实验室工作，一定要搞清楚（　　　）等位置，有异常情况，要关闭相应的总开关。

    A. 日光灯开关、水槽、通风橱

    B. 电源总开关、水源总开关

    C. 通风设备开关、多媒体开关、计算机开关

    D. 电源总开关和通风设备开关

8. 实验室、办公室等用电场所如需增加电器设备，以下说法正确的是（　　　）。

    A. 老师自行改装

    B. 须经学校有关部门批准，并由学校指派电工安装

    C. 学生可以私自改接

    D. 找电气相关专业学生改装

9. 对危险废物的容器和包装物以及收集、贮存、运输、处置危险废物的设施、场所，必须（　　　）。

    A. 设置危险废物识别标志

    B. 设置生活垃圾识别标志

    C. 不用设置识别标志

    D. 有时需要设置

10. 实验中如遇刺激性及神经性中毒，先服牛奶或鸡蛋白使之缓和，再服用（　　　）。

    A. 氢氧化铝膏，鸡蛋白

    B. 硫酸铜溶液（30 g 溶于一杯水中）催吐

    C. 乙酸果汁，鸡蛋白

    D. 白开水，鸡蛋白

二、简答题

1. 实验室预防火灾有哪些措施？

2. 实验室如何预防化学中毒与灼伤事故？

3. 实验室外伤急救方法有哪些？

4. 实验室常备药物有哪些？

5. 污水处理厂如何预防中毒事故的发生？

附 录

附表 1 月运行参数汇总表

年   月   日

日期	流量 /m³·d⁻¹	BOD₅ 进水 /mg·L⁻¹	BOD₅ 出水 /mg·L⁻¹	COD 进水 /mg·L⁻¹	COD 出水 /mg·L⁻¹	SS 进水 /mg·L⁻¹	SS 出水 /mg·L⁻¹	MLSS 氧化沟 /mg·L⁻¹	MLSS 回流泥 /mg·L⁻¹	MLVSS 回流污泥 /%	MLVSS 氧化沟 /%	TMLVSS /kg	F/M	剩余污泥 /kg·d⁻¹	曝气量 /m³·d⁻¹	SVI
1																
2																
3																
4																
5																
6																
7																
8																
9																
10																
11																
12																
13																
14																

续附表 1

日期	流量 /m³·d⁻¹	BOD₅ 进水 /mg·L⁻¹	BOD₅ 出水 /mg·L⁻¹	COD 进水 /mg·L⁻¹	COD 出水 /mg·L⁻¹	SS 进水 /mg·L⁻¹	SS 出水 /mg·L⁻¹	MLSS 氧化沟 /mg·L⁻¹	MLSS 回流泥 /mg·L⁻¹	MLVSS 回流污泥 /%	MLVSS 氧化沟 /%	TMLVSS /kg	F/M	剩余污泥 /kg·d⁻¹	曝气量 /m³·d⁻¹	SVI
15																
16																
17																
18																
19																
20																
21																
22																
23																
24																
25																
26																
27																
28																
29																
30																
31																
平均值																

附表 2　泵房巡检记录表

巡检日期：　　年　　月　　日

内容\时间	吸水池 水位正常	吸水池 无杂物	Ⅰ号泵 三相电压 V₁	V₂	V₃	电流 /A	温度 /℃	水压 /MPa	水温 /℃	设备状况	Ⅱ号泵 三相电压 V₁	V₂	V₃	电流 /A	温度 /℃	水压 /MPa	水温 /℃	设备状况	Ⅲ号泵 三相电压 V₁	V₂	V₃	电流 /A	温度 /℃	水压 /MPa	水温 /℃	设备状况

备注：　　　　　　　　　　　　　　巡检人员签名：

备注：　　　　　　　　　　　　　　巡检人员签名：

备注：　　　　　　　　　　　　　　巡检人员签名：

设备卫生情况：　　　构筑物卫生情况：　　　卫生责任区卫生情况：　　　室内外照明情况：

防护用品：　　　　　消防用品：　　　　　　卫生用品：

备注：　　　　　　　　　　巡检交班人员签名：　　　　　接班人员签名：

注：1. 各项目单位应根据实际情况进行制表。

　　2. 表格填写法：正常填"√"，异常填"×"，并在记录栏中填写异常情况，有数值的应填数值，不运行的设备填"—"，故障设备填"×"。

附表 3　泵房维护记录表

维护日期：　年　月　日　班

设备/构筑物名称	维护内容							备注
	清洁	润滑	死渣清除	防腐	紧固	调整	池底积泥清理	
I 号泵								
II 号泵								
III 号泵								
闸阀								
止回阀								
现场控制柜								
起重机								

维护人签名：

注：1. 完成相关维护内容后应在表中打"√"，无需填写的打"/"。

　　2. 如出现问题或做相应的处理应填写在备注中。

附表 4　格栅巡检记录表

日期　　　　　　月　　日　　班

时间＼内容	栅渣输送机运行	栅渣清理情况	I号格栅							II号格栅						
			栅前栅后水位差/m	栅前栅渣堆积情况	除污机工作状况	电机电流/A	电机发热	噪声	润滑油位	栅前栅后水位差/m	栅前栅渣堆积情况	除污机工作状况	电机电流/A	电机发热	噪声	润滑油位

备注：　　　　　　　　　　　　　　　　　　　　　　巡检人员签名：

备注：　　　　　　　　　　　　　　　　　　　　　　巡检人员签名：

备注：　　　　　　　　　　　　　　　　　　　　　　巡检人员签名：

备注：

吸水池浮渣情况：　　　　设备卫生状况：　　　　渣斗清理情况：　　　　卫生责任区卫生情况：

巡检人员签名：　　　　接班人员签名：

注：1. 各项目单位应根据实际情况进行制表。

　　2. 表格填写法：正常填"√"，异常填"×"，并在备注栏中填写异常情况，有数值的应填数值，不运行的设备填"—"，故障设备填"×"。

附表 5　格栅维护记录表

维护日期：　年　月　日

设备/构筑物名称	维护内容							备注
	清洁	润滑	死渣清除	防腐	紧固	调整	池底积泥清理	
Ⅰ号格栅								
Ⅱ号格栅								
栅渣输送机								
渣斗								
现场控制柜								
走道板								
栏杆								
进水闸门								
出水闸门								

维护人：　　　　　　　　　　班组：

注：1. 相关维护内容后应在表中打 "√"，无需填写的打 "/"。
　　2. 如出现问题或做相应的处理应填写在备注中。

附表 6　旋流沉砂池巡检记录表

内容＼时间	进水流量分配均衡	出水含砂率	砂的清运	洗砂器工作状况	洗砂器调整	砂中有机物的含量	I号沉砂池								II号沉砂池								备注
							搅拌器工作状况	搅拌器润滑	驱动装置振动	驱动电机电流	空压机噪声	空压机风压	空气管线	提砂参数调整	搅拌器工作状况	搅拌器润滑	驱动装置振动	驱动电机电流	空压机噪声	空压机风压	空气管线	提砂参数调整	
																							备注：
																							备注：
																							备注：
																							备注：

设备卫生状况：　　　　砂斗中砂量情况：　　　　卫生责任区卫生情况：

巡检人员签名：　　巡检人员签名：　　巡检人员签名：　　巡检人员签名：　　接班人员签名：

注：1. 各项目单位应根据实际情况进行制表。

　　2. 表格填写法：正常填"√"，异常填"√"，并在备注栏中填写异常情况，有数值的应填数值，不运行的设备填"—"，故障设备填"×"。

附表 7　旋流沉砂池维护记录表

维护日期：　年　月　日　班

设备/构筑物名称	设备/构筑物编号	维护内容						备注
		清洁	润滑	油漆	防腐	紧固	调整	
搅拌器驱动装置								
空压机								
各类管道、闸门及支架								
现场控制柜								
洗砂器								
沉砂池及护栏								
砂斗								

维护人：

注：1. 完成相关维护内容应在表中打"√"，无需填写的打"/"。

　　2. 如出现问题或做相应的处理应填写在备注中。

附表 8　氧化沟巡检记录表

日期：　　年　月　日　班

时间	浮渣情况	泡沫情况	气味情况	DO		pH值	混合液颜色	厌氧池清澈层	I号推流器	II号推流器	I号转碟曝气器						II号转碟曝气器					
				好氧段	缺氧段						电机电流	电机变速器发热及振动	噪声	润滑油位	转刷噪声振动	轴承润滑	电机电流	电机变速器发热及振动	噪声	润滑油位	转刷噪声振动	轴承润滑

备注：　　　　　　　　　　　　　　　　　　　　MLSS：　　　　　巡检人员签名：

备注：　　　　　　　　　　　　　　　　　　　　巡检交班人员签名：　　　　巡检人员签名：

备注：　　　　　　　　卫生责任区卫生情况：　　　SVI：　　　　巡检人员签名：

备注：设备卫生情况：　　　　　　　　　　　　　　　接班人员签名：

注：1. 各项目单位应根据实际情况进行制表。

2. 表格填写法：正常填"√"，异常填"×"，并在备注栏中填写异常情况，有数值的应填数值，不运行的设备填"—"，故障设备填"×"。

附表 9　氧化沟维护记录表

氧化沟编号：　　　　　　　　　　　　　　　　　日期：　　年　月　日　班

设备/构筑物名称	维护内容						备注
	清洁	润滑	油漆	防腐	紧固	调整	
曝气转刷或表曝机							
水下推流器							
现场控制柜							
活动堰板							
栏杆							
走道板							
池壁							

维护人：

注：1. 完成相关维护内容后应在表中打"√"，无需填写的打"/"。

　　2. 如出现问题或做相应的处理应填写在备注中。

附表 10　二沉池巡检记录表

日期：　　　年　　月　　日

时间	I 号沉淀池								II 号沉淀池							
	表面负荷	出水浊度	出水堰均匀性	泥位高度	浮渣刮除情况	浮渣收集口排渣情况	行走稳定性	驱机动机构噪声	表面负荷	出水浊度	出水堰均匀性	泥位高度	浮渣刮除情况	浮渣收集口排渣情况	行走稳定性	驱机动机构噪声
备注：																巡检人员签名：
备注：																巡检人员签名：
备注：																巡检人员签名：
备注：																

设备卫生状况：

走道栏杆卫生状况：

卫生责任区卫生状况：

交班人签名：

接班人签名：

注：1. 各项目单位应根据实际情况进行制表。

　　2. 表格填写法：正常填"√"，异常填"×"，并在备注栏中填写异常情况，有数值的应填数值，不运行的设备填"—"，故障设备填"×"。

附表 11　二沉池维护记录表

二沉池编号：　　　　　　　　　　　　　　　维护日期：年　月　日　班

设备/构筑物名称		维护内容						备注
		清洁	润滑	油漆	防腐	紧固	调整	
沉淀池表面浮渣								
刮泥机	现场控制柜							
	行走机构							
	浮渣刮板							
栏杆								
走道板								
池壁								

维护人：

注：1. 完成相关维护内容后应在表中打 "√"，无需填写的打 "/"。

　　2. 如出现问题或做相应的处理应填写在备注中。

附表 12　加氯间巡检记录表

巡检时间	氯瓶余氯量/kg	出氯压力/MPa	氯瓶喷淋	氯气密闭性能	污水量/m³·h⁻¹	污水pH值	加氯机（一）加氯量/kg·h⁻¹		加氯机（二）加氯量/kg·h⁻¹		I号增压泵	II号增压泵	射水器	液氯库存量/瓶

备注：

巡检人员签名：

备注：

巡检人员签名：

备注：

巡检人员签名：

备注：
氯瓶卫生及标牌____加氯机卫生____氯瓶卫生____室内卫生____室外卫生责任区卫生____安全防护设备____消防用品____工具____照明

交班巡检人：　　　　　接班巡检人：

注：1. 各项目单位应根据实际情况进行制表。
　　2. 表格填写法：正常填"√"，异常填"×"，并在备注栏中填写异常情况，有数值的填数值，不运行的设备填"—"，故障设备填"×"。

附表 13　化学除磷系统巡检记录表

内容＼时间	化学药剂液位与液位控制系统	化学药剂浓度/%	反应池搅拌器工作状况	出水总磷浓度/mg·L⁻¹	I号计量泵			II号计量泵		
					振动	噪声	加药量/kg·h⁻¹	振动	噪声	加药量/kg·h⁻¹
										巡检人员签名：
备注：										巡检人员签名：
备注：										巡检人员签名：
备注：										巡检人员签名：
备注：										

溶药罐中液位：　　加药间卫生状况：　　设备卫生状况：　　巡检交班人员签名：　　卫生责任区卫生状况：　　接班人员签名：

注：1. 各项目单位应根据实际情况进行制表。
　　2. 表格填写法：正常填 "√"，异常填 "✕"，并在备注栏中填写异常情况，有数值的应填数值，不运行的设备填 "—"，故障设备填 "✕"。

附表 14　化学除磷系统维护记录表

日期：　　　年　　月　　日　　班

设备/构筑物名称	维护内容						备注
	清洁	润滑	油漆	防腐	紧固	调整	
溶药槽							
药液槽							
搅拌器及驱动装置							
Ⅰ号计量泵							
Ⅱ号计量泵							
现场控制柜							
管道系统							
反应池搅拌器							

维护人：

注：1. 完成相关维护内容后应在表中打 "√"，无需填写的打 "/"。
　　2. 如出现问题或做相应的处理应填写在备注中。

附表15　风机房巡检记录表

日期：　　　年　　月　　日

内容＼时间	进风口和空气过滤器空气含尘量	空气管线泄漏	管线支撑和固定	I号风机										II号风机									
				电压	电流	电机轴承温度	风压	风量	风机油压	风机油温	风机噪声	冷却系统	出风口温度	电压	电流	电机轴承温度	风压	风量	风机油压	风机油温	风机噪声	冷却系统	出风口温度

备注：　　　　　　　　　　　　　　巡检人员签名：

备注：　　　　　　　　　　　　　　巡检人员签名：

备注：　　　　　　　　　　　　　　巡检人员签名：

备注：

设备卫生状况：　　　　　　　　控制柜卫生状况：　　　　　　　　仪器仪表完好情况：

室内卫生状况：　　　　　　　　卫生责任区卫生状况：　　　　　　接班人员签名：

巡检人员签名：

注：1. 各项目单位应根据实际情况进行制表。

　　2. 表格填写法：正常填"√"，异常填"×"，并在备注栏中填写异常情况，有数值的应填数值，不运行的设备填"—"，故障设备填"×"。

附表 16　风机房维护记录表

维护日期：　年　月　日

设备、构筑物名称	维护内容							备注
	清洁	润滑	油漆	防腐	紧固	调整	更换	
压缩空气管线及支架								
I 号风机及电机								
II 号风机及电机								
现场控制柜								
空气过滤器								
仪表								
风机房								

维护人：

注：1. 完成相关维护内容应在表中打"√"，无需填写的打"／"。

　　2. 如出现问题或做相应处理应填写在备注中。

附表 17　污泥脱水间巡检记录表

日期：　　　年　　月　　日　　班

内容＼时间	药液槽液位	药剂浓度	I号计量泵 振动	I号计量泵 噪声	I号计量泵 加药量	II号计量泵 振动	II号计量泵 噪声	II号计量泵 加药量	I号污泥泵 电流	I号污泥泵 电压	I号污泥泵 泥压	I号污泥泵 工况	II号污泥泵 电流	II号污泥泵 电压	II号污泥泵 泥压	II号污泥泵 工况	I号带滤机 电流	I号带滤机 电压	I号带滤机 纠偏	I号带滤机 工况	II号带滤机 电流	II号带滤机 电压	II号带滤机 纠偏	II号带滤机 工况	泥输送机	污泥含水率

备注：　　　　　　　　　　　　　　　　　　　巡检人员签名：

备注：　　　　　　　　　　　　　　　　　　　巡检人员签名：

备注：　　　　　　　　　　　　　　　　　　　巡检人员签名：

备注：

药库卫生：　　加药间卫生：　　加药设备卫生：　　脱水机房卫生：　　卫生责任区卫生：

巡检交班人员签名：　　　接班人员签名：

注：1. 各项目单位应根据实际情况进行制表。

　　2. 表格填写法：正常填"√"，异常填"×"，并在备注栏中填写异常情况，有数值的应填数值，不运行的设备填"—"，故障设备填"×"。

附表 18　污泥脱水间维护记录表

维护日期：　　年　月　日　班

设备/构筑物名称	维护内容						备注
	清洁	润滑	油漆	防腐	紧固	调整	
混凝剂搅拌器							
Ⅰ号计量泵							
Ⅱ号计量泵							
Ⅰ污泥投加泵							
Ⅱ污泥投加泵							
Ⅰ号带式压滤机							
Ⅱ号带式压滤机							
皮带输送机							
现场控制柜							

维护人：

注：1. 完成相关维护内容后应在表中打 "√"，无需填写的打 "／"。
　　2. 如出现问题或做相应的处理应填写在备注中。

参 考 文 献

[1] 武戊良，吴琴琴．水体监测 [M]．郑州：黄河水利出版社，2020.

[2] 王英健，杨勇红．环境监测 [M]．北京：化学工业出版社，2015.

[3] 魏复盛．水和废水监测分析方法 [M]．4 版．北京：中国环境出版集团，2022.

[4] 李慧颖．环境工程识图与 CAD [M]．北京：化学工业出版社，2019.

[5] 王怀宇．污水处理厂运行维护与管理 [M]．北京：化学工业出版社，2023.

[6] 阎伟．维修电工从业技能轻松入门 [M]．北京：人民邮电出版社，2012.

[7] 孙平．电气控制与 PLC [M]．2 版．北京：高等教育出版社，2010.

[8] 华满香，刘小春．电气控制 PLC 应用 [M]．2 版．北京：人民邮电出版社，2013.

[9] 李道霖．电气控制与 PLC 原理及应用（西门子系列）[M]．北京：电子工业出版社，2013.

[10] 李江全．组态控制技术实训教程（MCGS）[M]．2 版．北京：机械工业出版社，2020.

[11] 郑梅．污水处理工程工艺设计从入门到精通 [M]．北京：化学工业出版社，2022.

[12] 白润英，肖作义，宋蕾．水处理新技术、新工艺与设备 [M]．2 版．北京：化学工业出版社，2021.

[13] 王占生，刘文君，张锡辉．微污染水源饮用水处理 [M]．北京：中国建筑工业出版社，2016.

[14] 周凤霞．环境微生物 [M]．4 版．北京：化学工业出版社，2023.

[15] 张志斌，张波，毕学军．改进 AB 工艺对城市污水的处理 [J]．水处理技术，2006，32（1）：41-43，47.

[16] 林爽，王蕾，闫博佼．AB 污水生物处理技术 [J]．中国资源综合利用，2018，36（7）：68-69，73.

[17] 许立新，赵月龙，杨云龙．组合工艺用于富营养化水源水净化的研究 [J]．山西建筑，2003，29（11）：64-65.

[18] 张延荣．环境科学与工程实验室安全与操作规范 [M]．武汉：华中科技大学出版社，2021.

[19] 和彦苓．实验室安全与管理 [M]．2 版．北京：人民卫生出版社，2015.

[20] 卫华．实验室安全风险控制与管理 [M]．北京：化学工业出版社，2017.

[21] 冯建跃．高校实验室安全工作参考手册 [M]．北京：中国轻工业出版社，2019.